DICTIONNAIRE

DE

L'AGRICULTURE

ET

DE LA CAMPAGNE.

DICTIONNAIRE

DE

L'AGRICULTURE

ET

DE LA CAMPAGNE,

Comprenant les noms de tous les instruments servant à la culture, ceux de leurs parties, la description de leurs usages, les noms des plantes les plus communes, la nomenclature des arts de première nécessité, etc.

Par l'abbé BESANÇON.

DEUXIÈME ÉDITION,

CONSIDÉRABLEMENT CORRIGÉE, ET AUGMENTÉE D'UN VOCABULAIRE DES MOTS DE LA LANGUE USUELLE QUI POURRAIENT EMBARRASSER DANS LEURS LECTURES LES PERSONNES PEU INSTRUITES :

Par C. J. T.

MEMBRE DE LA SOCIÉTÉ D'ÉMULATION DU JURA, DE LA SOCIÉTÉ DES SCIENCES PHYSIQUES, CHIMIQUES, ET ARTS AGRICOLES ET INDUSTRIELS DE FRANCE, ETC.

Ouvrage particulièrement utile aux gens de la campagne, aux Instituteurs, aux Huissiers, aux Juges de paix, aux Notaires, aux Avoués, aux Curés, en un mot, à tous ceux que leur genre de vie ou leur profession met souvent dans la nécessité de nommer des instruments de labourage ou d'autres objets qu'on rencontre ordinairement dans la campagne, et A L'AIDE DUQUEL ON PEUT TROUVER, SANS LES SAVOIR, LES MOTS QUE L'ON DÉSIRE CONNAITRE.

PONTARLIER,

LAITHIER, IMPRIMEUR-LIBRAIRE.

1856.

PRÉFACE.

Il y a long-temps que cet ouvrage ne se trouve plus dans le commerce. Jamais, cependant, une publication de ce genre ne fut plus nécessaire que maintenant. L'enseignement primaire a pris depuis peu un développement tel, qu'il est permis d'espérer que le cultivateur et l'artisan, non-seulement sauront bientôt parler leur langue d'une manière un peu supportable, mais connaîtront même les termes techniques relatifs à leur profession. C'est pour favoriser cet heureux résultat que nous réimprimons le *Dictionnaire de la campagne de l'abbé Besançon*, ouvrage excellent à beaucoup d'égards, l'un de ceux que nous avons lus dans le temps avec le plus de fruit et de plaisir. Nous ne doutons pas qu'il ne devienne aussi une source d'instruction agréable entre les mains des jeunes gens et même des enfants de nos campagnes.

Un des avantages que présente ce petit Dictionnaire technique sur tous les dictionnaires généraux, c'est d'être spécial, en sorte qu'on ne peut l'ouvrir sans voir le nom, souvent même la description d'une chose que nous rencontrons journellement à la campagne.

Un autre avantage beaucoup plus grand que le premier, et qui fait le principal mérite de l'ouvrage, c'est *qu'on peut trouver le nom d'une chose, d'un instrument, sans le connaître*, ce qui est impossible avec les autres dictionnaires. Les mots sont ici rangés par groupes, par familles pour ainsi dire, si bien qu'il suffit de savoir le mot principal, par exemple, les mots *cuisine*, *maison*, *etc.*, pour trouver les noms des différentes choses qu'on rencontre ordinairement dans une cuisine et dans une maison de la campagne.

L'auteur s'est plus attaché, dans ses descriptions, à des comparaisons familières, qu'aux termes scientifiques qui n'auraient pas été compris des personnes auxquelles il destinait son livre : nous n'avons rien changé à cette manière, persuadé qu'elle est la meilleure.

Nous nous sommes servis pour la révision de cet ouvrage qui avait d'abord été composé sur les dictionnaires de Trévoux, de l'Académie, sur l'Encyclopédie, etc., des dictionnaires universels de Boiste, de Lavaux, de Raymond, de la nouvelle édition du dictionnaire de l'Académie, ainsi que de dictionnaires spéciaux, tels que celui du *Cultivateur*, etc. Néanmoins nous avons beaucoup plus retranché que nous n'avons ajouté, par la double raison que l'abbé Besançon avait fait un travail consciencieux mais sans goût, et qu'il avait à chaque instant perdu de vue dans l'exécution ce qu'il s'était proposé d'abord.

La forme de cet ouvrage en permet la lecture suivie ; et il n'est presque pas de jeunes gens de la campagne qui ne puissent aisément lire et relire ce petit volume pendant les longues soirées d'un de nos hivers : de telle sorte qu'au printemps, à la reprise des travaux des champs, et pendant les deux autres saisons ouvrables de l'année, on ne fera pas un pas, on ne jettera pas un coup-d'œil autour de soi, sans rencontrer quelque objet qu'on aura la satisfaction de mieux connaître et de pouvoir nommer. On sentira ainsi son intelligence s'agrandir; on deviendra sensible au plaisir de l'étude, et ce travail intellectuel, si simple et si facile, donnera infailliblement le goût d'une instruction plus étendue et plus approfondie de la science des champs.

L'auteur de cet estimable ouvrage l'avait surchargé d'une foule de termes qui n'ont aucun rapport avec la campagne et les arts de première nécessité; il y avait fait entrer de plus tous les mots bizarres qu'il avait trouvés dans les dictionnaires, et jusqu'à des termes sottisiers, de mauvais ton, qu'il n'avait guère pu recueillir que dans la rue.

Nous avons fait disparaître cette bigarrure inutile

et de mauvais goût. Mais comme les personnes de la campagne lisent d'autres livres que ceux qui concernent leur genre de vie , nous avons pensé qu'il serait utile d'ajouter à notre *Dictionnaire* une liste de mots usuels, dont la signification n'est pourtant pas familière à tout le monde , en sorte que notre Dictionnaire est tout à la fois spécial et général.

Nous avons conservé en la corrigeant la liste des expressions vicieuses que l'auteur avait recueillies.

Par exemple , au mot *benét*, on trouvait dans la première édition cette série de synonimes plus ou moins rigoureux : *imbécille, idiot, niais, nigaud, béta, lourdaud, stupide, hébété, béte, pécore, dadais, dandin, simple, innocent, câlin, badaud, butor, sot, buse, bonnasse, balourd, âne, bouf, oison, búche, bourrique, cruche,* etc. etc.

DICTIONNAIRE

DE

L'AGRICULTURE

ET

DE LA CAMPAGNE.

ABA

ABAT-FOIN, m. ouverture au-dessus du ratelier, par où l'on y met le foin.

ABATAGE, m. l'action d'abattre des bois ; le travail nécessaire pour les abattre ; le prix de ce travail. *Faire un abatage*, c'est mettre un coin ou quelque autre corps dur sous l'extrémité inférieure d'un levier, en abattant l'autre bout pour arracher une pierre ou lever quelques fardeaux. Si le levier est en fer, et taillé en biseau à son extrémité inférieure, on l'appelle *pince*. L'appui ou le corps qu'on place sous le levier s'appelle *orgueil*. Les mécaniciens l'appellent *hypomochlion*.

ABATIS, m. grande quantité de choses abattues. Un abatis de bois, l'action d'abattre. V. Bois.

ABAT-VENT, m. petit toit au-dessus des fenêtres d'une maison pour en garantir les ouvertures du vent et de la pluie ; un dessus d'un clocher pour renvoyer le son des cloches et préserver le béfroi de la pluie. V. Auvent, Avant-toit, Béfroi, Brise-vent.

ABÉAUSIR, *s'abéausir*, se dit du temps qui se calme.

ABECQUER ou Abéquer, donner la becquée à un petit oiseau qui ne mange pas de lui-même. *Abéchement*, action de donner la becquée. En terme de fauconnerie, c'est lui donner une portion du pât ordinaire afin de le tenir en appetit.

ABEILLE, f. mouche à miel. On observe dans cet insecte, ainsi que dans le bourdon, la guêpe, le frelon, etc. : la *trompe*, f. organe qui lui sert à sucer sa nourriture ; les *antennes*, f. espèces de cornes ; le *corcelet*, partie entre le cou et le ventre ; l'*étranglement*, filet très-délié qui unit le corcelet au ventre ; l'*aiguillon*, sorte de dard renfermé dans un étui, avec lequel elle pique par derrière. Un *rayon*, un *gâteau*, une *gaufre* de miel, c'est le miel avec la cire dans la ruche ou panier. *Châtrer*, ou mieux, *tailler* une ruche, c'est y prendre des gâteaux de miel. Un *alvéole* ou une *cellule*, est le petit trou du rayon où le miel est déposé. Les abeilles jettent ou jettent leur essaim, ou leur jeton, ou *essaiment*. On dit encore un jet d'abeilles, une volée de jeunes mouches à miel. Le *rucher* est le lieu où l'on place les ruches.

ABLAIS, f. pl. la dépouille de la paille et de l'épis, après que le blé a été battu, et que la grosse paille a été levée. V. Grange.

ABORNER, v. a. un champ, le borner, y planter des bornes. Abornement, action d'aborner.

ABOUT, m. V. Charpentier.

ABOUTISSANS, les *tenans* et *aboutissans* m. d'une pièce de terre, d'une maison, pour dire les autres terres ou maisons par où elle tient et aboutit. Se dit aussi des propriétaires.

ABREUVOIR, m. V. Écurie.

ABRIVENT , m. paillasson qu'on emploie dans les jardins pour mettre quelque chose à l'abri du vent.

ABROUTI , t. d'eaux-et-forêts, se dit des bois dont les bourgeons ont été broutés par les bestiaux.

ABROUTISSEMENT , m. dommage occasionné par les bestiaux qui mangent les bourgeons des arbres. *V.* ARBRE.

ABUTER , v. n. jeter des bâtons ou des quilles auprès d'un but , pour savoir qui jouera le premier. *V.* QUILLER.

ACCRUE, f. augmentation que reçoit une terre quelconque par la retraite d'une rivière, ou celle que reçoit une forêt dont les bois s'étendent au-delà de son enceinte. *Accrue de bois*, terrain dans lequel le bois s'étend par l'accrue.

ACERBE , qui a un goût âpre, astringent : des *fruits acerbes* ; *acerbité* des fruits.

ACRE, m. mesure de terre usitée autrefois : un *acre de vigne*.

AÉRER , v. a. donner de l'air, et non pas *airer*, qui signifie faire un nid, une aire, en parlant d'oiseaux de proie. Aérer, c'est aussi chasser le mauvais air.

AFFAITAGE , t. de fauconnerie, soin que l'on prend de bien dresser un oiseau de proie. *AFFAITER*, apprivoiser un oiseau de proie. Affaiteur, celui qui dresse un oiseau. Affaiter un bâtiment, en réparer le faite.

AGARIC, m. champignon attaché aux arbres , propre à faire de l'amadou. On l'appelle aussi amadouvier, et quelques-uns disent un *boulet*. *V.* CHAMPIGNON.

AGNEAU , m. *V.* MOUTON.

AGRICULTEUR , m. celui qui professe l'art de l'agriculture.

Agriculteur, cultivateur, colon (syn.). L'agriculteur professe l'art de l'agriculture ; c'est son goût et son talent. Le *cultivateur* s'exerce en entrepreneur ; c'est son travail et son état. Le *colon* le pratique en homme de la glèbe ; c'est sa vie : le premier est attaché à l'art ; le second au domaine ; le troisième au champ.

AGRONOME , celui qui est versé dans la théorie de l'agriculture ; de là *agronomie, agronomique.*

AHANER , faire des ahans en fendant du bois, en frappant avec force ; il signifiait primitivement, herser, labourer. Ahaner désigne un grand effort qui ôte presque la faculté de respirer. C'est l'expression du bucheron , des manœuvres pour reprendre leur haleine, et se donner la force nécessaire pour bien porter leur coup. De là on a fait *hahaner*, travailler. *Ahaner un champ* , s'est dit par extension, pour cultiver une terre difficile et dont on n'a pu tirer parti sans *hahans.*

AIGLE est masculin , excepté dans le blason , où l'on dit, l'aigle impériale, les aigles romaines. Aiglon , le petit de l'aigle. *V.* Oiseau.

AIL , m. plante potagère fort connue. L'académie dit *aulx* au pluriel ; d'autres ne lui donnent point de pluriel , et disent de l'ail. *V.* Echalotte. Une *aillade* est une sauce faite avec de l'ail.

AIRELLE, ou *mirtille* , f. petit arbrisseau nain qui ressemble au buis qui borde les planches d'un jardin. Il croit sous les sapins. Son fruit est une baie d'un bleu foncé, de la forme d'une baie de genièvre ; il est doux aigrelet, et mûrit un peu plus tard que les fraises. Il en croit de rouges dans les marais.

AISANCES(cabinet d'), f. *V.* Commodités.

ALLUVION , f. accroissement d'un pré par la retraite des eaux de la rivière. *V.* Ilot. *L'atterrissement* est un accroissement formé par les sables et les terres entrainés par l'eau.

AMANDE, f. semence qui se trouve dans le noyau de tous les fruits à noyau. Les amandes de prunes sont amères.

AMENDEMENT, tout ce qui, mêlé à la terre, sert à la rendre plus productive, à en corriger la mauvaise qualité.

AMENUISER un bâton, une planche, la démaigrir, l'amincir.

ANIMAL, m. Noms de quelques animaux sauvages communs : ceux dont les noms sont le plus connus, se trouvent dans le corps du dictionnaire, suivant leur ordre alphabétique.

Belette, f. petit quadrupède de la figure de l'écureuil ; elle fait la guerre aux rats, aux pigeons, etc. On l'a appelée autrefois *mustoile* et *moustèle*, du latin *mustela*.

Blaireau. On a dit taisson. Bête puante, qui se terre comme le renard, et à peu près de sa grosseur.

Fouine, f. animal qui a quelque ressemblance avec la belette ; mais dont le poil est roux.

Hérisson (*h* s'aspire), m. animal couvert de piquans, et qui se met en peloton dès qu'il entend du bruit, ou qu'il croit avoir quelque chose à craindre.

Marte ou *Martre*, f. animal qui ne diffère de la fouine que par sa couleur un peu plus cendrée, et le dessous du cou mêlé de blanc. Elle attaque tous les petits quadrupèdes.

Putois, m. animal très puant, comme son nom l'indique. Il est plus petit que la fouine.

Biche, cerf, chevreuil, daim, écureuil, lapin, lièvre,

loup, *ours*, *rat*, *renard*, *sanglier*, *taupe*, et autres animaux connus. Voyez-les dans leur ordre. Voyez *aussi* bêtes fauves.

AOUT, m. on prononce *oût* ; de même dans *aoûteron*, qui signifie moissonneur : mais dans *fruits aoûtés*, c'est-à-dire, muris par la chaleur du mois d'août, l'*a* se fait sentir. V. Fruits.

APPAREILLER, v. a. apparier des chevaux ; deux meubles semblables ; mais quand il s'agit de mettre ensemble le mâle et la femelle, comme certains oiseaux, on dit toujours *apparier*. *V*. Couple, Pariade.

APPEAU, m. *pipeau*, *réclame*, m. sifflet pour appeler les oiseaux. Mais quand *réclame* signifie le mot au bas d'une page, qui est le premier de la page suivante, *réclame* est du féminin. *Piper*, réclamer les oiseaux. V. Oiseler, Caille, Trappe, Frouer.

APPENTIS, m. petit bâtiment appuyé contre une maison, et qui n'a qu'une pente. V. Chartil, Échoppe.

AQUEDUC, m. canal de pierre ou de brique pour conduire les eaux. Le *chenal* est un courant d'eau, bordé de terre de chaque côté, pour faire passer un bateau, une barque, etc. V. Moulin.

ARAIGNÉE, f. le *faucheux*, est cette espèce d'araignée qui a le corps petit et les jambes fort grandes.

ARAIRE, f. charrue qui convient aux terres légères, et qui est en usage dans les environs de Montpellier et ailleurs.

ARASER un mur, le conduire à la même hauteur, garder le même arasement, le même niveau. Araser des pièces ue bois , les mettre en égale épaisseur. On dit aussi *en-raser*. V. AFFLEURER.

ARBRE , f. plante boiseuse ou ligneuse, dans laquelle on distingue communément le *pivot*, grosse racine qui s'enfonce perpendiculairement en terre, sous la tige ; les *racines fibreuses* ; la *tige* ou *tronc*, qui est le gros de l'arbre ; les *maîtresses branches* ; les *branches* ou *rameaux* ; le *sommet* ou la *cime* , ou la *tête* , ou le haut de l'arbre. La *souche* est la partie d'en bas du tronc avec ses racines, quand l'arbre est coupé : *se chauffer avec des souches*. *Élaguer* un arbre , c'est en éclaircir les branches. *L'é-monder*, en ôter la mousse et les branches sèches. *L'éhou-per*, *l'étêter*, *l'écimer*, lui couper la tête. Ou trouve encore *étronçonner*, *ébotter*, pour *étêter*. *L'ébrancher*, lui couper les branches. Arbre *encroué* , arbre tombé sur un autre , et embarrassé dans ses branches ou dans ses bifurcations. *Perot*, arbre qui a les deux âges d'une coupe. *Mar-menteaux* , arbres qu'on ne coupe point, pour qu'ils ser vent à la décoration d'une terre. On dit aussi *bois de tou-che* , ou *bois de marmenteaux*. *Bouquet de bois*, touffe de bois de haute futaie. *Il a un joli bouquet de bois auprès de sa maison. Toupet de bois*, un petit nombre d'arbres : *tout est sapin excepté un toupet de hêtres. Bocage* , *bosquet*, petit bois, petite touffe de bois. Le bosquet est aussi un petit bois planté dans un jardin d'agrément. En termes d'eaux-et-forêts on appelle *buisson*, un bois de quinze à seize cents arpents ; quand il a plus d'étendne , on dit une forêt ; et quand il est moindre qu'un buisson , de trente ou quarante arpens , on dit un *boqueteau. Re-venue*, on *taille* , jeunes arbres qui commencent à revenir sur la coupe. Un *breuil* est un petit bois taillis, ou buisson enfermé de haies, où les bêtes se retirent. Une *vente* signifie encore la place d'une forêt où l'on a coupé le bois : *il n'est pas permis de laisser aller le bétail dans les jeunes ventes, dans les jeunes revenues. L'Aubier* est le bois blanc et tendre sous l'écorce, plus ou moins épais. *Il faut ôter tout l'aubier du chêne car il se pourrit.* La *bifurcation* est la fourche des branches ou des souches. Une *touffe* est l'assemblage de plusieurs brins, comme un balai sur une branche. Un *houpier* (*h* s'aspire), arbre ébranché qui n'a que la tête ; on l'appelle aussi un *mai*, quand il est coupé et mis devant la porte de quelqu'un. La *flèche d'un sapin* est la partie la plus élevée, comme la flèche d'un clocher. Un arbre se *couronne* quand il vieillit et se dessèche par la tête. Autour des branches sciées, il croît de l'écorce appelée *bourrelet* ou *bourlet*. Une *loupe* est une bosse ronde qui se lève sous l'écorce.

Une *cépée* est plusieurs *surgeons* qui poussent au pied de l'arbre ou d'une souche, et qui tiennent au tronc. Les *surgeons* s'appellent aussi *bourgeons, dragons, tendrons, scions, rejetons, jets*. La *pousse*, ou le *brout*, ou le *rejet*, est ce qui croît d'une année au bout de la branche. Un arbre *abrouti* est celui dont les bourgeons ont été rongés, broutés par des bêtes. Les *malandres*, f. sont des crevasses ou gerçures de nœuds pourris. On voit sur certains arbres, des plantes parasites, comme la mousse, le gui, les champignons, etc. V. Parasite. Le *cœur* ou la *moëlle*, est la partie tendre au milieu de la tige et des branches dans l'intérieur. Le *plançon* ou *plantard*, ou *bouture*, f. est une branche qui, étant plantée en terre, prend racine. Le saule, l'aune et d'autres arbres viennent de bouture. Une *ramée*, branches coupées avec la feuille verte. La *ramure*, toutes les branches d'un arbre, le *branchage*. Les *ramilles*, f. sont les plus menues branches, coupées, propres à faire de la *bourrée*. V. BOURRÉE, BOIS, ÉCOT, SAUVAGEON, BRANDE, FAGOT, LÉGUME, BALIVEAU.

Noms de quelques arbres communs.

Abricotier, arbre fort connu. Son fruit s'appelle *abricot*.

Absinthe, plante herbacée, médicinale, très-amère.

Ache, plante connue sous le nom de *Celeri* dans les jardins.

Acacia, arbre de haute tige, ayant des branches garnies d'épines, et portant des fleurs blanches qui tombent en forment de grappe.

Aubépine, f. arbisseau épineux qu'on nomme aussi *épine blanche*, *noble épine* et *aubépin*. On fait de bonnes palissades d'aubépines. Son fruit qui est une baie rouge, est recherché des oiseaux. On l'appelle communément des *cenelles*; mais la cenelle est proprement la baie du houx. Quelques auteurs donnent aussi le nom de cenelles aux prunelles ou fruits de l'épine noire.

Alisier, m. arbre de moyenne grandeur, qui croît dans les montagnes. On en distingue de plusieurs espèces; le commun a les feuilles blanchâtres en dessous, et le dessus d'un vert foncé; son fruit rouge, quand il est mûr, est oblong, de la grosseur d'une petite noisette; il ne mûrit qu'en septembre. Il se mange quand il a été un peu gelé. Les grives le recherchent. Il s'appelle *Alise*.

Bouleau, m. arbre de la troisième grandeur. L'écorce et

le bois en sont blancs ; ses branches, petites et très-flexibles, servent à faire des balais ronds, propres à nettoyer l'aire d'une grange, les écuries, etc. Il y en a de plusieurs espèces.

Charme, f. Cet arbre, de moyenne grandeur, a beaucoup de ressemblance avec le hêtre. Il est assez connu par ses plans appelés *charmilles*, dont on embellit les jardins, en formant des haies, des allées, des colonnades, des portiques, etc.

Charmoie, f. lieu planté de charmes. On l'appelle vulgairement du *charmé*.

Chèvre-feuille, m. Le commun est un arbrisseau qui pousse un feuillage très-épais. La tige en est petite. Il y a une espèce de chèvre-feuille, arbrisseau qui croît dans les prés, dans les haies, et qui produit des fruits ressemblans à la cerise rouge, et qui sont un poison.

Cornier. *Voyez* ci-après Sorbier.

Églantier, m. rosier sauvage. Sa rose s'appelle une *églantine*, et son fruit un *gratte-cu*. Quelques uns disent un *bouton de rose*.

Érable, m. Le commun est petit et croît dans les haies.

Framboisier, arbrisseau épineux, ou plutôt ronce qui porte la framboise.

Hêtre (*h* s'aspire), grand arbre qui porte la faine, renfermée dans un *brout* ou *écale*, f. qui s'ouvre en octobre. La faine est couverte d'une écorce, ainsi que le chenevis et plusieurs autres grains. On appelle encore le hêtre du *fouteau*. On l'a appelé autrefois *fau*, *foyard* ou *fayard*.

Houx, m. (*h* s'aspire). Arbrisseau toujours vert, dont les
feuilles piquantes, au moins celles du houx commun,
ressemblent un peu à celles du laurier. Son fruit rouge
s'appelle *cénelle*, f. *Houssaie*, f. lieu planté de houx.

If, m. arbre toujours vert, d'une médiocre grandeur,
dont les feuilles ressemblent beaucoup à celles du sapin
etdu mélèze, ou larix. Son bois, quand l'arbre est vieux,
est d'un beau rouge. Il porte des baies rouges que les
enfants mangent ; elles sont douces. L'if sert à orner les
jardins comme le charme.

Lierre, m. arbuste toujours vert, qui se traine, s'entortille autour des arbres, et couvre quelquefois tout le pan
d'une muraille de maison.

Nerprun, m. arbre médiocre. Son fruit, semblable aux
baies de genièvre, est noir ainsi que l'écorce. On l'appelle encore *noirprun*, *bouguepine*, *burge-épine*.

Noisetier, espèce de coudrier ou de coudre, f. avec lesquels on le confond communément. Il porte la noisette
moins grosse que les avelines. Elle est enveloppée dans
une *écale*. On dit *écaler des noiseties*, des noix. Les
noisettes croissent souvent plusieurs attachées ensemble,
ce qui s'appelle un *trochet*. Avant que le noyau soit
formé, il n'y a encore que de la moële dans la noisette.
On en trouve de *jumelles*, de *tri-jumelles*. Cet arbre
porte des *chatons*, ou *chats*, comme le noyer, le saule,
etc. Les chatons s'appellent aussi folles fleurs. V. Noix.

Orme, m. Le commun est grand, et fort ressemblant au
tilleul. Ses petits plants s'appellent des *ormilles*, f. Un
petit orme, un *ormeau* ; un lieu planté d'ormes, un
ormoie. Cet arbre est si fécond, que sur une branche ordinaire on a compté 16450 grains.

Pesse, f. grand et majestueux arbre, que l'on confond aisément avec le sapin. Deux caractères aisés à saisir, le feront distinguer. La pesse porte la poix, et le sapin une espèce de térébenthine renfermée dans de petites vésicules sous la première écorce ; les feuilles et l'écorce du sapin sont cendrées ; l'écorce de la pesse est rougeâtre et sa feuille d'un vert-noir. Ces deux arbres sont conifères c'est-à-dire qu'ils portent pour fruit une espèce de pomme longue, d'écailles, appelée *cône*, à cause de sa figure conique. On voit des forêts de ces arbres de montagne, dont la tige a plus de 120 pieds de hauteur, et 15 à 16 de circonférence. Les botanistes appellent encore la pesse *picea*, *épicea*, *sapin rouge*, *garipot*, *pignet*. Une *sapinière* est un lieu planté de sapin. Une *sapine* est une solive de bois de sapin.

Pin. Le pin commun, ou pin de montagne, a quelque ressemblance avec le sapin. On en compte en Europe de plus de vingt espèces. Ses cônes sont plus courts et plus hérissés que ceux de la pesse. Ils sont de la forme et de la grosseur d'un petit œuf de poule un peu pointu. Cet arbre est toujours vert.

Sapin. V. Pesse.

Saule, m. arbre de médiocre grandeur : il y en a de différentes espèces, comme l'*osier*, le *marceau*, etc. Le saule est des premiers en sève. Ses branches flexibles servent aux ouvrages de vannerie. V. Hotte.

Tilleul : il ressemble beaucoup à l'orme. L'écorce de dessous avec laquelle on fait des cordes, de la natte, s'appelle de la *tille*. Quelques auteurs appellent *tillet* un lieu planté de tilleuls.

Tremble, m. c'est une espèce de peuplier ; mais le peuplier est beaucoup plus grand. Son écorce blanche, et des feuilles toujours tremblantes, le font assez connaître. Une *tremblaie* est un lieu planté de trembles.

Sorbier : le sorbier commun, qui vient dans les pays froids, est de moyenne grandeur. Ses feuilles ressemblent à celles du frêne. Cet arbre est propre à faire des fuseaux. Son fruit rouge, amer, mûrit en automne fort tard. Les grives en sont fort friandes. Les auteurs l'appellent encore le *cormier des oiseleurs* ; mais Valmont de Bomare l'appelle le sorbier sauvage, ou simplement le sorbier, et ses fruits des *sorbes*, f.

Troène, m. arbrisseau très-flexible. On en fait des liens. Les maçons s'en servent en place de cordes, pour lier les bois de leurs échafands. Son fruit est noir. Vulgairement le troène s'appelle *fraisillon*, ou *fresillon*, qui est aussi son nom français.

Viorne, f. arbrisseau très-flexible, propre à faire de bons liens de fagots. Ses baies deviennent noires en mûrissant en août, et ressemblent un peu à de gros pepins de pomme. Ce fruit est bon à manger, mais il y a peu de chair. Quoique la tige ne soit guère plus grosse que le pouce, les cordonniers s'en servent pour faire de petites chevilles pour les souliers. V. dans leur ordre les autres arbres dont les noms sont plus connus, comme genièvre, poirier, sauvageon, etc.

ARBRISSEAU, m. arbre de petite dimension. Plante ligneuse qui n'a presque pas de tronc, ou plutôt dont le tronc se divise et se subdivise en un grand nombre de tiges branchues qui forment un grand buisson.

ARBUSTE, m. ou *sous-arbrisseau*, plante ligneuse plus petite que l'arbrisseau et qui ne produit le bouton qu'au renouvellement de la sève, tandisque l'arbrisseau pousse en automne des boutons dans les aisselles des feuilles, qui s'épanouissent au printemps, par exemple, le groselier.

ARC-EN-CIEL, ou *Iris* ; au pluriel, des *arcs-en-ciel*.

ARCHITECTURE, f. V. Charpente, Voute, Arc-boutant, Fenêtre, Avant-corps, Porte, Maçon, Mur, Cheminée, Denticule, Socle, Pont, Chaussée, Avant-toit, Pilastre. Pour les piliers, ordre d'architecture, V. l'Encyclopédie.

ARE, mesure de superficie contenant 100 mètres carrés, ou environ 26 toises carrées.

ARME, f. Nom de quelques armes, ou espèces d'armes.

Arbalète, f. arme de trait : on y voit la *corde*, le *fût* ou bois, la *coche* ou *cran*, ou *entaillure*, où s'accroche la corde de l'arbalète tendue ou bandée. Quand il n'y a point de coche, il y a en place une *noix*, ou petite roue dentée, dont une dent arrête la corde sur le fût au bout de la *cannelure* opposée au bout où est l'arc, et une autre dent sous le fût qui tient à la *détente*. *Arbalétrier*, celui qui est armé d'une arbalète. Un *Matras* est une sorte de trait ferré qu'on décoche en tirant avec l'arbalète : ce mot *matras* est vieux. Une *arbalète à jalet*, ou arc à jalet, est une arbalète avec laquelle on tire des balles de terre ou de plomb.

Arc. Cette arme n'a point de fût, mais seulement un arc et une corde. La flèche a une coche au bout, où entre la corde, pour *décocher* ou *lancer* une flèche. L'étui où l'on met les flèches, s'apppellent un *carquois*. V. Flèche.

Fronde, f. corde pour jeter ou *ruer* des pierres de loin. On se servait autrefois d'une fronde appelée *espringale*. V. FRONDER.

Sarbacanne, ou *canne à vent* ; espèce de bâton percé dans toute sa longueur, pour jeter ou lancer, en soufflant avec la bouche, des boules de terre cuite, des flèches, etc.

Canonnière, f. espèce de seringue ordinairement de sureau, avec laquelle les enfants chassent un tampon de papier mâché, qui part avec bruit lorsqu'on pousse le piston.

ARMOIRE, f. meuble de bois dont le premier usage a été pour serrer des armes ; maintenant il sert à mettre toutes sortes de hardes. Il y en a à deux, à quatre portes, avec tiroirs ou *layettes* et *tablettes*, etc. V. PORTE, LAYETTE, PORTE-MANTEAU, COFFRE, GARDE-ROBE.

ARPENTAGE, m. ou *géodésie*, f. ou *planimétrie*, l'art de mesurer les surfaces, et particulièrement celle de la terre.

ARRHES, f. gage d'un marché, le denier à Dieu.

ASSOLEMENT, m. partage des terres labourables qui composent une ferme, en grandes *portions* ou *soles*, pour les ensemencer diversement, ou les laisser successivement en *jachères*. V. JACHÈRE, ASSOLER, diviser les terres par soles. ASSOLÉ, ÉE.

ATTELAGE, m. de bœufs, de chevaux ; le nombre qu'il en faut pour tirer une charrue, un chariot. Un *cheval en arbalète*, ou simplement *une arbalète*, est le cheval qui est seul devant deux autres accouplés ; et *un badinant* est un cheval surnuméraire dans un attelage, qu'on mène après la voiture, pour remplacer celui qui se trouve hors d'état de servir. V. HARNAIS, CHARIOT, BOEUF.

ATTELLE, *atteloire.* V. Collier.

ATTISONNOIR. V. Cuisine.

AVANT-CORPS, *ressaut, saillie, avance,* tout ce qui avance plus que la face du mur dans un bâtiment, pour mettre à couvert les fenêtres. Un *encorbellement* est une saillie de pierre des ponts et des entablemens. V. Ressaut, Entablement.

AVANT-COUR, f. *anti-cour,* espèce de cour par où l'on passe pour entrer dans la cour près du château.

AVANT-TOIT, toit avancé. L'avant-toit, où sont les chéneaux, pour recevoir l'eau qui dégoutte du toit, s'appelle communément la *subgronde,* ou la *sévéronde.* V. Auvent, Abat-vent.

AUGÉE, f. plein une auge.

AVOINE, d'autres écrivent et prononcent aveine. *Balle d'avoine,* petite enveloppe du grain dont on rembourre des oreillers, des matelas. Quelques-uns disent *paille d'avoine,* mais ils la confondent avec le tuyau ; et *paillette* ne se dit que des métaux.

AUTOURSIER, celui qui élève des autours, qui exerce l'art de *l'autourserie.*

AUVENT, m. petit toit sur une boutique. V. Abat-vent, Avant-toit. On fait des auvens pour se garantir du soleil, avec une toile grossière. On appelle ces auvens des *serpillières* ; et cette grosse toile s'appelle aussi de la serpillière,

AXE, m. essieu. V. Roue.

BAC

BACLER, v. a. une porte par-derrière avec une *barre,*

la barricader. La débacler , c'est la défermer, la débarrer. V. Porte, Barrer.

BADINANT, m. cheval surnuméraire attaché après une voiture. Il avait six chevaux à l'attelage , et un badinant.

BADINES , f. p. pincettes légères pour attiser les charbons.

BAIE, f. petit fruit détaché, comme dans le genièvre. Quand les fruits sont attachés ensemble , comme dans un épi, on dit des grains ; et l'on dit aussi grains, pour baie ; des grains ou des baies de genièvre.

BAIL, m. contrat par lequel on donne la jouissance ou l'usage d'une chose pendant un certain temps et moyennant une certaine somme. Occuper une maison par *tacite reconduction*, c'est continuer d'en jouir sans un nouveau bail. V. Faisances, Fermage.

BAJOUE, f. partie du cochon levée entre l'œil et la mâchoire. V. Lard.

BAISSIÈRE , f. le reste du vin qui approche la lie. V. Vin.

BALAI. V. Houssoir, Balayer.

BALANCE , f. Il y en a de plusieurs façons. La commune est composée de deux *bassins* ou plats qu'on nomme *plateaux*, quand il s'agit de grandes balances. Les bassins sont suspendus par trois ou quatre cordons à chaque bout du *fléau*, ou *traversin*, qui est une espèce de levier. Sur le milieu du fléau , dresse perpendiculairement la *languette* ou *aiguille* qui marque l'équilibre , en jouant dans la châsse ou anse que tient celui qui pèse. Les deux moitiés du fléau s'appellent les *bras*.

Le *trébuchet*, ou balance fine, ne diffère de la balance commune, que parce qu'il est plus petit, travaillé avec plus de justesse, et qu'il faut peu pour le faire *trébucher*. On s'en sert pour peser les choses précieuses, par exemple les monnaies.

L'ajustoire est une petite balance où l'on pèse et ajuste la monnaie avant de la marquer.

La *romaine* ou *peson*, appelée aussi un *crochet*, est une balance qui n'a qu'un bassin suspendu au bout du bras le plus proche de l'axe ; le long de la verge est suspendu un poids avec un anneau qui glisse à volonté ; la valeur du poids s'estime par les divisions marquées sur la verge. V. Poids. Le *balancier* est un faiseur de balances. Il y a encore des balances à *ressorts*, des balances *hydrostatiques* pour les liqueurs, et autres qui n'entrent point dans le plan de ce dictionnaire. V. l'Encyclopédie.

BALAYURES, f. p. ordures ramassées avec le balai. *Balayeur*, *euse*. On ramasse la balayure dans une sorte de pelle creuse comme une écope (V. Barque), qu'on peut appeler un *porte-balayures*, mais qui s'appelle un *ordurier*, *oiseau*. V. Houssoir, Chenil.

BALIVEAU, *lais*, jeune arbre qu'on laisse croître quand on coupe une forêt. V. Maçon.

BALLE, f. C'est mal parler que de dire à balle *franc*; il faut dire à balle *franche*. Une balle pour jouer à la paume s'appelle aussi un *éteuf*, et l'on prononce éteu. V. Avoine, Tripot, Chasseur. On appelle *enfant de la balle*, l'enfant d'un maître de jeu de paume ; et tout enfant qui exerce le métier de son père, et qui est censé le mieux savoir qu'un autre.

BALUSTRADE, f. assemblage de *balustres* pour former une clôture ; on prend aussi les balustres pour la balustrade. Il était appuyé contre les balustres.

BANNEAU, m. petite *tinette*. On en met deux sur un âne pour porter des fruits. V. Bat. On dit aussi une *banne*, quand elle est plus grosse que le banneau. V. Charbon. Quelques auteurs appellent les banneaux des salpétriers, des *bachous*, m.

BANNETON. m. V. Pêcheur.

BANQUETTE, f. ou *trottoir*, m. sentier relevé au bord d'un pont, d'une route, pour les gens de pied.

BARBACANE, f. petit trou pratiqué dans un mur pour laisser passer les eaux. Quelques auteurs l'appellent aussi *canonnière*, *chantepleure*, *ventouse*. V. Créneau.

BARBEAU, m. poisson d'eau douce de la figure des carpes.

BARBEAU, petite fleur bleue qui croit dans les blés. On l'appelle aussi *bluet*.

BARD, m. civière renforcée pour porter des pierres, du fumier, etc. *Barder* des pierres, les porter sur le bard.

BARDEUR, m. qui porte le bard. Quand le bard a des pieds, on dit un *brancard*. Il sert à porter des choses qu'on craint de casser. V. Débarder.

BARDEAU, m. petit ais mince qui couvre une maison. Quelques-uns disent aussi un *aisseau*, une *échandole*. L'Encyclopédie dit encore, des *aissantes*, des *aissis*. Bois de bardeaux, bois préparé et fendu pour faire des bardeaux. Le *pureau* est la partie du bardeau ou de la tuile qui est découverte sur le toit. V. Toit, Liaisonner, Charpente, Tuile.

BARDOT, m. petit mulet. On appelle bardot ou *cheval de bât*, dans une compagnie, celui sur qui les autres se déchargent de leur tâche. V. Souffre-douleur.

BARQUE, f. petit bateau pour passer une rivière. Un *bac* est un grand bateau plat pour passer les voitures, les grosses bêtes. V. Traille. Un des plus grands bateaux de rivière s'appelle *foncet*. Les pièces de bois qui traversent la barque, et auxquelles est attaché le fond, s'appellent les *rables*, m. *Bachot, barquette, batelet, nacelle, petite barque*. Une *écope* est une pelle creuse pour vider la barque ; quelques auteurs l'appellent aussi un *sesse*. Une *allège* est une petite barque à la suite d'une grande, qui sert à la décharger de ce qu'il y a de trop. Une *batelée*, une *navée* est la charge d'une barque. *Batelier, passeur, bachoteur*, celui qui conduit la barque. On dit encore un *nageur*, un *rameur*, un *vogueur*, et en poésie un *nocher*. Le *Patron de la barque*, d'un *vaisseau*, est celui qui commande à ceux qui les font aller. On conduit la barque avec une *rame*, un *aviron*, dont le bout qui entre dans l'eau s'appelle la *pale*. On se sert encore d'une *perche*, d'une *gaffe*. V. Gaffe, Passage, Pontonier. *Haller* une barque, c'est la tirer, la traîner avec une corde appelée une *cincenelle*. V. Pont.

BAROMÈTRE, m. instrument qui sert à indiquer les changemens de temps.

BARRER un chemin, le fermer avec une barre de bois ou de fer. Barrer une porte, y mettre une barre. V. Bacler. *Débarrer*, ôter la barre d'une porte, d'une fenêtre, etc. V. Embarrer, Levier, Clôture.

BARRIÈRE, f. tout ce qui ferme un passage. Une barrière est prise ici pour un assemblage de perches ou de pieux, tournant sur son *pivot* dans une *Crapaudine*. V. Crapaudine. On la ferme souvent avec un *loquet*. V. Loquet. La perche ou barre inclinée d'un angle à l'autre pour l'affermir, s'appelle une *diagonale*; on dit aussi une *décharge*. Le montant du pivot de la barrière, quand il est appuyé contre un mur, tourne dans un *collet* ou dans un *piton* scellé dans le mur; quand il n'y a point de mur ni de poteau, il tourne dans un *baudet* ou *chevalet*, qui est un gros bois dont la tête est supportée par deux jambes. Le *tourniquet* est une croix qui tourne horizontalement à côté d'une barrière, sur le pivot d'un poteau à hauteur d'appui, de manière à laisser passer les gens à pied. Le *perchis* est une sorte de barrière de perches qui s'ôtent l'une après l'autre pour passer une voiture. V. Clôture, Porte. Le perchis est aussi une clôture faite avec des perches.

BAT, m. Espèce de selle pour les bêtes de charge. Il est composé d'une espèce d'arçon appelé le *courbet*, qui pose sur les bois appelés les *aubes*, où sont les *crochets* qui portent les *banneaux*, *panniers*, etc. V. Selle, banneau. *Bâter* un âne, lui mettre le bât. *Embâter*, faire un bât. *Bâtier*, celui qui embâte.

BATARDIERE, f. lieu où l'on transplante des arbres de la pepinière, trois ans après qu'ils ont été greffés, et qu'on y garde pour l'occasion.

BATTEUR en grange, batteur de blé. On dit *battre en grange*, pour egrener le blé. V. Grange. Le principal instrument dont on se sert est le *fléau*. Cet instrument est composé de la *verge*, du *manche*, et de la *courroie* qui les unit au moyen de deux *caphes* de cuir blanc ; il y a des fléaux dont la verge est attachée au manche avec un *touret*. V. Touret. Les autres outils sont le *rateau*, la *fourche* et le *van*. V. Faucheur et Van. Le *battage*, le temps du battage, ou de la *battue* des blés. Les *batteurs*, en battant une *airée* dans l'aire de la grange, font un ou deux *chemins* sans s'arrêter. V. Grange, Moissonneur.

BAUDIR, v. a. Exciter les chiens à la chasse, avec le cor, la voix. V. Chasseur. *Velaut* est le cri pour exciter le chien à la chasse du lièvre. *Taïaut* est le cri pour avertir qu'on voit le cerf, le daim, ou le chevreuil.

BECASSE, f. oiseau de passage moins gros que la perdrix, et qui a le bec fort long.

BECASSEAU, m. le petit de la bécasse. V. Pantière. Le bécasseau est aussi une espèce de bécassine. La *bécassine* est plus petite que la bécasse.

BECFIGUE, m. petit oiseau vanté pour la délicatesse de sa chair,

BEFROI, m. clocher pour sonner l'alarme, le tocsin. *Béfroi* siginfie aussi la cloche du béfroi, et plus communément la charpente qui porte les cloches. V. Cloche.

BÈCHE, outil de jardinage, composé d'un fer large de huit à neuf pouces, long d'environ un pied, et d'un manche d'environ trois pieds de long.

BERCEAU, ou cabinet de verdure, ornement de jardin.

BERGE, f. bord élevé et escarpé d'une rivière.

BERGER, m. V. Patre.

BERGERIE, f. lieu où l'on met les moutons, les brebis, les agneaux. V. Patre.

BESTIAUX, m. pl. On entend en général par ce mot
les bêtes à cornes, les bêtes à laine, les chèvres, etc.

BÊTES *fauves* : ce sont les cerfs, les biches, les daims,
les chevreuils. Elles vont en *bande*, c'est-à-dire en troupe.
Les bêtes *puantes* sont le renard, le blaireau, la fouine,
le putois, la belette, etc. Les bêtes *noires* sont le sanglier,
le marcassin. Les bêtes *rousses* sont le loup, le renard, la
fouine, le blaireau, etc. Les bêtes *carnassières* sont celles
qui vivent de chair ; on les appelle aussi *carnivores*. Les
*frugivore*s sont celles qui vivent de fruits ; les *granivores*,
celles qui vivent de grains ; les *piscivores*, celles qui vivent
de poisson ; les *herbivores*, celles qui vivent d'herbe. *Agri-
ophage*, qui vit de bêtes sauvages. Les *bêtes à cornes*
sont les bœufs, vaches et chèvres : on les appelle aussi des
bêtes *aumailles*. Un *broquart* est une bête fauve d'un an.
V. Animal, Excrément, Passée.

BETTE, f. plante potagère dont on distingue plusieurs
espèces : la *bette* ou *poirée blanche*, et la *rouge*, qu'on appelle aussi *betterave*.

BEURRE. V. Laiterie. Terre de beurre, nuage sur
l'horison qui ressemble à une montagne, et se dissipe par
le soleil, comme du beurre qui se fond.

BICHET, et non pas *bichot*, certaine mesure de blé.

BICOQ, ou *pied-de-chèvre* ; le pied de derrière d'une
chèvre, qui est une machine à trois pieds pour lever des
fardeaux.

BIÈRE, f. sorte de boisson appelée aussi de la *cervoise*.

L'aile, f. est encore une sorte de bière sans houblon ni autre plante amère : *boire de l'aile.* V. Brassin. Bière est aussi un *cercueil.* V. Tombeau.

BINARD, m. chariot à quatre roues égales, sur lequel on met des planches pour conduire de grosses charges. V. Chariot, Haquet.

BINER. V. Labourer.

BISEAU, m. d'un instrument, le taillant coupé en talus, en chanfrein ; le biseau d'une hache, etc. V. Pain, Chanfrein.

BIVOIE, f. lieu où aboutissent deux chemins. V. Triviaire.

BLANC, m. Tirer au *blanc,* ou en *cibe* ou *cible.* Donner dans la *broche du blanc.* Une *butte* est un tertre ou une motte contre lesquels on place le blanc. C'est aussi le lieu où se placent les tireurs. Une *butière* est une grosse arquebuse propre à tirer au blanc. V. Fusil.

BLÉ, m. signifie en général toutes sortes de grains propres à faire du pain ; cependant, dans le commerce, quand on parle de *blé,* on entend ordinairement le blé froment, ou le gros blé, qui comprend : le *froment,* le *seigle,* l'*épautre.* Le *petit blé,* ou *menu grain,* comprend : l'*orge,* l'*avoine,* etc. Les menus grains, comme l'avoine et l'orge, quand ils sont sur le champ, s'appellent *les mars. Les mars sont beaux cette année ; la montre, l'apparence des blés est belle.* On appelle aussi froment, le seigle, les gros grains, aussi bien que le gros blé. Le *méteil* est un mélange de froment et de seigle, et le *passe-méteil* se compose de deux tiers de froment et d'un tiers de seigle. Les mélanges des autres grains portent des noms particuliers qui ne sont connus que dans les endroits où croissent ces sortes de grains. Le *blé de mouture* est un mélange de plusieurs sortes de grains. Le blé en herbe, en tuyau, s'appelle *la fane* des blés, ou la *pampe*, qui est la feuille en forme de ruban, autour du tuyau des blés. V. Effioler. *Fourreau* du blé, feuille qui couvre l'épi avant qu'il soit sorti. On dit du blé qu'il est *levé* ou qu'il commence *à poindre*, pour dire que la tige commence à sortir de terre. On dit du blé *niellé*, plein de nielle ; du blé *bruiné, charbonné, charbouillé* par la nielle, etc. Du blé qui *bise*, qui dégénère, qui se change en mauvais blé ; du blé *retrait*, dont le grain n'est pas rempli, n'est pas nourri, qui donne peu de farine. Avoine retraite. *Blatier, grainetier*, marchand de blé ; on dit *grainier*, pour vendeur de graines de choux, de salade, etc. Blatier se dit plus proprement de celui qui transporte du blé sur des chevaux d'un marché à l'autre. Un *marchand blatier*. Graineterie, commerce de blé. V. Racloire, Moissonneur, Laboureur, Brouir, Sac, Brin, Épi, Avoine, Grange, Herbe.

BLUET, m. plante qui croit dans les blés, et dont la fleur est d'un bleu azuré.

BOEUF, m. (au pluriel *bœufs*, l'*f* ne se prononce pas, non plus que dans œufs), taureau châtré. Son museau s'appelle *mufle* ; sa bouche *gueule* ; ses narines, *naseaux* ; ses lèvres, *babines* ; la peau qui pend sous le *cou*, *fanon*. On dit une *couple*, une *paire* de bœufs ; *accoupler* et *découpler* des bœufs, les *mettre au joug*, ou *sous le joug* : on les *attèle*, les *détèle*. Le *harnais* se compose d'un *joug* garni de ses *courroies*, qui sont retenues dans le joug par des *clavettes*; d'une courroie à laquelle la boucle est attachée et qui s'appelle la *chape*; de *coussins* rembourrés sur la tête, sous le joug; et de *bourrelets* rembourrés autour des cornes. V. Chariot. Mettre des bœufs à l'engrais, les parquer, ou les mettre dans un parc. V. Paturage. Le bœuf, ainsi que la vache, *meugle*, ou *beugle*, ou *mugit*. Meuglement, beuglement, ou mugissement du bœuf. Cet animal est quadrupède et *rumine*, c'est-à-dire, qu'il a quatre pieds et qu'il remâche sa nourriture. V. Herbier. *Bouvier*, pâtre de bœufs. *Bouverie*, étable de bœufs. [*Bouvillons*, jeunes bœufs. V. Vache, Trumeau. On attèle aussi les bœufs par le cou avec des colliers de sangle. On *touche* les bœufs et autres animaux pour les faire aller : on dit aussi les *chasser*.

BON-HENRI, m. épinards sauvages.

BONNET-DE-PRÊTRE, ou *fusain*, m. arbrisseau qui croit dans les haies.

BOIS, m. Abattre du bois. V. Abatage. – *Abature*, l'action d'abattre les glands. Bois *veiné* ou *veineux*, plein de veines. *Bois de sciage* à faire des planches, et non pas *plot*, ni *blot*, ni *billon*, tous mots qui ne sont point français. V. Moulin à scie. Bois de charpente, V. Charpente. Bois d'*équarrissage*, bois *équarri*. Bois *débité*, scié, façonné pour être débité et vendu. *Bois de brin* ou de *tige*, petit bois rond qui n'est pas fendu. Bois en *grume*, gros bois rond qui a encore l'écorce. *Mairain*, bois scié propre à faire des futailles, des panneaux, etc. V. Bourdillon, Douvain. Bois qui se *jette*, qui se *tourmente*, qui *travaille*, qui se *tortue*, qui se *déjette*, qui s'*envoile*, qui co-*fine*. Bois qui se *bombe* ou se *cambre*, c'est-à-dire, qui se forme en arc, ou qui s'arque. Bois *déversé, gauche*, qui est mal tourné; une porte est gauche, est déversée, quand elle tord et ne porte pas partout également dans la *feuillure*. Bois *de fil* qui n'est pas tortu, dont les veines sont droites. Bois *chablis*, abattus par les vents. *Abattis* de bois, grande quantité de bois abattus. Bois *taillis*, ou simplement *taillis*, celui qu'on coupe de temps en temps, *Taille, revenue*. V. Arbre. *L'orée* du bois, *le rain* (ces mots sont vieux) c'est-à-dire la *lisière*, le *bord*. Bois *de quartier*, qui est fendu en quatre. Bois *rabougri*, qui est resté court. Bois de *refend*, qui est fendu pour faire des lattes, des douves. *Bois blanc*, comme le bouleau, le tremble, etc. *Assiette* de bois, étendue de bois destinée à être vendu. *Aubier*, V. Arbre, Brin. *Bois mort*, arbre séché sur pied. *Mort bois*, sorte d'arbre de peu d'usage et de peu de valeur. V. Brandes. Bois *pelard*, celui dont on ôte l'écorce pour faire du tan pour tanner le cuir. V. Tanneur, Arbre, Tronche, Ecot, et l'Encyclopédie, où l'on verra plus de détails.

BONDE, f. la *vanne*, ou *pale*, ou *lançoir* d'un étang, qu'on lève pour laisser couler l'eau. V. Moulin.

BOTTE, f. on y voit la *genouillière* au-dessus de la botte ; la *tige* ou la *jambe* ; le *soulier*. V. Soulier. Le *porte-éperon*. *L'embouchoir* est la forme brisée pour faire la botte, ou pour la faire tenir unie quand elle est ôtée. Le coin pour élargir l'embouchoir, s'appelle la *clef*. Un *tire-botte* est ce qui sert à ôter une botte. Les *tirans* sont des anneaux de cuir ou de tresse qu'on tire des deux mains pour chausser une botte. *Bottier*, faiseur de bottes. V. Cordonnier. Une *botte d'allumettes, de paille*, etc.

Bottes, au pluriel, signifie de la terre, ou de la neige qui s'attache aux souliers quand on marche. *Se botter*, mettre ses bottes ; c'est aussi ramasser de la boue, de la neige autour de ses souliers en marchant. *Ce cheval se botte en marchant.* Les *manchettes de bottes* sont des espèces de dessus de bas de fil, autour du genou pour garantir la culotte.

BOUC. V. Chèvre.

BOUCANER la viande. la sécher au boucan à la fumée, comme font tous les sauvages.

BOUCHERIE, on dit aussi une *tuerie*. Un *étal* est la table sur laquelle on étale et l'on vend la viande. Un *étalier* est un boucher qui ne tue point ; il ne fait que de vendre la viande sur les étaux. Le grand couteau de boucher, de la figure d'une hache, s'appelle un *couperet*. Le *tinet* est un gros bâton pour suspendre par les jambes les bœufs tués et vidés. Le *traversin* est un autre bâton pointu à chaque bout, pour tenir ouverte la bête tuée et suspendue par le tinet. Le *fusil* est un morceau d'acier pour aiguiser les couteaux. Le *tuage* est la peine de tuer : *Donner tant pour le tuage.* *Tueur*, celui qui tue les bêtes. *Charcutier, ière*, celui ou celle qui tue des cochons, vend du boudin, des saucisses, etc. V. Cochon, Tripière, Viande, Issue. Un *estou* est une table à claire voie ou à grille, sur laquelle le boucher *habille*, c'est-à-dire écorche et vide une bête tuée. V. Effondrer.

BOUFFETTE, petite houpe qui pend aux harnais des chevaux. V. *Collier*. Les houpes de soie d'argent filé, qui pendent en forme de clochettes aux pentes des rideaux, des dais, des chaires, etc., s'appellent des *campanes*.

BOUGE, m. petit cabinet à côté d'une chambre , petit réduit. V. Chambre, Roue , Tonnelier.

BOULER , v. n. le pigeon boule , c'est-à-dire, il enfle sa gorge. V. Colombier.

BOULIN , m. trou de pigeonnier. V. Colombier , Maçon.

BOULINGRIN , m. pièce couverte de gazon qu'on tend dans un jardin. V. Jardinier.

BOULON , m. grosse cheville de fer retenue par une clavette. V. Chariot. Boulonner, arrêter avec un boulon.

BOUQUETIER, vase à mettre des fleurs. *Bouquetière*, vendeuse de bouquets.

BOURBIER. V. Margouillis , Fondrière , Eau.

BOURDILLON , m. bois refendu , propre à faire des futailles. V. Dounain , et Mairain , à l'article *Bois*.

BOURRÉE , f. fagot de ramille , ou menues branches propres à brûler. V. Cotret, Brandes , Fagot.

BOURRELIER, m. V. Collier , Selle , Cordonnier.

BOURRIQUE , f. signifie un âne ou une ânesse et un petit cheval méprisable. *Bourriquet* , ânon.

BOUTEILLE , f. le *goulot*, c'est le cou ou l'entrée du cou : le *glouglou* , c'est le bruit qu'elle fait quand on verse le liquide. V. Dame-Jeanne. Une bouteille *coiffée* est celle qui a par dessus le bouchon une enveloppe pour empêcher que le vin ne s'évente. Une bouteille scellée est bouchée avec du mastic autour du bouchon. V. Tire-Bouchon. Une bouteille *natée* ou *clissée*, est celle qui est recouverte d'une natte ou clisse de pail, d'osier , etc. V. Natte,

Clisse. Une bouteille *étoilée*, est celle où il se fait une fê-
lure en forme d'étoile, en recevant un coup. V. Fêler.

BRACONNIER, celui qui chasse sur les terres et dans
le bien d'autrui.

BRANDES, f. arbuste qui n'est bon que pour brûler,
des broussailles, des broutilles, des bruyères, des buchettes. V. Émonde, Ronce, Bourrée, Arbre, Bruyère.

BRANDON, m. torche de paille, de bois allumé. Il signifie aussi un torchon de paille dans la fente d'un piquet
fiché en terre. Flammèche.

BRASSIN, m. cuve où les brasseurs brassent la bière.
La *drèche* est le marc d'orge, avec quoi on fait la bière.
Le *malt* est l'orge préparée pour faire la bière. V. Bière.

BRICOLE, f. courroie ou sangle de porteur de chaises.
V. Porte-faix. Les bricoles sont aussi les bandes de cuir
qui passent sous les coussinets du harnais d'un cheval de
carrosse, et s'attachent de côté et d'autre aux boucles du
poitrail. V. Brulot, Trigauder, Baie.

BRIDE, f. On voit dans la bride l'*embouchure* ou le
mors, ou le *frein*, qui est la partie qui entre dans la bouche, et qui soutient la *tétière*. Les *porte-mors*, ou *montans de la bride*, qui sont des bandes de cuir qui passent
dans les yeux du mors auxquelles sont attachées les *œillères*. Le *frontail*, ou *fronteau*, est la bande qui ceint le
front. La *sougorge* est celle qui entoure la gorge ; la
muserolle, celle qui entoure le milieu de la tête. La *gourmette* est la chaine de fer qui entoure la lèvre. *Gourmer
un cheval*, lui mettre la gourmette. Les *branches* de la
bride sont les fers courbes, auxquels sont attachées les ré-

nes que tient le cavalier. Il n'y a point de branches aux brides de harnais, et les rênes s'appellent *guides*, f. On garnit les brides de bossettes d'argent. La *monture* d'une bride, ce sont les parties qui la composent, et qui portent le mors. Les *rosettes* sont à chaque bout du mors. V. Tou-ret.

Le *cavesson* ou *caveçon*, est une espèce de bride qui, au lieu de mors, n'a qu'un demi-cercle de fer sur le nez du cheval. Le caveçon a une *longe*, ou des guides pour conduire le cheval.

Le *bridon*, est une sorte de bride légère, qui n'a point de branches. On l'appelle aussi un *filet*. La *martingale* est une lanière ou courroie qui tient à la *muserole* par un bout, et par l'autre sous le ventre à la *sangle*, pour empê-cher le cheval de lever la tête ou de se cabrer.

Il y a aussi le *licou* ou *licol*, appelé encore le *chevêtre* (mot un peu vieux), pour attacher le cheval. L'académie avertit qu'on ne dit plus licol qu'en poésie, quand il est devant une voyelle. On dit le cheval se *délicote, il faut lui mettre une sougorge.* Les *morailles*, le *torche-nez.* V. Maréchal. On met des *entraves*, pour empêcher le che-val de courir. Elles se mettent au *canon.* V. Cheval. On dit qu'un cheval s'est *empétré, enchevétré,* quand il s'est embarrassé dans les traits, ou dans son licou. *Enchevétrure,* mal que se fait un cheval en s'enchevêtrant. V. Selle, Collier, Cheval, Chariot, Dépêtrer, Embarrer.

BRIN, m. ce que le blé pousse d'abord qu'il est hors de terre, lorsqu'il commence à poindre. *Brin de blé, brin d'herbe.*

BOIS *de brin*, *rondin,* bois non fendu.

BRIQUE, f. terre cuite ; brique ne signifie point morceau : ainsi, on ne dit point tomber en *briques*, mais en morceaux, en lambeaux, en pièces, en loques.

BRIQUETERIE, lieu où l'on fait la brique. Briquier, faiseur de briques.

BRISE-VENT, m. clôture pour arrêter les efforts du vent, pour garantir une maison, des arbres, etc. V. Abat-vent.

BROC, m. grande cruche.

BROCHET, m. poisson ; un brocheton, petit brochet ; un brochet carreau, un fort gros brochet.

BROCHOIR, V. Maréchal.

BROQUART, bête fauve d'un an.

BROSSER *dans les bois* ; courir à travers les bois les plus épais, soit à pied, soit à cheval, comme un perce-forêt. V. Chasseur.

BROUETTE, f. le *tombereau*, est le corps de la brouette ; elle a des *bras* et des *pieds*. *Brouetter*, conduire la brouette ; *brouetteur*, celui qui la conduit ; *brouettier*, celui qui la fait. V. Roue, Bard.

BROUILLARD, m. *brouée* f. *bruine*, *brume* ; temps embrumé, couvert de brouillards ; brume se dit principalement sur mer. V. Pluie, Temps.

BROUIR ; *la gelée a broui les blés*, *les arbres* ; elle les a cuits. V. Gelivure. *Brouissure*, dommage des blés brouis.

BRUYÈRE, f. petit arbuste qui croît dans les terres incultes ; des brandes. V. Brandes.

BUANDERIE, V. Lessive.

BUCHERON ; on a dit un *boquillon* , ouvrier qui abat, qui façonne les bois. Écuisser un arbre , c'est le faire éclater en l'abattant. Le *bucheron* ou fendeur de bois se sert, pour fendre les bois, d'un *fendoir* appelé aussi un *marlin*, qui est une sorte de grande hache , et d'un *ébuard* qui est un coin de bois dur , au lieu d'un coin de fer. V. Scie. Il frappe avec une *mailloche* , qui est un gros maillet de bois. V. Haeaner. La chèvre est une espèce de banc en forme de croix de saint André, pour y arrêter le bois que le bucheron scie en travers.

BUIS , arbrisseau toujours vert, fort connu ; quelques-uns disent bouis, mais l'académie avertit que ce n'est que pour le figuré. Donner le bouis, achever de polir avec le bouis. V. Cordonnier. Menton de bouis, qui avance beaucoup.

BUISSON , m. épais , *halier.* V. Épinier.

BURE, f. ou bureau, m. grossière étoffe de laine dont les capucins et gens de la campagne s'habillent. On dit aussi du *burat*.

CABRIOLE, f. *virevolte, virevousse*, tour, saut de cheval. V. Soubresaut. On a bien fait faire des virevousses à cet homme.

CAFÉ , petit fruit qui croit en abondance dans l'Arabie. Lorsque le café est reposé dans la *cafetière*, on la présente dans des tasses à ansettes , avec des cuillères sur la *soucoupe* , le tout posé sur un plateau vernissé , appelé un *cabaret*. Le sucre se met ordinairement dans une coupe par petits morceaux. Cette coupe est appelée *sucrier* par

quelques auteurs ; mais un sucrier proprement dit , **est**
fait en forme de boîte percée à jour, comme un encensoir,
où l'on met le sucre *égrugé*. *Torréfier* le café , c'est le
griller , le rôtir. Le *moca* est le café le plus généralement
estimé. L'arbre qui porte le café s'appelle le *cafier*.

CAILLE , f. oiseau très-connu. *Cailleteau*, jeune caille. *Courcaillet*, appeau pour appeler les cailles ; c'est aussi
le cri de la caille. La caille *margotte*. C'est un cri enroué
qu'elle fait entendre avant de chanter, ou avant le courcaillet. Le *roi de caille* , ou *rale de genét* , est un peu
plus gros que la caille ; il la précède et la guide , dit-on ,
mais c'est une espèce différente de la caille. Le mâle et la
femelle, dit Buffon , ont chacun deux cris , l'un plus écla-
tant, plus fort ; l'autre plus faible. Le mâle fait *ouan*,
ouan , *ouan* ; il ne donne de sa voix sonore, que lorsqu'il
est éloigné des femelles , et il ne la fait jamais entendre en
cage dès qu'il a une compagne avec lui : la femelle a un cri
que tout le monde connaît, qui ne lui sert que pour rap-
peler le mâle ; et quoique ce cri soit faible , et que nous ne
puissions l'entendre que d'une petite distance , les mâles
y accourent de près d'une demi-lieu ; elle a aussi un petit
son tremblottant, *cri*, *cri*. Le mâle est plus ardent que la
femelle ; car celle-ci ne court point à la voix du mâle ,
comme le mâle accourt à la voix de la femelle dans le temps
de l'amour, et souvent avec une telle précipitation , un tel
abandon de lui-même, qu'il vient la chercher jusque dans
la main de l'oiseleur,

CAILLEBOTTE , f. masse de lait caillé. V. Fromager.

CAL , m. durillon , callosité qui vient aux pieds , aux

mains , aux genoux. Calleux , qui a des cals. V. Cor ,
Oignon.

CALER v. a. un tonneau , une table *, mettre une *cale*,
un coin dessous pour l'affermir.

CALFEUTRER une fenêtre , une porte, en boucher
les fentes avec du papier , des étoupes , etc. , y mettre du
calfeutrage.

CAMAIEU , m. tableau d'une seule couleur , peindre
en camaïeu. C'est aussi une pierre où se trouvent peintes
naturellement différentes figures, comme fleurs, arbres, etc.

CAMBRER v. a. un bois , le plier en arc , l'arcquer.
Cambrure *, courbure en figure arquée. V. Bomber.

CANARD , m. le mâle de la *cane*. Canard sauvage ,
canard domestique. *Canetons*, *canettes* , petits canards.
Le canard *barbote* ; ce qui exprime le mouvement et le
bruit qu'il fait avec son bec dans l'eau. *Barboteur*, canard
privé. Le jeune canard sauvage s'appelle un *halbran*. En
octobre, c'est un *canardeau*; en novembre, un *canard*.
Halbrener, chasser aux halbrans. Une *canardière* , lieu
préparé pour tuer des canards. V. Fusil.

CANNELLE de tonneau. V. Cave, Robinet.

CANON, m. grosse pièce d'artillerie. On dit la *bouche*
du canon. Le *bourrelet* entoure extérieurement la bouche
du canon. La *culasse*, est ce qui bouche le fond. L'*affût*
est composé de deux *flasques*, ou grosses planches courbes , affermies par des *entretoises*. *Recul*, mouvement
en arrière quand le canon tire. *Braquer*, *pointer*, *monter*, *affûter* un canon. *Coussin*, billot de bois placé sous
la culasse pour braquer le canon ; les *coins de mire* servent

à hausser ou baisser la culasse pour *mirer* ou *viser juste.* *Braquement*, l'affûtage du canon. *Tablouins*, les madriers ou grosses planches dont on compose la plate-formé pour braquer le canon. *Volée de canon*, décharge de plusieurs pièces qu'on tire en même temps. *Écouvillon*, instrument avec lequel on l'écouvillonne quand on l'a tiré. *Refouloir*, espèce de baguette pour le bourrer. *Dégorgeoir*, ou *épinglette*, broche ou fil de fer pour ouvrir et nettoyer la lumière. *Forer le canon*, le percer. Le canon tourne sur deux *tourillons* encastrés dans les flasques. La *volée* est la partie du canon entre les tourillons et la bouche. V. Gargousse, Chambre, Fusil, Créneau.

CANONNIÈRE. V. Arbre, Créneau,

CAPARAÇON, m. sorte de couverture que l'ou met sur les chevaux quand ils sont à l'écurie, pour les préserver de la poussière, ou sur les chevaux de main, pour servir d'ornement. La *crinière* est une autre couverture de toile, qui couvre le crin et la tête, et qui a deux trous pour y passer les oreilles du cheval. Il y en a qui confondent le caparaçon, qu'ils appellent aussi un *chasse-mouche*, avec une *émouchette*; mais c'est mal-à-propos. V. *Selle* et *l'Encyclopédie au mot* Émouchoir.

CAPRIER, m. arbrisseau épineux qui s'étend en rond, son fruit s'appelle *capres.*

CAPUCINE, f. fleur jaune terminée par une appendice en forme de *capuchon.*

CAPRON, grosse fraise de jardin.

CAQUEROLE. V. Cuisine.

CARDE, f. la côte qui est au milieu de certaines

plantes que l'on mange. Carde de poirée, carde d'artichaut. V. Poirée.

CARDE, f. sorte de peigne pour carder la laine, le coton. Une *cardée*, ce qu'on carde d'une fois, qui fait deux *feuillets* de laine. Il y a des cardeurs qui mettent les feuillets en rouleaux, ou *boudins* pour être filés. *Éplucher* la laine avec les doigts avant de la carder, on dit aussi l'*écharpir*, c'est la démêler. Une *cardasse* est une grosse carde. Un *cardier*, faiseur de cardes. Les dents sont plantées dans de la peau clouée sur la palette qui a un manche ou une poignée; cette peau s'appelle aussi le *feuillet*.

CARDON D'ESPAGNE, m. herbe potagère.

CARNE, f. l'angle exterieur d'une table. Il s'est blessé contre la carne d'une pierre.

CAROTTE, f. plante potagère très-connue.

CARPE, f. V. Poisson.

CARRELER v. a. une cuisine, la paver de carreaux de terre cuite, de pierre, etc. *Carreleur*, celui qui carrèle; c'est aussi un savetier. V. Savetier.

CARTAYER, v. n. faire aller la voiture entre les ornières, sans y laisser entrer les roues. On dit aussi quarter. V. Roue.

CASCADE, f. une *cataracte*, une *catadoupe*, une *catadupe*, saut, chûte d'eau. Le *pulvérin*, ce sont de petites gouttes d'eau qui s'écartent de l'eau autour de la cascade, et qui mouillent autour de la chûte.

CASSINE, f. petite et méchante maison hors de la ville. Maison plate, maison de campagne sans fossés ni defenses.

CASSIS ou **CACIS**, m. sorte de groseillier noir.

CAVE, f. La cave diffère du *cellier* principalement en ce que le cellier n'est ordinairement pas profond, ni voûté. C'est là principalement qu'on met le vin et d'autres provisions, quoique l'on mette aussi toutes ces choses à la cave, qui est plus profonde et voûtée. On trouve ordinairement dans une cave, les *chantiers* sur lesquels les tonneaux sont placés et calés. V. Caler. Le *bondon*, et non la *bonde*, est la grosse cheville ronde et courte qui bouche le dessus de la *futaille*, par où on la remplit. Cette partie bombée où est le bondon, s'appelle le *bouge*. Quand on veut mettre un tonneau *en perce*, on y met la *cannelle*, et non pas la *canne*, avec son *piston*, ou le *robinet* avec la *clé*, qu'on appelle aussi une *fontaine*. Tourner la fontaine du tonneau, c'est tourner la clef du robinet. Quand on ôte la cannelle, on bouche le trou avec un *tampon*, ou bouchon de bois, ou de liège. On place sous la cannelle un baquet pour recevoir le vin qui dégoutte. Le vin dégoutté s'appelle la *baqueture*. La *baissière* est le vin qui approche de la lie ; ce vin aigri s'appelle du vin *bésaigre*.

Un tonneau est relié avec des *cerceaux* ou *cercles* ; le fond est arrêté dans le jable, qui est une rainure faite avec la *jabloire* ; le *peigne* est l'extrémité des douves depuis le jable. V. Tonnelier.

Quand on veut tirer du vin pour le goûter, sans y mettre ni cannelle ni robinet, on fait un petit trou avec une tarrière appelée *vrille*, f., *foret, perçoir, gibelet*. On y met un *fausset* ou une *broche*, qu'on a appelé autrefois un *doisil* ou *dousil*. Pour que le vin coule quand le tonneau est plein, on fait un petit trou, pour donner de l'*évent* de l'air.

La *chantepleure* est un grand entonnoir à longue douille, pour remettre du vin dans le tonneau sans le troubler. Le *tate-vin* est un tuyau de fer-blanc qu'on plonge dans le tonneau par le bondon; ensuite on bouche le dessus avec le pouce pour tirer du vin, qu'on peut goûter sans troubler le vin du tonneau.

Les futailles portent différens noms en différens endroits, et suivant leur grosseur. Les plus grandes sont la *ton-ne*, et d'après les Allemands un *foudre*. Celles qui suivent sont la *queue*, la *pipe*, le *muid*, la *feuillette*, le *poinçon*, le *quaril* ou *quart de muid* ou *quartaut*, la *barrique*, le *tierçon*, le *baril*, le *barillet*, petit baril, etc. Un tonneau à *gueule bée* est celui qui est défoncé par un bout. V. Futaille, Tonneau. *Gerber* les tonneaux, c'est les mettre les uns sur les autres, pour les placer tous à la cave.

Tinette, tinet, seau. V. Seau. On pose les verres et les bouteilles sur des tablettes. V. Banneau, Fenêtre, Cuisine, Vendangeur.

CAVEAU, m. petite cave. V. Église. Cave pour le lait. V. Fromager, Laiterie. *L'aire* de la cave est le fond de la cave.

CAVÉE, f. chemin creux, une longue cavée, grande cavée. V. Ravin.

CÉDRAT, m. espèce de citron, et qui en a la couleur.

CEINTURON, m. sorte de ceinture à laquelle sont attachés des pendans où l'on passe l'épée. Les morceaux de cuir qui soutiennent les boucles de devant, et celles du remontant, s'appellent les *chapes*, f. Le *porte-épée* est un morceau de cuir ou d'étoffe attaché à la ceinture de la culotte, pour porter l'épée. Le *baudrier*, qui sert au même usage que le ceinturon, est une large bande qui se porte en écharpe dès dessus l'épaule droite, également garnie de pendans, pour porter l'épée. La *bandoulière* est aussi une large bande pour porter le fusil.

Ceinturier, faiseur de ceinturons, de baudriers, de ceintures. V. ÉPÉE.

CÉLERI, m. plante potagère d'un grand usage.

CÉNELLE, f. fruit du houx et de l'épine noire. V. Houx, à l'article ARBRE.

CERF, m. l'*f* ne se prononce pas, pour le distinguer de *serf*, homme qui n'est pas libre. Le cerf est le mâle de la *biche* ; il *brame* ; et quand il est en *rut*, on dit il *rait*, à l'infinitif *raire*. Le commencement du rut s'appelle la *muse ; il commence à muser*. Son petit s'appelle *faon* (on prononce *fan*), il change de nom avec l'âge; la seconde année, on le nomme *daguet*, et ses cornes ou bois des *dagues*, f.; la troisième année, *cerf à sa première tête*, ou *cerf de refus* ; la quatrième et cinquième année, *cerf à la seconde et troisième tête* ; la sixième année, *cerf à dix cors jeunement* ; la septième année, *cerf à dix cors* ; la huitième année, *grand cerf* ; la neuvième année, *grand vieux cerf*. Un jeune cerf qui en suit un vieux, porte le nom *d'écuyer*. Les cornes des cerfs s'appellent les *perches*, les *branches*, le *bois*, ou la *ramure du cerf*, et les petites cornes des branches, les *andouillers*. Le *refait* est le nouveau bois qui revient : *ce cerf a déjà du refait*. Les testicules s'appellent les *daintiers* ; la poitrine, la *hampe*, etc. Les cerfs vont en *harde*, c'est-à-dire par troupe. *Cervaison*, temps où le cerf est gras et bon à manger. Faoner (on prononce *fa-*

ner, mettre bas ses petits ; il se dit aussi de la *chevrette* , ou femelle du chevreuil.

CERFEUIL , m. herbe potagère.

CERISIER , m. arbre qui porte les cerises.

CERVOISE, f. bière , liqueur à boire.

CHAINE, f. Les *chaînons* ou *maillons* en sont les anneaux. V. TOURET.

CHAISE, f. siége pour s'asseoir. Ses parties sont le *siége*, simple ou rembourré ou *naté* en osier, en jonc , en corde, en paille, etc. Les *montans* sont arrétés par des *traverses* ou *entretoises emmortaisées* dans les jambes de la chaise, ou quarrément, ou en sautoir. Le *dossier* ou *dos* est affermi par des *traverses de volige* quelquefois ceintrées ou bombées. Quand ces traverses sont rondes , comme aux chaises de pailles , on les appelle des *chevillons*. Les fauteuils ont les bras rembourrés comme le siége , qui est soutenu par des sangles ; ils ont quelquefois des accottoirs. Ceux qui se plient, ou dont le dos se renverse , sont arrétés par des crochets appelés des *crémaillères*. Les *valets de chaise* sont des tringles de fer ou de bois, qui se cachent en coulisse sous les bras du fauteuil ; et quand ils sont tirés, on forme une table dessus.

Les autres siéges sont les *escabelles*, f., ou *escabeaux*, m. qui sont sans bras et sans dossier. Le *tabouret* ou *placet* n'en diffère que parce qu'il est rembourré et carré. Il y a encore d'autres siéges, comme le *sopha* ou *canapé* , qui sont des espèces de lits de repos ou bancs à dossier rembourrés. Le *perroquet* est une chaise à dos , qui se plie , dont on se sert à table. Un *pliant* est un siége qui n'a ni dos ni bras , et qui se plie en deux. Une *forme* est un banc garni d'étoffe et rembourré. On appelle encore quelquefois une chaise de bois , une *selle.* La *housse* de la chaise est la couverture d'une chaise ou d'un sopha , ou d'un banc rembourré. Le *mollet* est une frange qu'on met aux chaises garnies. Les bancs d'église ont un dossier, un *siége ,* et un *marche-pied* sur lequel on se met à genoux.

CHAMBRANLE , m. espèce de cadre orné , qui s'applique contre les jambages d'une cheminée , d'une porte. On l'appelle aussi un *cantalabre.* V. Porte , Cheminée. Quand il comprend au-dessus une *frise* et une *corniche ,* on le nomme encore un *placard. Il faut mettre un placard au-dessus de cette porte.*

CHAMBRE à coucher, *parquetée , lambrissée , boisée, planchéïée , cadetée , carrelée.* Chambre *en galetas ,* qui est sous le toit , dont le haut n'est pas carré, et tient de la figure du toit. Chambre *plafonnée ,* où il y a un plafond de plâtre ou de menuiserie , qui garnit le plancher du haut. Chambre *dégagée ,* où il y a un dégagement ou issue secrète, dérobée. *Chambrette.* Les parties et les meubles d'une chambre se trouvent aux mots Poêle , Cheminée , Armoire , Coffre , Estrade , Bureau , Bibliothèque , Cuisine, etc.

CHAMP. V. Laboureur. *Poser un bois , une pierre de champ ,* c'est la poser sur le côté le moins large. Roue de champ. V. Horloge.

CHAMPIGNON , m. terme générique , qui signifie ces plantes fongueuses ou spongieuses , qui croissent promptement après la pluie, et dont on distingue un grand nombre d'espèces. Le champignon proprement dit , est blanc en dessous , et d'un beau rouge incarnat en dessus. Les plus connus sont la *murille*, les *mousserons*, la *vesse-de-loup*. Il y a des vesses-de-loup qui deviennent grosses comme la tête, et qui sont remplies d'une poussière semblable à de la fumée. V. AGARIC. Le *potiron* est une sorte de gros champignon; c'est aussi une espèce de citrouille. Une *champignonière* est un lieu où croissent les champignons.

CHANDELIER, m. on y distingue le *pied* ou la *patte*, la *tige*, et la *bobèche*, qui est le trou où se met la chandelle. Dans la bobèche on met souvent un *binet* qui est une espèce de coupe, et qui, au lieu de trou, a trois petites fiches pour recevoir la chandelle, afin de la brûler jusqu'au bout. *Faire binet*, c'est la brûler entièrement. On donne aussi le nom de bobèche à une espèce de binet qui a une douille pour recevoir la chandelle, et une coupe pour recevoir le suif qui en découle, et qui se met dans la bobèche du chandelier. On fait des bobèches de fer-blanc, d'argent, etc. La *coupe* ou le *bassinet* est pour le chandelier d'église, qui a une fiche pointue, en place de bobèche, pour recevoir le cierge. Un *bras* est une sorte de chandelier attaché à une muraille, qui a quelquefois la figure d'un bras. *Des bras dorés, des bras d'argent.*

Le *bougeoir*, est une sorte de chandelier sans pied, qui a un manche qu'on tient à la main, pour porter une bougie ou une chandelle : on l'appelle aussi un *martinet*.

La *girandole* est un chandelier à plusieurs bobèches et autant de branches, qu'on met sur une table ou sur un guéridon au bout de la table. V. GUÉRIDON.

La *herse* est un chandelier en forme de triangle, et sur les pointes duquel on met des cierges dans une église.

Le *lustre* est un chandelier de cristal, de verre, à plusieurs branches, suspendu dans une salle pour l'éclairer. Le *candélabre* est un grand chandelier à plusieurs branches, posé sur une table ou ailleurs, pour éclairer aussi une salle.

Le *mortier de veille* est un gros morceau de cire qui a une mèche qu'on met dans une espèce de mortier de terre ou de métal, pour avoir de la lumière toute la nuit. Les *veilleuses*, dont on se sert ordinairement, exigent très peu de cire.

Le *flambeau* est un grand chandelier d'argent ou d'autre métal, à l'usage ordinaire des maisons, et surtout pour la table. On fait encore un grand nombre d'autres chandeliers, surtout pour les ateliers. V. Lampe, Lanterne.

CHANDELLE, f. Il y a des chandelles *moulées*, et des chandelles *plongées*. Le *lumignon* ou *moucheron* est le bout de la mèche d'une chandelle ou d'une lampe allumée. Lumignon se prend aussi pour le bout qui reste d'une chandelle, d'une bougie presque brûlée. *La chandelle va finir, il n'y a plus que le lumignon.* Le *champignon* est cette espèce de bouton qui se forme au bout du moucheron, surtout d'une lampe. Quand les chandelles ont une *grosse mèche, la flamme ondoie, ou fait des ondulations* et fatigue la vue. *Chandelier*, faiseur de chandelles. On mouche les chandelles avec des *mouchettes à ressort*, posées sur les *porte-mouchettes*. La mouchure est ce qui reste dans les mouchettes. V. Eteignoir.

CHANFREINER, ou *chanfriner*, couper en chanfrein, c'est-à-dire, obliquement, en forme de coin, en abattant l'angle d'une planche; la couper en talus, en biseau.

CHANTERLLE , f. on appelle ainsi l'oiseau, et ordinairement la perdrix femelle qu'on met en cage pour servir
d'appeau.

CHANVRE , m. il y a le *mâle* et la *femelle*. Quand le
chanvre a été *roui* dans le *routoir*, ou à la rosée sur l'herbe,
on le met en *faisceaux* , on le met sécher dans le *haloir* ,
ensuite on le *teille* (on ne dit plus *tiller*), ou on le *broye*;
c'est-à-dire qu'on le brise comme le lin avec un *brisoir*, ou
une *broie*, ou une *macque* (qui porte encore d'autres noms
en différentes provinces), ce qui s'appelle *macquer*, *broyer*,
briser le chanvre. Le *routoir* s'appelle aussi *rutoir*, et
naiser s'est dit et se dit encore pour rouir, par quelques
auteurs. Le *broyeur* tient l'instrument d'une main par la
poignée , qu'il hausse et baisse en frappant, et broye le
chanvre entre les deux *mâchoires* de la broie, dont les deux
jambes sont plantées dans les pieds, appelés *semelles*. La
chenevotte , que quelques-uns appellent aussi la *tillotte* ,
est le tuyeau du chanvre brisé ou teillé. Le *chenevis* en est
la graine. On pose un faisceau entre les oreilles d'une machine en croix appelée une *chèvre*. On *teille* le chanvre
pour en tirer la *filasse* que le *teilleur* accroche à son doigt,
et qui s'appelle une *poignée*. Avec plusieurs poignées on
forme une *queue* de chanvre, dont le gros bout s'appelle la
tête; la filasse, appelée aussi *l'écorce* du chanvre, ainsi mise
en queues, suffisamment séchée, est foulée à la *foulerie* ou
moulin à foulon , qui la foule avec une meule dans une
auge circulaire appelée la *pile*. *L'échanvroir* est une planche
ou espèce de banc sur lequel on bat avec un couteau de bois
la filasse du chanvre ou du lin, pour en faire sortir les
chenevottes. Dans de certains endroits, on *espade* les

queues de chanvre, c'est-à-dire qu'on les bat avec une espèce d'espadon de bois, dans une machine faite exprès ; ensuite la filasse foulée est livrée au *scranceur* qui la peigne ou la *serance* avec ses *serans*, et la met en *poupées* pour être filée. V. Fileuse, Lin.

Regayer le chanvre, c'est le passer pár le *regayoir*, qui, est une sorte de seran grossier, avant que de le passer par *l'affinoir*, qui est un seran fin pour l'affiner. Le meilleur lin serancé s'appelle le *brin*, et le plus grossier se nomme le *repàron* ou l'*étoupe* f.

CHARBON, m. le *charbonnier* le conduit avec un chariot dans une *banne*, qui est une sorte de grand panier oblong fait de branchages. Quelques-uns disent aussi une *manne*. V. Panier. La banne et le *banneau* est aussi une charette à deux roues à l'usage du maçon. Une *charbonnière* est une place dans un bois pour faire un four à charbon. *Allumelle*, fourneau de charbonnier où le feu commence à prendre. Un *charbonnier* est aussi un lieu, une baraque faite pour serrer le charbon. Des *fauldes* f. sont des fossés où l'on fait le charbon.

CHARANSON, m. insecte nuisible au blé dans les greniers.

CHARDON, m. on en distingue de plusieurs espèces.

CHARDONNERET, m. petit oiseau qui chante fort bien, et dont le plumage varié est très-joli.

CHARIOT, m. on ne dit plus char qu'en parlant d'un *char de triomphe*, ou d'un *char de cérémonie*. Le chariot est une voiture à quatre roues, dont le *train* est le fondement de toutes les voitures roulantes.

Chariot ordinaire. Le *train* simplement dit, est toute la machine roulante, qui se divise en *train de devant* et en *train de derrière*, ou *avant-train* et *arrière-train*.

On voit, dans l'arrière-train, l'*essieu*, dont chaque bout entre ou s'emboîte dans le *moyeu* de la roue. V. Roue. La roue est arrêtée par une cheville de fer au bout de l'essieu, appelée l'*esse*, f. Entre l'esse et le bout du moyeu, on met quelquefois une sorte de roulette de fer, pour préserver le bout du moyeu : cette plaque ronde s'appelle une *rondelle*. L'essieu est garni ou fretté d'un demi-cercle de fer appelé la *happe*. Sur l'essieu, entre les deux roues, est assujetti un bois à peu près carré, plus haut que large, dont les extrémités débordent sur le moyeu de la roue : on l'appelle le *lissoir*. Quelques auteurs, surtout les anciens, disent *lisoir*. Sur chaque bout du lissoir, on plante une *ranche* en *mortaise* qui est une cheville de bois, à peu près carrée, haute d'environ un pied, f. V. Grue. L'essieu est arrêté avec le lissoir par des espèces de chevilles appelées les *échantignoles*. La *flèche* qui unit les deux trains ensemble, est une espèce de forte perche qui passe entre l'essieu et le lissoir, et sort par derrière de trois ou quatre pieds. La *fourchette*, dont la tête frettée embrasse la flèche, passe aussi entre l'essieu et le lissoir ; et chaque *fourchon* sort de même par derrière de chaque côté de la queue de la flèche.

L'avant-train est de même composé d'un essieu, d'un lissoir, de deux ranches et des échantignoles. Le gros bout du timon formé en patte, entre dans les *armons*, dont les fourchons passent entre l'essieu et le lissoir, et sortent sous la flèche, en formant une espèce de fourchette ; sur les bouts des fourchons est assujettie une traverse appelée la *sassoire*. Le bout de la flèche, garni d'une frette, percé d'un grand trou, unit le train de derrière avec celui de devant, au moyen de la *cheville ouvrière* qui se plante perpendiculairement dans le lissoir, dans le bout de la flèche et dans le le milieu de l'essieu.

Le timon, dont la patte est insérée ou emboîtée dans ou entre les armons, y est arrêté par une grosse cheville de fer, appelée le *boulon*, qui traverse horisontalement les armons et la *patte du timon*, et y est retenue par une *clavette* ou *goupille*. Une grande frette ovale, embrassant les armons derrière le boulon, achève d'affermir le timon dans les armons.

Quand il n'y a qu'un timon pour atteler des bœufs accouplés, ou des chevaux accouplés, il retient le nom de *timon* ; mais quand il y en a deux pour y mettre le *cheval limonier*, on les appelle les *limons*. Ces limons sont tenus braqués horisontalement par deux espèces de leviers ou garots appelés les *taugours*, m. V. Collier, Attelage, Charette. Les limons sont souvent garnis de *happes*, qui sont des crampons souvent plats qui embrassent et fortifient plusieurs parties.

Chariot à échelles. On place sur chaque lissoir, entre les ranches, des échelles appelées communément les *ridelles*, f. mais que nous nommerons *échelles*, parce que les nôtres ressemblent tellement aux échelles ordinaires, qu'on s'en sert même pour monter sur quelque hauteur ; et nous laisserons les ridelles pour les charettes ou voitures a deux roues. V. Charette.

Les deux échelles, composées de deux *montans* et de

plusieurs *échelons*, ou *barreaux*, ou *roulons*, se placent donc sur les lissoirs, appuyés contre les ranches, et sont tenues ouvertes à chaque bout de leurs montans par des traverses appelées les *trésailles*, f. Ces trésailles, au nombre de deux et quelquefois de quatre, tiennent les échelles en respect pour qu'elles ne puissent se fermer, et pour empêcher qu'elles ne se brisent par la charge qu'on met dedans ; et pour qu'elles ne vacillent pas sur le train, elles sont appuyées en dehors par des espèces de bras chantournés, appelés des *cornes de ranche*, et tout l'*échelage* est affermi.

Sur le devant du chariot à échelles est une *échelette* dressée et appuyée contre la trésaille supérieure ; et derrière le chariot est un tour pour serrer la voiture. Ce tour est composé de deux montans assujettis contre les trésailles, et traversé horisontalement par un *rouleau* ou *treuil*. La corde s'entortille autour de chaque extrémité du rouleau ; le milieu de la corde tient à la perche sur la voiture, la perche est arrêtée sous un *échelon* de l'échelette par une *coche*, ou *cran*, ou *entaille* ; et au moyen de deux petits leviers, appelés les *leviers du tour*, qui entrent dans les trous du rouleau, on *garotte* la voiture de gerbes qu'on serre à volonté.

Chariot à hèches. Otons tout l'échelage pour y substituer des planches en forme de tombereau, pour transporter de la terre, du fumier, etc. Ce tombereau est fermé de trois planches appelées des *hèches*, f. L'hèche du fond, plus large que celles des côtés, est posée sur les lissoirs, et arrêtée sur le devant par la cheville ouvrière. Les hèches de chaque côté, simplement appuyées contre les ranches, sont tenues ouvertes par les terres dont on les charge, et le tombereau est formé ; ce qui s'appelle un *tombereau,* ou un *chariot à hèches.* Les hèches ne sont point liées ensemble avec quatre bois appelés des *gisent*, comme dans un tombereau à transporter de la chaux, parce que quand on veut décharger sa voiture de fumier, on ne fait que d'ôter les hèches de côté, en levant le bout de derrière, et au moyen d'une pioche à deux fourchons, appelée un *tire-fiente*, on tire à terre le fumier qu'on épand sur le champ avec une fourche de fer appelée communément un *trident.* V. Fumer. Quand l'hèche du milieu ou du fond a beaucoup de portée, on assujettit un *tasseau* sur le milieu de la flèche pour la supporter.

Chariot à brancard. Le brancard est un grand chassis de bois composé de deux montans de la largeur du chariot, assujettis par des *éparts* ou *entretoises ;* on le place sur les lissoirs entre les ranches, comme nous avons dit des hèches. La cheville ouvrière tient affermi le bout de devant, étant plantée perpendiculairement dans le milieu d'une entretoise ou épart, m. à travers le lissoir et l'essieu. Les pierres ou les tonneaux placés dans les brancards sont serrés avec une chaîne qui entoure le tonneau et la flèche, et se serre à volonté avec un levier pliant, appelé un *garrot*, qu'on appelle encore un *tortoir.* Une corde attachée au bout du garrot, s'attache à un montant du brancard, et la charge est affermie sur la voiture.

Otons le brancard de dessus le train pour transporter de longues lattes ou autres pièces de la longueur du chariot. Quand la charge est petite, on se contente de poser les lattes sur les lissoirs entre les ranches ; mais quand les ranches sont trop courtes pour embrasser toute la charge, on en substitue de plus longues, ou quelquefois on pose seulement sur chaque lissoir un second lissoir mobile, garni à chaque bout de longues ranches, entre lesquelles on garrotte la charge de la voiture.

Attelage, V. ATTELAGE.

Quand on veut atteler des bœufs accouplés au timon d'un chariot, on ne fait que de passer le timon entre les bœufs sous le joug. V. BOEUF. Le petit bout du timon s'insère dans un grand trou rond au milieu du joug, et on l'arrête avec une clé ordinairement de bois; mais quand on veut atteler des chevaux accouplés à un timon, qu'on appelle *chevaux timoniers*, ou plutôt *chevaux de volée*, les chevaux tirant par le collier s'attèlent ainsi : à travers les armons est assujetti un gros bâton rond, long d'environ quatre pieds, appelé la *volée*. A chaque bout de la volée, sont attachés par le milieu avec un anneau, les *palonniers*, moins longs que la volée, et que quelques-uns appellent aussi *palonnaux*; à chaque bout du palonnier, derrière les cuisses du cheval, sont attachés les *traits du collier*. V. COLLIER.

Quand on attèle un cheval dans des limons, il n'y a point de volée, ni de palonnier au cheval limonier, mais les *traits* courts, qu'on appelle des *mancelles*, f., ont un anneau qui embrasse chaque limon vers le milieu, et y sont arrêtés par une cheville de fer appelée une *atteloire*, ou à des crochets appelés des *ragots*. V. COLLIER.

Quand on descend une forte descente avec un chariot, on arrête une ou plusieurs roues avec une *enrayure*, un *enrayoir*, et on dit *enrayer*, *désenrayer une roue*. V. CARTAYER.

Chariot binard. V. Binard, Haquet, Charette, Traîneau, Charbon, Brouette, Vinaigrette. Un *char-à-
banc*, est une voiture ouverte à quatre roues, où l'on met
un long banc, souvent rembourré, sur lequel onpeut placer
un plus ou moins grand nombre de personnes pour voyager.

Pour les autres voitures, comme *carrosse, berline, ber-
lingot, carriole, calèche, vis-à-vis, chaise, fourgon,
cabriolet,* etc. V. L'encyclopédie. Pour en donner une
idée, voici les principales pièces d'un carrosse ordinaire à
quatre places.

On y voit les *brancards*, dans lesquels le corps de la
chaise est suspendue par de grosses courroies appelées *sou-
pentes*, f. *L'impérial*, f., est le dessus de la chaise, soutenu par quatre montans ou *quenouilles*; de chaque côté
sont les *portières*, ouvertures où sont des *matelets*, espèce
de rideaux, ou des *stores* de tafetas, m., qui se haussent
et se baissent sur des rouleaux, ou de *glaces* qui se glissent
en coulisse, etc. Le *siége* est un coffret couvert d'un coussin.
Dans la chaise est un autre coffret sous les pieds du voya-
geur assis, qui s'appelle la *cave*. L'*étrier* ou la *botte* est suspendue au brancard où l'on met le pied pour monter dans
la voiture. L'*estranpontain*, ou le *strapontin*, est le siége
du cocher. etc V. Charretier, Chartil, Soufflet. Le
caisson est un chariot couvert pour conduire les vivres
d'une armée. Une voiture établie pour aller d'un lieu à un
autre s'appelle aussi une *commodité*, une *diligence*.

CHARME, m. V. Arbre.

CHARPENTE. On voit dans la charpente d'une grange
les principales pièces suivantes. Les *pannes* sont les plus
hautes pièces de la charpante; elles posent horizontale-

ment sur le haut bout des colonnes quelles sont destinées
à tenir en rapport. Les pannes sont soutenues par des espèces
de bras ou de liens appelés des *tasseaux*, qui tiennent aux
pannes et aux colonnes par des *tenons entaillés* ou *emmor-*
taisés. Ces tasseaux diffèrent des jambes de force, en ce
que les jambes de force sont emmortaisées sur des *poutres*,
ou sur des *entraits*, en s'écartant par le bas, au lieu que
les tasseaux s'écartent par le haut, comme feraient les bras
étendus d'un homme qui soutiendrait quelque poids au-
dessus de sa tête. La panne du faîte ou comble s'appelle la
faîtière, ou le *faîtage*. *Renfaîter* une maison, c'est en
raccommoder le faîte.

Les autres pannes collatérales sont moins élevées par
degré, et sont parallèles à la faîtière. Sur les pannes sont
posés les *chevrons* inclinés; sur les chevrons sont clouées
les *lattes*; sur les lattes est la *fourrure*, dans les maisons
couvertes en bois; et enfin sur les lattes sont les *tuiles*, ou
les *bardeaux*. V. Bardeau, Tuile, Latte, Poêle.

Contre le bout des lattes des maisons couvertes en bois,
dans le pan de devant et dans celui de derrière, sont clouées
quatre *chanlattes*, pour faire tenir les derniers rangs des
bardeaux, et empêcher de pourrir les extrémités des lattes;
mais dans les maisons couvertes en tuiles, la chanlatte est
une grosse latte triangulaire qui est la dernière latte d'en
bas, destinée à arrêter les dernières tuiles, en faisant un
peu relever la *sévéronde*, ou le bout d'en bas du toit près
des *chéneaux*. V. Avant-toit.

Les *arbalétriers* sont de longues pièces d'équarrissage
emmortaisées dans le haut par des tenons plantés ou emboîtés dans la colonne à cinq ou six pieds plus bas que les

chevrons, et ayant comme eux la même inclinaison et la même direction; le bout d'en bas s'emmortaise souvent sur les *entraits*, qui sont des espèces de poutres qui lient horizontalement les colonnes ensemble vers le milieu ; c'est sur les entraits qu'on fait les *échafauds*, pour y serrer des fourrages. V. GRANGE. Les *tirans* sont des espèces d'entraits pour empêcher les charpentes ou les murs de s'écarter. Il y en a beaucoup dans les charpentes d'église. Les *esseliers* sont des espèces de tasseaux qui posent sur l'entrait, sont entaillés dans l'arbalètrier, et s'emboîtent en tenon dans un chevron. Une pièce qui s'entaille dans une autre est dite aussi s'*encastrer*, s'*emboîter*, s'*encastiller*, s'*enchâsser*. Les colonnes, entraits, tasseaux, arbalètriers, qui forment comme un pan à travers la maison, s'appellent *ferme*. Les pannes lient par le haut les fermes ensemble. Un *appentis* qui n'a qu'une pente, n'a qu'une *demi-ferme*.

Rallonger une maison d'un *pan* ou plutôt d'une ferme, c'est mettre des alonges au bout de toutes les pannes, ce qui fait une *travée* d'environ douze pieds ; la rélargir d'une *panne*, c'est ajouter une panne plus bas que la dernière, ce qui fait une travée d'environ douze pieds, et dans ce cas le chéneau se trouve plus bas qu'il n'était.

Les *chéneaux* sont de longues pièces creuses, qui règnent le long des bords inférieurs du toit pour recevoir les eaux qui en dégouttent ; et les *gouttières* que l'on confond souvent avec les chéneaux, sont d'autres canaux qui reçoivent les eaux des chéneaux pour les conduire dans la *citerne*, ou sur la rue ; l'endroit de la gouttière par où l'eau s'échappe et tombe, s'appelle la *gargouille*. Le gar-

gouillis est le bruit que fait l'eau en tombant d'une gargouille.

Les gouttières de fer-blanc, longues d'environ cinq
pieds sous les chéneaux, qui font tomber l'eau au milieu de
la rue, s'appellent les *canons*, ou *godets;* et celles de plomb
ou de fer-blanc, qui descendent scellées contre la muraille,
s'appellent des *descentes*, f. et les anneaux de fer qui les
tiennent attachées, se nomment des *gâches*, f. La *cuiller*
est une pierre creuse au bas de la descente, pour recevoir
l'eau et la faire couler loin du mur. Cette cuiller s'appelle
aussi une *gargouille*.

La *noue* est l'endroit d'un toit où deux toits se joignent
en angle rentrant; ce qui fait l'effet contraire de l'arétier,
qui est l'angle saillant et élevé. La *noue cornière* est le lieu
où deux couvertures de différens logis se joignent; le canal
au fond de cette noue, s'appelle le *noulet*. V. TUILE.

CHARPENTIER, m. Pour faire la charpente d'une
grange, les bûcherons coupent, *abattent*, et *ébranchent*
l'arbre avec la *hache ou cognée*. V. BUCHERON. Le bois est
conduit sur le *chantier* pour l'ordinaire en *grume*, c'est-à-
dire tout rond avec son écorce. Les charpentiers le coupent
en travers avec la grande scie appelée le *passe-par-tout*.
V. SCIE. Ils arrêtent la pièce à scier sur le chantier avec le
crochet de fer, après avoir un peu *écorcé* le tronc, ils le
marquent avec la *ligne* ou *cordeau*, ce qui s'appelle *tringler
le bois;* ils l'*équarrissent* avec la hache, en enlevant de
gros copeaux, et l'unissent avec la *grande hache* appelée
l'*épaule de mouton*, qui est une grande *doloire*. V. TON-
NELIER. L'endroit où était l'écorce, qui paraît encore
après l'*équarrissage*, s'appelle une *flache;* et quand l'é

quarrissage a tout effacé, que l'angle est bien formé partout, on dit que c'est une *pièce équarrie à vive arête*. Les extrémités des bois coupés, qui ne servent pas, s'appellent des *abouts*; un *portereau* est un gros bâton ou levier avec lequel deux ou quatre personnes portent une pièce de charpente sur leurs bras. V. MACHINE.

Pour faire des *mortaises* où s'emboîtent les *tenons*, on trace les côtés avec le *trusquin* ou *quilboquet*, et le haut et le bas de la mortaise se marquent avec l'*équerre* et le *traceret*, qui n'est qu'une broche pointue pour tracer. *Revêtir un pan de bois*, c'est assembler les tenons de toutes les pièces dans leurs mortaises; quand on *fait la levée d'une charpente*, les *revêteurs* montent sur la charpente pour revêtir les pièces, et les *leveurs* lèvent dès le bas. Le *repère*, est une marque avec la craie rouge, pour marquer les pièces d'assemblage. *Repérer des pièces*, c'est y mettre le repère. V. TRINGLE. Les *entailles* qui se font de biais, se marquent avec la *fausse-équerre* ou *sauterelle*, qui s'ouvre et se ferme comme un compas; le *calibre* est une petite tringle de bois, qui a une entaille pour prendre différentes mesures; et le *triangle* ou *triangle à onglet* a une joue, et sert à tracer des angles de quarante-cinq degrés; tels sont les angles des cadres d'images, qui sont coupés à onglet.

Les mortaises se font avec le ciseau appelé le *bec-d'âne*, dont le tranchant plus épais que large a un *biseau*. V. BISEAU. Un autre ciseau plus large, qui a un biseau, s'appelle le *ciseau de lumières*, parce qu'il sert à faire des fûts ou *montures de rabot*, les mortaises appelées *lumières*, où entre le fer, et le coin pour le tenir dans la lumière.

Les ciseaux , dont le tranchant est sans biseau, comme une lame de couteau , s'appellent les *fermoirs* ; on les appelle aussi des *ébauchoirs*, parce qu'ils servent à ébaucher différents ouvrages. Un autre ciseau, dont la *mèche* est creusée en cuillère, qui sert à agrandir les trous ronds, se nomme la *gouge* : il y en a de toute grosseur , et la petite gouge s'appelle la *gougette,*

Pour achever la mortaise, on se sert de la *besaiguë* , instrument à deux tranchants différemment tournés , de la forme d'un T ; il y a une petite besaiguë qu'on appelle le *piochon*. Une *herminette* est une petite hache, ou hachette à main , recourbée en dedans du côté du manche , comme certaine pioche, pour hacher les ouvrages cintrés , comme le dedans des *jantes* d'une roue. V. Roue. Ou pour achever de creuser au fond d'une auge ; cette herminette s'appelle encore un *esseau,* une *essette*. Les tonneliers en font usage.

Pour faire un trou, on commence quelquefois par l'*armorçoir*. V. Cave. Ensuite vient le *vilebrequin* , dont la *mèche* faite en cuillère comme la gouge , est emmanchée d'une *manivelle* qui a la figure de la poignée d'une porte. On agrandit le trou avec une *tarière* appelée le *laceret*, parce qu'il sert à percer les tenons qui entrent dans les mortaises, pour lacer les pièces ensemble ; *faire les enlaçures*, c'est faire les trous avec le laceret. Pour faire un trou qui se termine en pointe, comme dans un moyeu de roue, on se sert d'une tarière à mèche creuse, pointue, appelée un *esseret,* parce qu'il fait le trou où entre l'essieu. Il y en a de toute grosseur ; un des plus grands esserets est la *bondonnière* , qui perce le tonneau où entre le bondon du tonneau ; l'esseret des charrons s'appelle aussi le *taraud de charron*.

Quand les mortaises ou les trous sont trops profonds. on dit qu'ils ont de la *refuite* ; quand une pièce de bois ou de pierre est plus longue qu'il ne faut, et qu'elle demande à être recoupée, on dit qu'il y a du *regain*. Un *rendon* est l'endroit où deux pièces de bois sont rejointes au bout l'une de l'autre. V. Enligner. Quand les mortaises sont trop larges. on y met un coin appelé un *rossignol*. Quand on veut ôter une cheville, on la chasse avec le *repoussoir* ou *chasse-pointe*, qui est une cheville de bois ou de fer sur laquelle on frappe avec le maillet.

Pour faire des chevilles, on scie le bois avec la scie à main. V. Scie. On le fend avec la *hachette* ou le *hachereau*; l'ouvrier la dresse sur *l'âne*, assis à *califourchon*, avec le *couteau à deux manches*, appelé la *plane*. Les bois sciés pour faire des chevilles s'appellent *fanlons* ou *fentons*. Quand on veut grossir le bout de la cheville plantée, pour l'empêcher de sortir, on fend le bout avec un ciseau appelé un *épitoir*, et le coin qu'on y fait entrer s'appelle une *épite*. Un *flipot* est une pièce collée pour réparer un défaut dans le bois. V. Futée.

Qnand on veut travailler une planche pour une cloison, on dresse le bord avec le *feuilleret*, dont le bois ou fût a environ trois ou quatre pieds de longueur, et une *joue* ou *guide* pour conduire l'outil. Il y a de plus petits feuillerets pour les châssis de fenêtres. On y fait la rainure avec le *bouvet simple* ou *bovet mâle*; et la languette avec le *bouvet double* ou *bovet femelle*. Il y a des *bouvets à lambris*, des *bouvets à madrier*. V. Planches. On donne un peu d'ouverture à la rainure avec le *guillaume*, qui est une sorte de rabot dont le tranchant à biseau est aussi large que le fût. Pour *planer*, *aplanir* ou *unir* la planche, on l'arrête sur le banc ou *établi* avec un crochet à plusieurs dents, qu'on appelle la *griffe* ; on la serre avec le *valet* sur le banc ; on la plane en commençant avec le rabot appelé un *riflar* ; on l'unit avec la *varlope*. Une *galère* est un rabot garni en dessous d'une plaque de fer pour planer les bois rudes. V. DÉGAUCHIR, DOLER, CORROYER, RECALER.

Le *bouvet brisé* a une joue qui s'éloigne à volonté pour faire la rainure plus ou moins loin du bord de la pièce. Le *sergent*, appelé aussi *chien* et *davier*, est une barre de fer carrée, crochue à un bout, et qui a une main de fer qui glisse le long et serre fortement les planches d'une table qu'on veut assembler. V. POÈLE. Un *étreignoir*, se compose de deux morceaux de bois serrés par deux vis ou autres chevilles, pour serrer quelque ouvrage. V. GOBERGE, PRESSE, VIS.

On se sert encore d'une infinité de *mouchettes*, surtout en menuiserie, qu'on nomme mouchettes à *languette*, à *doucine*, à *bec de corbin*, à *joue*, etc., selon les moulures que l'on veut pousser, et dont les fers sont faits de même. Le *gorget*, par exemple, est un rabot rond pour faire des moulures creuses appelées des *gorges*, et le *quart-de-rond* est un petit rabot pour rabattre les arêtes d'une poutre ; ce qui s'appelle *quarderonner*. V. ARASER, ENLIGNER.

CHARRETIER, m. il crie *hurhaut* pour faire tourner les chevaux à droite ; *dia*, pour les faire tourner à gauche ; *hue*, *haïe*, pour les faire avancer. La *souquenille*, ou *sarrau*, ou la *blaude*, est une robbe de *treillis*. V. TOILE. Un *cric* est une sorte de tronc, d'où sort un fer en crémaillère, poussé par une manivelle, pour soulever le train du chariot, afin de graisser l'essieu avec du cambouis. Beaucoup de charretiers sont des *buffeteurs*, ou buveurs au tonneau. La *bache* ou la *banne* est unegrande couverture de grosse toile dont les charretiers couvrent leur voiture. V. Fouet, Cartayer, Hiement, Roulier.

CHARRETTE, f. cette voiture n'a que deux roues, V. Roues, entre lesquelles est assujetti un *charti* ou corps de charrette, qui est composé de deux *ridelles*, espèces d'échelles ; elles sont arrêtées par des *trésailles* et des *ranches*, et quelquefois soutenues par des *cornes de ranche*, à peu près comme dans les chariots; elles ont de même des *timons* ou des *limons*. On donne aussi le nom de limons à la partie des limons prolongée le long de la charrette en dessous, dans laquelle sont plantés les *barreaux* ou *roulons*, qui forment le corps de la charrette ; et les limons des charrettes sont appelés par quelques-uns le *brancard* ; et le cheval limonier, le *cheval de brancard*. On attache souvent derrière une charrette, une *fourchette* qu'on abaisse pour empêcher la charrette ou autre voiture de reculer. Une *charretée* est la charge d'une charrette. V. Charbon, Chariot. Mettre une *charrette à cu*, la mettre les limons en haut.

CHARRIER, m. V. Lessive.

CHARBON, m. V. Charpentier, Tonnelier, Charron, Forgeron, Roue.

CHARRUE, f. il y en a de bien des façons. La commune est composée d'un *train* à peu près semblable à l'avant-train d'un chariot. V. Chariot. Sur l'essieu, entre les deux roues, que quelques-uns appellent *rouelles*, on assujettit une espèce de *lissoir* appelé la *sellette*, sur la-

quelle pose le bout d'en haut du timon entre deux chevilles.
Au lieu d'armon, comme dans le chariot, est le *tétard* où
s'attache le *paumillon*, auquel le trait des bœufs d'attelage
est immédiatement attaché. Ce tétard est une espèce de
fourchette dont les fourchons passent entre l'essieu et la
sellette, sous le timon ; et sur chaque extrémité des fourchons,
est assujettie une traverse appelée la *sassoire*, comme dans
le train de devant d'un chariot. V. CHARIOT.

La partie de derrière de la charrue est composée du
timon, dont le bout d'en haut est posé entre deux chevilles
sur la sellette, et retenu par une corde ou chaine, dont
l'anneau embrasse le timon ; cette chaine s'appelle le *collet*.
Le morceau de fer denté, ou la cheville plantée dans le
timon pour arrêter le collet, s'appelle la *happe* ou l'*am-
branloire*.

Dans le timon est emboîté le manche du *coutre* ou
couteau. Le bout d'en bas du timon s'emmortaise dans la
jambette de la *caquetoire* ; on appelle ainsi un bâton long
d'environ quinze pouces, qui traverse les *mancherons* de
la charrue, sur lequel s'assied le laboureur pour se reposer,
ou pour *caqueter* ; on l'appelle encore la *babilloire*. Les
mancherons que tient le laboureur pour conduire la charrue
sont arrêtés au bout d'en bas, de chaque côté, contre le
timon avec des *crampons*. Les mancherons ainsi arrêtés
s'appellent le *manche* ou la *queue* de la charrue.

Le bois qui tient au soc, s'appelle le *sep* ; dans ce sep
est emmortaisée la jambette de la caquetoire ; et pour l'empêcher de vacciller, un ais de bois dur traverse le timon,
entre dans le sep et bride le *soc*, pour l'affermir au degré
de hauteur convenable. Cet ais qui est une bride ou une

barre, s'appelle le *soupeau* ; c'est sur le bout d'en haut du soupeau que le laboureur souvent frotte l'*oreille* ou *versoir* de sa charrue, qui s'accroche au soupeau, et renverse les sillons les uns sur ou contre les autres. V. Sillon. Pour ôter la terre attachée à l'oreille, ou à d'autres parties, on se sert d'une petite pelle appelée le *curoir*.

Quand on attèle des bœufs accouplés V. Bœuf. à une charrue, on n'a pas besoin de timon, comme dans un chariot, parce qu'on n'a pas besoin de la retenir ; on se contente d'y substituer un trait attaché au paumillon du tétard ; et pour l'attacher au joug, on assujétit dans le trou du joug, un *timonet* autour duquel entre l'anneau du trait, retenu par la tête d'une cheville.

Pour atteler des chevaux de file, on met au paumillon du tétard, un *palonnier*, comme à une herse, et les traits du cheval de derrière s'attachent à chaque bout du palonnier.

Pour transporter une charrue, de crainte que le coutre et le soc n'accrochent, on arrange un chevalet fait en forme d'un grand compas, dans la partie de derrière de la charrue, sur lequel elle porte et qui traîne sur la terre. Celui qui mène une charrue s'appelle aussi un *charretier*.

CHARTIL, m. hangard, espèce de remise pour serrer des chariots, des charrues, etc. V. Appentis. La remise est pour les carosses.

CHASSE-AVANT, m. celui qui fait travailler des ouvriers, un piqueur.

CHASSELAT, m. est un raisin gros, blanc, excellent.

CHASSER, v. a. d'un lieu, étranger : *les chasseurs ont* *étrangé les loups du pays. Les rats ont étrangé les pi-geons du colombier.* Cet homme s'est étrangé du pays.

CHASSEUR, m. V. Fusil. Le chasseur mène ses *chiens couplés* avec une *couple*, ou *accouplés* avec une *accouple* ; il mène *ses levriers en laisse* avec une *laisse*. *Harder* des chiens, c'est les attacher quatre ou six à la fois ; les *déharder*, les détacher. Le *laisse-courre* est le lieu ou le temps où l'on lâche les chiens. Le chasseur a une *carnassière* pour y mettre son gibier, une *gibecière* de peau pour y mettre les pierres à fusil, un *chargeoir* qui contient la charge de poudre ; de la *bourre* pour bourrer ; du plomb ou de la dragée de plomb, de fer ou de fonte, appelée aussi de la *grenaille, du menu plomb.* On distingue en général les *dragées* en *cendrée* ou *cendre*, ou *petite royale*, qui est la plus fine ; celles qui suivent, sont la *royale*, la *bâtarde*, la *grosse dragée.* Les *chevrotines* ou *postes* tiennent un milieu entre la *balle* et la grosse dragée. Le *lingot* est une balle allongée, appelée aussi un *bidon. Granuler* ou grenailler la fonte, c'est la réduire en dragée. V. Grener.

Le chasseur met encore sa munition dans des *poires-à-poudre*, appelées aussi des *flasques*, f. dans des cornes, etc. Le *pulvérin*, qui est la fine poudre, ou aussi ce qui la contient, pour amorcer le fusil ou le canon, et le *fourniment* pour mettre la poudre, sont principalement à l'usage du soldat. V. Cor, Canon.

Les chiens communs pour la chasse sont le *basset*, chien à courtes jambes ; le *braque*, chien d'arrêt, qui chasse sans donner de la voix ; il y en a de toute taille, et sont ras de poil ; le chien *couchant*, qui se couche sur le ventr pour arrêter la perdrix ; il est porté à courir après les oiseaux ; l'*épagneul*, petit chien à long poil ; le chien *courant*, qui a les oreilles pendantes ; on l'appelle *clabaut*, surtout quand il aboie mal-à-propos ; et quand le chien courant montre beaucoup d'ardeur, on dit que c'est un chien *forsenant* ; le *limier*, grand chien muet, qui quête et détourne la bête ; le *barbet*, qui se jette à l'eau ; sa femelle s'appelle *barbette* ou *caniche*; et le petit, *barbichon*; le *levrier*, haut de jambes, qui n'a point de nez, et force les lièvres de vitesse en plaine ; sa femelle s'appelle *levrette*; et son petit, *levron* ; le *dogue*, assez connu ; le chien *danois*, qui arrête les grosses bêtes, etc.

On appelle *lice* la femelle du chien de chasse ; on dit, les *matins lacent les lices*, les couvrent. Quand une lice a été lacée, et qu'elle a retenu, on dit qu'elle est *nouée*. Les matins *matinent* les chiennes ; une lice *chaudie*, c'est-à-dire qu'elle entre en amour. Une *meute*, grand nombre de chiens courants. *Chenil*, étable de chiens. *Houret* (*h* s'aspire), mauvais petit chien de chasse. Le *piqueur* est celui qui fait aller les chiens. V. Chien, Baudir, Cor. Un *tireur* ; bon ou mauvais tireur, ou chasseur. Un *braconnier* est un chasseur qui braconne ou chasse furtivement sans permission ; il se dit aussi d'un homme qui, sans ménagement, détruit tout le gibier qu'il peut. Ce seigneur est un vrai braconnier. Ce mot *braconnier* a signifié coupeur de bois, et *bracon*, une branche d'arbre.

Un lièvre *longe* une haie, va le long de la haie. La *reposée* est le lieu où la bête s'est reposée. V. Forlonger, Résuite, Rembucher, Excrément, Perdrix. *Abatis* se dit du chemin que frayent les jeunes loups en allant fréquemment dans les lieux où ils ont été nourris. *Abature*, traces, foulures que laisse la bête fauve dans les brousailles ou dans les taillis. Le cerf est aux *abois*, tient les *abois*, est près d'être atteint, rendu.

Hahaler. De *hahé*, cri de chasse dont on se sert pour arrêter les chiens qui prennent le change ou qui s'emportent trop, ou bien de l'éclat tumultueux de la voix des chasseurs, et des retentissements de l'écho ; on a composé cette expression, d'ailleurs peu connue, et restreinte dans son usage à l'acception pour laquelle elle a été inventée. (*Dict. des onom. fr. par M.* Nodier.)

On appelle par plaisanterie un chasseur déterminé, un *perce-forêt*. V. Brosser. *Venaison*, chair de bête fauve ou rousse, comme sanglier, cerf, etc. V. Bête. *Chair venée* ou *mortifiée*, qui commence à se gâter. V. Vener. *Vénerie*, l'art de chasser, et tout ce qui compose la chasse. V. ce mot dans L'Encyclopédie. V. Fauconnerie.

CHASSIS, m. il est composé de deux *montans* et au moins de deux *emboîtures*, l'une au-dessus, et l'autre au bas. Il y a des croisées qui ont un montant qui les sépare, et qu'on appelle autrement un *meneau*. V. Fenêtre. Le *châssis dormant* est celui qui est immobile dans une croisée, contre lequel le châssis battant se ferme. Il y a des châssis à *coulisse*, à *fiche*, à *penture*, etc. V. Fenête, Penture. Un contre-châssis est un châssis de papier ou de verre devant le châssis ordinaire. Le papier de châssis s'appelle du *champi*. V. Table.

CHAT, m. chatte ; le mâle s'appelle aussi un *matou* ; Le chat *miaule*; le *miaulement* du chat. *Frôler* un chat, lui passer légèrement la main sur le poil. *Chatière*, trou pour laisser passer le chat. Le chat *s'agriffe* contre la tapisserie, il s'y cramponne avec ses griffes; le chat *griffe* les doigts, et non pas *griffonne*, qui signifie écrire ou dessiner mal. Le chat donne des *griffades*, des coups de pattes avec les ongles, avec les griffes, avec les pattes. *Chaton*, petit chat; un *minet*, une *minette*, petit chat, petite chatte. V. Noisetier au mot *Arbre. Chatter*, mettre bas les petits chatons. V. Épauler.

CHATAIGNIER, m. arbre qui produit la chataigne.

CHAUDRONNIER, m. Les chaudronniers ambulants s'appellent *drouineurs*, à cause de la *drouine*, qui est un sac de peau, dans lequel ils portent leurs outils; ce sont les chaudronniers sédentaires, qui par mépris les appellent ainsi. Leurs outils sont la *bequette*; le *soudoir*, qu'ils prennent avec des *moufflettes. L'enclume* dont ils se servent pour donner différentes formes à leurs ouvrages, s'appelle le *suage.* V. Forgeron, Vitrier, Sifflet de pan, Dinanderie, Ebarboir.

CHAUDRON, m. une *chaudronnée*, ce que peut contenir un chaudron, ou une chaudière. *Bossuer* un chaudron, y faire des bosses en le heurtant. *Bossuer* la vaisselle en la laissant tomber.

CHAUFFAGE, m. avoir du bois pour son chauffage, ou son affouage. Mais le bois *d'affouage*, s'entend de celui sur lequel on obtient une remise comme habitant de l'endroit.

CHAUME, m. *éteule*, f. la partie du tuyau du blé qui reste sur le champ quand on l'a moissonné. *Chaumière,*

maison couverte de chaume, une *chaumine*, petite chaumière. V. Moissonneur.

CHAUSSÉE, f. une *jetée*, une *levée*, une *turcie*, une
digue, un *mole*, masse de pierre pour empêcher l'eau de
déborder. V. Mole, Estacade. Le *batardeau* est une espèce de digue ou d'écluse, faite de pieux, d'ais, de terre,
pour détourner l'eau d'une rivière. V. Pont.

CHAUX, f. pierre calcinée ; *chauler* le blé, le laver avec
de l'eau de chaux.

CHEMIN. V. Bivoie, Triviaire, Banquette, Passant,
Cavée.

CHEMINÉE de pierre, de brique, de bois. Les deux
jambages contre lesquels est cloué le *chambranle*.
V. Chambranle. La *tablette* est sur les deux jambages ;
on pose des tasses, des livres sur la tablette, des écrans, etc.
On l'appelle encore le *rebord* ; Une cheminée peut être
sans tablette, et n'être fermée sur les jambages que par
une *plate-bande* ; une *attique de cheminée* est un *revê-
tissement* de menuiserie ou de marbre depuis le dessus de
la tablette jusque vers le milieu du manteau. V. Parquet.
Contre les jambages on scelle une espèce de crochet en
demi-cercle, appelé le *croissant*, pour arrêter la *pelle*,
les *pincettes* ; la *corniche* est au-dessus du manteau sous le
le plafond ; on appelle *manteau de cheminée* la partie qui
avance le plus dans la chambre, c'est ce qu'on appelle
hotte dans une cheminée de cuisine, qui se termine en
pointe comme une hotte renversée ; elle est supportée par
une *plate-bande* de bois ou de pierre, laquelle plate-bande,
quand elle a une longue portée, pose sur un *pilier*, ou sur
deux corbeaux de pierre à chaque bout. V. Ventouse. La

hotte s'appelle aussi la *trémie*, et elle est quelquefois supportée par une barre de fer, appelée le *trémion*. Il y a des auteurs qui comprennent sous le nom de *manteau*, les jambages, la plate-bande et tout le reste jusqu'au plafond. Une *enchevétrure*, ou un *chevétre*, est un assemblage de solives pour former et soutenir l'*âtre* d'une cheminée dans une chambre haute ; la *languette* est la séparation de deux tuyaux de cheminée. La cheminée de bois est posée sur quatre poutres, les quatre flèches posées sur les poutres ont des *rainures* pour y recevoir les planches posées en travers ; et les flèches dressées sont arrêtées au-dessus par un espèce de chapiteau appelé le *larmier*, ainsi que dans la cheminée de pierre qui a aussi son larmier. Les *contre-vents* sont pendus au larmier pour fermer le dessus de la cheminée. V. Fenêtre. L'*âtre* ou *foyer* est la place où l'on fait le feu ; la *plaque* ou la *plaque de feu*, ou *contrecœur* (et non pas *platine*), est cette grande table de fonte arrêtée avec des pattes coudées contre la plaque de la cheminée, et c'est contre cette plaque qu'on fait le feu. V. Cuisine. La partie de la cheminée qui parait sur le toit s'appelle la *souche*, il y a des auteurs qui disent, que quand la souche ne comprend qu'un tuyau, on l'appelle la *tête de la cehminée* ; la dalle, ou lave qui couvre la souche, s'appelle la *fermeture* ; la place où se met le contre-cœur, porte aussi le nom de *contre-cœur*.

CHEMISE, f. les *goussets* sont les morceaux de toile sous les bras, le *jabot* est la garniture de fine toile à l'ouverture de l'estomac, et la bande autour du cou pour les chemises de femme est le *trou de gorge* ; la *fourchette* est la fente du poignet ; l'*épaulette* et l'*écusson* sont des morceaux sur l'épaule, etc. V. Gilet.

CHÊNE, m. arbre de futaie, fort connu par sa grandeur, la solidité et la durée de son bois.

CHENIL , m. lieu où l'on met les chiens.

CHÉNEVIÈRE, f. champ où l'on a semé du chénevis (graine de chanvre).

CHENILLE, f. sorte d'insecte, qui a le corps alongé , composé de douze parties que l'on nomme *anneaux*, d'une tête écailleuse garnie de deux dents , de seize jambes au plus , et jamais moins de huit, dont six sont écailleuses et les autres membraneuses.

CHEPTEL , m. bail de bestiaux dont le profit se partage entre le bailleur et le preneur.

CHERVI, m. plante potagère dont les racines sont en forme de petits navets longs , et que l'on mange en carême.

CHEVAL , m. animal *quadrupède et solipède*, c'est-à-dire à quatre pieds , et dont l'ongle n'est point fendu ; les parties les plus connues du cheval , dont on parle le plus dans la conversation, sont celles qui suivent : la *bouche*, le *nez*, les *narines* ou *naseaux*, les *lèvres* , le *menton*, les *joues* du cheval. V. BRIDE. Le *chanfrein* est la partie entre les sourcils depuis les oreilles jusqu'au nez; il y a souvent une *étoile* blanche ou *pelote* au milieu du chanfrein ; le *toupet* du cheval tombe sur le chanfrein ; on mène un cheval par le toupet ; les creux qui paraissent au-dessus des yeux des vieux chevaux , s'appellent les *salièves*, f. ; les tempes portent le nom de *larmiers* ; l'*encolure* est cette partie opposée à la crinière qui s'étend depuis la tête jusqu'aux épaules et au poitrail ; la *ganache* est la mâchoire inférieure jusqu'au gosier ; la partie dans la bouche où se place le mors de la bride, s'appelle les *barres* : c'est une partie de la gencive où il n'y a point de dents ; le *garot* est la partie supérieure aux épaules et postérieure à l'encolure : un cheval *égarotté*, blessé sur le garot ; la *croupe* est la partie de derrière qui comprend les hanches et le haut des fesses ; le *tronçon* est la queue dépouillée de son crin : *courtauder* un cheval, c'est l'*écouer*, lui couper la queue ; l'*écourter*, c'est lui couper la queue et les oreilles ; le *bretauder*, c'est lui couper les oreilles, l'*essoriller* ; le *paleron* est la partie plate et charnue de l'épaule ; le *bras* est la partie depuis le bas de l'épaule jusqu'au genou ; le *canon* est la partie depuis le genou jusqu'au *boulet* : c'est au canon qu'on met les entraves ; le *paturon* est la partie entre le boulet et la *couronne* ; le cheval *bouleté* est celui dont le boulet ou jointure est hors de sa place ; l'*ergot* ou *éperon* est une espèce de corne molle derrière la jambe du cheval, et que couvre le crin appelé le *fanon* ; le *sabot* est toute la corne, dont le haut s'appelle la *couronne* ; et la *sole* est le dessous du sabot, où l'on cloue le fer ; les talons du cheval et d'autres animaux s'appellent aussi les *éponges*, f., et les jambes de derrières s'appellent encore les *gigots*. V. Maréchal.

Cheval *ensellé*, celui dont le dos est abaissé ; cheval *écouteux*, qui s'arrête pour écouter ; le cheval *bégu*, qui marque toujours quoiqu'il ait passé l'âge ; cheval *balzan*, qui a des taches blanches aux pieds, appelées des *balzanes* f. ; un cheval qui a *rasé*, qui ne marque plus : il *rase*, il *commence à raser*, c'est-à-dire à ne plus marquer. Pour connaître son âge par les dents, V. L'Encyclopédie. Le cheval *hennit*, (*h* s'aspire) ; le cheval *ébroue* ou s'*ebroue*, il fait un ronflement à la vue d'un objet qui l'effraye ; un cheval *aurillard*, qui a de grandes oreilles qu'il remue souvent ; le cheval *chauvit des oreilles*, il les dresse ; il fait des *pétarades* en levant le cul, en faisant des *soubresauts* ; il fait des *bronchades*, il *bronche*, il *trébuche*, V. Botte. Le cheval *quouaille*, il remue la queue quand on le monte ou qu'on le pique ; il *cille*, ou *commence à ciller*, à avoir quelques poils blancs autour des yeux ; il *forge*, quand les fers de derrière touchent ceux de devant en marchant ; il se donne une *mémarchure*, une *entorse*. V. Fortraiture, Embarrer. Un cheval cornu, dont les os des hanches sont aussi hauts que la croupe. V. Rétif.

L'étalon est le cheval entier pour couvrir les *juments* ou *cavales* ; on l'appelle *roussin* quand il est un peu épais, et entre deux tailles. Le *hongre* est un cheval coupé ou châtré. V. Équitation, Collier, Selle, Bride.

Haras (*h* s'aspire), lieu destiné à loger des étalons et des juments pour faire des poulains. *Haras* se dit aussi du nombre de juments avec les étalons qu'on tient aux champs pour faire race. Haras signifie particulièrement aujourd'hui des étalons distribués dans différents cantons, pour le service des juments. On dit : le *temps de la monte* ; les *cavales sont en chaleur* ; *couvrir* ou *saillir* une jument ; la jument *retient*, elle conçoit.

Le petit de la jument, quand c'est un mâle, porte le nom de *poulain* jusqu'à trois ans ; et quand c'est une femelle, celui de *pouliche*, jusqu'au même âge. Une jument *poulinière* est une cavale qui sert ordinairement à faire des poulains. La jument a *pouliné*. Pour conduire plusieurs chevaux ensemble, on les attache *queue à queue*, ou *à la file*. Une *mazette*, une *rosse*, un *criquet*, une *haridelle*, une *bourrique*, cheval méprisable. Un *guilledin* est un cheval hongre anglais qui va l'amble. On distingue les chevaux en *alezans* dont le poil tire sur le roux. Un *locati*, un cheval de louage.

L'art de guérir les chevaux s'appelle la *maréchalerie* ou l'*hippiatrique*. V. Plique.

L'art de les dresser, c'est le *manége* ; l'art de les monter, c'est l'*équitation*. V. Ce Mot. Maréchal, ou médecin vétérinaire de chevaux et d'autres animaux domestiques, tels que le bœuf, l'âne, etc. V. Maréchal Ferrant, Écurie, Fortraiture.

CHÈVRE, f. femelle du bouc. Dans quelques provinces on l'appelle aussi une *bique*, et le petit un *biquet* ; ce biquet porte le nom de *cabri* ausssi bien que de *chevreau*. Bouquin, vieux bouc. Une *outre* est une peau de bouc préparée pour y mettre des liquides : on l'appelle aussi un *bouc*. *Un bouc de vin, une outre d'huile. Bouquetin,* bouc sauvage. Le *cabron* est une peau de cabri à faire des gants, qu'on appelle aussi du chevrotin : gants de chevrotin. V. Chevroter.

CHEVREUIL, m. sa femelle s'appelle une *chevrette*, et ses petits *faons*, (on prononce *fans*). C'est une espéce de cerf sauvage, mais plus petit, de la grosseur tout au plus de la chèvre. Le chevreuil est *ruminant*. La chevrette porte deux ou trois petits qu'on appelle aussi des *chevrillards*.

CHEVROTER, v. n. *biqueter* ; il se dit de la chèvre qui met bas ses chevreaux. Il signifie aussi marcher en sautant, et chanter en tremblant, comme le bêlement d'une chèvre. Une voix *chevrotante*.

CHICOT, m. reste d'arbre sortant de terre ; petit morceau de bois rompu ; reste de dent arrachée dans la gencive.

CHIEN, m. il y en a de tant de sortes qu'on ne peut faire que d'indiquer quelques-unes des plus communes.

Chiens à poils ras. Le dogue d'Angleterre, appelé aussi le *boudelogue* ; il est de la plus grande espèce.

Le *dogue d'Allemagne* est de la moyenne espèce.

Le *danois*, il y en a de plusieurs espèces.

Le *doguin* et la *doguine* sa femelle, est de la petite espèce.

L'*arlequin*, petit danois moucheté.

Le *roquet*, petit chien à oreilles droites et à poil court.

Le *levrier* ; il y en a de plusieurs espèces.

Chiens à long poil. L'*épagneul*, de plusieurs espèces.

Le *gredin*, épagneul noir.

Le *bichon*, ou chien-lion.

Chien-loup ou chien de Sibérie.

Le *barbet*, de plusieurs espèces.

Le *chien turc* est le seul sans poil ; sa peau est hideuse.

Le *mâtin*, qui provient de deux espèces différentes.

Le *chien de basse-cour*, le *chien de berger*, le *chien de* boucher, etc. V. Buffon.

Chien de chasse. V. Chasseur, Chenil.

Haler les chiens (*h* s'aspire), les exciter. Un chien *pille* les passans, il se *jette* dessus pour les mordre. Les mâtins *lacent* les chiennes, les *couvrent*, les *mâtinent*. Le chien *aboie*, *jappe* ; on dit aussi *glapir*, en parlant de petits chiens. *Aboi*, *aboiement*, *glapissement* de chien. *Chenil*, étable de chien. La *loge*, la *logette* du chien. *Flâtrer* un chien, c'est le marquer au front avec un fer chaud, pour le préserver, dit-on, de la rage. Chien *étruffé*, devenu boiteux par un défaut de la cuisse. *Rebaudir* les chiens, c'est les caresser quand ils ont bien fait. On dit aussi, le chien *rebaudit*, pour dire il dresse la queue, il rencontre quelque chose. La *chienne* est prête à chienner, à mettre bas ses petits. V. FLAIRER, CONTRE-PIED.

CHIENDENT, m. plante qui croît surtout dans les lieux arides et sablonneux. Sa racine est d'un grand usage dans les tisanes.

CHOU, m. plante potagère. On en distingue de plusieurs espèces. *Chou haché* et gardé dans une tinette; il s'appelle *choucroutte*, f. du nom allemand; *Sauer-kraut*, qui signifie *chou-aigre*. Chou *cabus*, chou *pommé*. Un *tronc* ou un *trognon* de chou, chou dont on a ôté les feuilles.

CIDRE, m. boisson faite avec des pommes de mauvaise qualité.

CIEL, *dais*, *baldaquin*, *poêle* sous lequel on porte le saint-sacrement. V. VASES SACRÉS, ÉGLISE. On appelle encore *ciel* la partie du tableau qui représente l'air. *Ce peintre fait bien les ciels.*

CIMENT, m. composition d'une matière glutineuse et tenace, propre à tenir en rapports des pièces distinctes.

CITERNE, f. V. CORROI. Le *citerneau* est une petite citerne où l'eau s'épure avant de passer dans la citerne.

CITRON, m. fruit du citronnier.

CITROUILLE, f. plante potagère dont le fruit est fort gros et dont les branches s'étendent fort loin.

CLAIRIÈRE, f. endroit clair et dégarni de bois dans

une forêt. Une *trouée* est un endroit percé pour avoir de la vue dans un bois. Il signifie aussi un trou dans une haie pour y passer. V. Vue.

CLAVETTE, f. goupille, sorte de petite cheville au bout d'une grosse, mise en travers pour la retenir et l'empêcher de sortir.

CLAVIER, m. chaîne ou cercle de fer servant à tenir plusieurs clefs ensemble. Le paquet de clefs s'appelle un *trousseau*. V. Instrument.

CLEF, f. on prononce clé, même devant une voyelle. Il y a l'*anneau*, la *tige*, le *panneton* où sont les dents, les *crans* et le *bouton*. Le *museau* du panneton est la partie où sont les dents. Le trou d'une clef percée s'appelle la *forure*. Dans le canon de la clef percée, entre une *broche* plantée dans le *palâtre*, pour la conduire. V. Serrure. Un *rossignol* est une sorte de clef, ou de passe-par-tout, ou crochet propre à ouvrir plusieurs serrures. V. Clavier, Fausser.

CLISSE, f. V. Fromager. La *clisse* est une petite claie, ou clayon, ou natte faite d'osier, de jonc, pour faire égoutter des fromages. V. Bouteille clissée, Natte. On fait des *clayonnages* de pieux et de branches pour retenir des terres qui s'éboulent. V. Cloture des champs.

CLOCHE, f. On distingue dans la cloche suspendue au clocher, les *anses* qui sont attachées au mouton, appelé aussi la *hune*, ou le *sommier*; elle porte sur le *béfroi* V. Béfroi. par deux *tourillons* à chaque bout du *mouton*, qui tournent encastrés dans une grosse pièce de cuivre appelée le la *couette*, et le tourillon est couvert d'une *susbande* de fer. Le *battant* a un anneau au-dessus, dans lequel passe une grosse courroie appelée le *bayer*, qui entre dans l'anneau de la cloche appelé la *bélière*. La partie où le battant frappe, s'appelle la *pince*. Le reste de la ferrure, sont de grandes *frettes* appelées *brides*, qui sont serrées avec des écrous au-dessus de la hune. V. Vis.

Les parties extérieures de la cloche sont la *patte*, qui est le bord du bas; le bord ou la *panse*; les *faussures* ou l'*enfoncement*, qui est l'endroit au-dessus de la patte, où commence son plus grand élargissement, la *gorge* ou *fourniture*; le vase supérieur est le *cerveau* où est l'inscription qui quelquefois descend jusqu'aux faussures.

On dit *brimbaler* les cloches, quand on les sonne mal et en désordre; *copter* ou *tinter* la cloche, quand le battant ne frappe que d'un côté; *sonner le tocsin*, ou le *béfroi*, pour donner l'alarme; *sonner le glas*, c'est sonner le coup qui annonce la mort d'une personne. *Sonnailler*, sonner souvent et sans besoin; sonner *à toute volée*, sonner fort. Sonner *une ou deux volées*, une ou deux fois. La semaine sainte, au lieu de cloches, on se sert de *crecelles*. V. Crecelle.

CLOÏSON, f. ce qui sépare une chambre d'une autre, qui est ordinairement de planches. On ne dit point *tendue* ni *tendure*, ni *galandure*, ni *paroi* pour cloison. *Paroi* a signifié cloison; mais il ne se dit plus qu'en anatomie, ou quelquefois en physique : *la cloison du nez, les parois d'un tube.* Cloison de planche. V. Poêle. Une cloison de maçonnerie s'appelle une cloison *hourdée*, c'est-à-dire, faite de bois et de plâtre. Quoiqu'on entende dire une *galandure*, ce mot ne se trouve point, du moins dans nos

bons dictionnaires. *Hourdage*, ouvrage hourdé. *Cloison-
nage*, toute sorte d'ouvrage de cloison.

CLOS, m. enclos, lieu fermé de *haie*, de *palissade*, de
mur; *closeau*, petit clos, petit jardin de paysan. V. Paturage.

CLOTURE, f. et non pas *barre*. V. Barrer. Tout ce qui
sert à fermer, à enclore des héritages ; on fait des clôtures
de *murs*, de *haies*, de *palis* ou *pieux*, de *fossés* ; on
donne le nom de *palissade*, non-seulement aux clôtures
faites avec des pieux, mais encore à celles qui sont faites
avec des *lattes*, des perches, des *haies* de charmes, d'ifs,
d'épines, etc. Palissader, clore, enclore de palissades.
V. Paturage. Un *perchis* est une palissade de perches.
V. Barrière.

Le *palis* est un pieu petit et pointu pour enclore un jardin ; et la palissade de palis s'appelle aussi un *palis* ; un
pourpris est une enceinte, une clôture, un enclos ; le
pourpris d'une ville, le *pourpris du temple* ; ce mot est
vieux. Les poëtes disent, le *céleste* pourpris, la *voûte
azurée*, pour dire le ciel.

Une clôture d'un champ, faite avec des branches pour
arrêter le bétail, s'appelle un *échalier* ; et *boucheture*,
dans plusieurs coutumes, signifie aussi toute sorte de clôtures pour enfermer et contenir les bestiaux ; *troller*, faire
une trolle, qui est une palissade de pieux plantés à quelques
pieds loin l'un de l'autre, et entrelacés de branches, comme
une claie ; quelquefois on terrasse les trolles pour en faire
des cloisons. V. Entrelas, Paturage., Clisse. Déclore,
c'est dépalissader, ôter la clôture. V. Barrière, Fossoyer.

CLOU, m. on en distingue de plusieurs sortes , suivant leur grosseur et leur usage ; le clou se fait avec un marteau dans la *clouière* qu'on appelle encore une *clouvière* , *clourière* , *cloutière* ; la plus petite espèce est la *broquette* , pour attacher des rideaux ou clouer des chaises garnies ; les *clous à souliers* s'appellent des *caboches* suivant quelques auteurs ; clou *à lambris* , *à latte* , *à couvreur* , *à charrette* ; *clous à tête de champignon* pour garnir une grande porte, en les plantant en *quinconce* ; *clou de rue*, clou que le cheval se plante au pied en marchant , etc. Une *pointe* est un clou sans tête ; un long clou dont la tête est faite en anneau, s'appelle un *piton* ; *clouter*, garnir de clous d'or , d'argent ; *cloutier* , faiseur de clous ; *clouterie*, fabrique ou commerce de clous.

COAGULER , v. a., la présure coagule le lait, le fait figer , cailler , prendre. V. Fromager.

COCHON , m. verrat châtré, porc , pourceau : il y a cette différence entre *cochon* et *pourceau*, que cochon se dit de cet animal à tout âge , et que pourceau se dit seulement quand il est grand ; *cochon de lait* ; *groin de cochon* : on *ferre* le groin du cochon pour l'empêcher de fouiller la terre ; la femelle du cochon s'appelle une *truie* ; *porcher*, gardeur de cochons ; le *toit à cochon*, ou simplement le *toit*, est l'étable du cochon : quelques auteurs disent encore une *soue*. Une *cochonnée*, toute la *ventrée*, toute la *portée* d'une truie : *cochonner* , faire des cochons ; le cochon *grogne* ; le *grognement* du cochon , *langueyer*, visiter la langue du cochon, pour voir s'il est sain ou *ladre* ; *langueyeur* , celui qui visite les cochons ; *sener* un porc, le châtrer ; le cochon *fouille* la terre avec le groin , et se *vautre* dans la boue ; pour empêcher un cochon de passer à travers une palissade, on lui met au cou une espèce de collet composé de trois bâtons en triangle, on l'appelle un *tribart* ; quand on a tué un cochon, on l'*échaude* dans l'*échaudoir*, pour le *peler* ou lui enlever le poil et la soie. V. Sel, Lard, Sanglier, Boucher, Panage, Échinée.

COEUR, m. de cheminée, le milieu de la cheminée, contre lequel on fait le feu. V. Cheminée, Cuisine. Le *cœur du bois*, la *moëlle* ; le *cœur d'une pomme*, le milieu. On dit le cœur de ce fruit est gâté. V. Pomme.

COFFRE, m. le coffret qu'on met au bout du coffre en-dedans pour serrer les petites choses, s'appelle un *chetron*. On pourrait dire un *écrin*, parce que c'est dans le *chetron* que quelques personnes mettent leurs bagues, etc., mais son vrai nom est un chetron. Un *portant* est une espèce d'anse ou de poignée à chaque bout du coffre, pour le porter. V. Anneau, Serrure, Cercueil, Naqueter. *Coffretier*, faiseur de coffres.

COLLIER, m. de cheval. Le collier avec sa *couverture* V. Mouton, est composé d'un *bourrelet* ou cuir rembourré, et de deux espèces de planches chantournées qui dressent sur le collier, appelées les *attelles* f. auxquelles sont attachés les grelots appelés aussi des *sonnettes*, et des houppes appelées des *bouffettes*, f. Les *traits* sont attachés au collier par des crochets qui tiennent à des anneaux de cuirs, retenus par des *clavettes* de bois ; le milieu du trait, vis-à-vis les flancs du cheval, est garni d'un *fourreau*, les bouts de derrière du trait s'attachent au *palonnier* derrière les cuisses du cheval. V. Chariot au mot Attelage.

Les extrémités des traits du *cheval limonier* embrassent les limons avec un anneau retenu par une cheville de fer appelée une *atteloire* ; les traits courts du cheval limonier qui embrassent les limons et tiennent au collier s'appellent les *mancelles* f. On les arrête souvent à des crochets ou crampons du limon, appelés des *ragots* ; la *croupière* est une bande de cuir qui règne le long du dos, et au bout est le *culeron* rembourré qui embrasse la queue.

Le *reculement* est composé du *sur-dos*, des bandes de côté, et de l'*avaloire* qui est une bande qui embrasse les cuisses sous la queue, et s'attache à chaque bout aux anneaux, et de deux chaînettes appelées *chaînettes d'avaloire*, qui tiennent aux limons par des ragots, pour faire reculer la voiture, ou l'empêcher à la descente d'avancer sur le cheval limonier ; la *dossière* ou le *sur-dos* est la bande large qui passe sur le dos pour soutenir les limons ; la *ventrière* ou *sous-ventrière* embrasse le ventre ; et le *poitrail* est celle qui embrasse le poitrail. V. CHARIOT, SELLE, BRIDE, BRICOLE, BOEUF.

COLLINE, f. petite montagne. Bien des gens confondent la colline avec le vallon ; le *vallon* est le bas entre deux collines, ou entre deux *coteaux*. V. VAL, MONTAGNE.

COLOMBIER, m. pigeonnier. Les *boulins* sont les trous où nichent les pigeons dans le colombier ; une *volière*, V. VOLIÈRE, un *volet*, une *fuie*, signifient un petit colombier où les pigeons sont enfermés. On appelle un *colombier à pied*, celui qui est séparé de tout bâtiment ; *volet* signifie aussi la planche sur laquelle perchent les pigeons, à l'entrée de la pigeonnière. Le pigeon *roucoule*

V. Bouler. Le *ramier* est une sorte de pigeon sauvage ; il y a un grand nombre d'espèces différentes de pigeons, comme *pigeons pattus*, pigeons *paons. fuyards, à grosse gorge*, etc. V. l'Encyclopédie. La *palombe* est un pigeon ou ramier de passage, qui va par troupe. V. Ramier. Un *innocent* est un jeune pigeon qu'on sert à table ; une *tourte d'innocents*.

COMMODITÉS, f. les *latrines*, f. les *aisances*, f. les *aisements*, les *privés*, les *lieux*, la *garde-robe*, le *cabinet-d'aisance*, le *lieu-secret* ; la *lunette* est le grand trou rond dans la planche qui forme le siége. V. Devanture. La *chausse d'aisance* est le canal par où tombent les matières fécales ; une *chaise percée*, ou la *chaise d'affaires*, a un bassin, et l'on dit *aller au bassin, à la selle, pousser une selle* ; la *fosse d'aisance* est le creux où est la *gadoue* ou les *vidanges* ; celui qui la vide, est le *gadouard*, le *vidangeur*, le *maître des basses-œuvres*. V. Vidangeur. On dit *aller où le roi va à pied, à son besoin, à ses nécessités, à ses affaires, lâcher l'aiguillette*.

CONCOMBRE, m. plante potagère, rampante.

CONFINS, m. p. limites, frontières d'un état, les lisières. V. Limitrophe.

CONTONDANT, te. adj. instrument contondant, qui blesse sans faire de plaie, sans couper, comme le maillet, la massue, qui font des contusions ; un membre contus, une main contuse.

COQ, m. un petit coq qui commence à avoir de la crête, est un *poulet ;* quand il commence à cocher les poules, c'est un *cochet* : on l'appelle aussi un poulet ; quand c'est un grand cochet non chaponné, quelques auteurs l'appellent un *étoudeau*, un *jeune coq*; une *poulette* est une jeune poule; une *poularde* est une jeune poule qu'on engraisse; on dit encore une *gelinotte* pour une jeune poule engraissée; une *campine* est une jeune poularde fine et petite, on *chaponne* les cochets; les chapons *chantent*, les poulets *piaulent*, la poule *closse*; et quand elle appelle ses poussins ou qu'elle veut couver, elle *glousse*: *gloussement*, cri de la poule qui glousse; *clossement*, cri ordinaire de la poule qui closse; une *poussinière* est une cage pour enfermer des poussins; l'ergot est une sorte d'ongle qui croit derrière la jambe du coq; un coq bien *crété*; qui a une belle crête; on a appelé une poule une *geline*. V. Poule, Paton, Mue, OEuf.

COQUELICOT, m. pavot rouge qui croit dans les blés.

COQUETIER, m. marchand d'œufs, de vollaille. V. Poulailler à l'article Poule.

COQUILLE, f. ou coque d'œuf, coquille de noix. V. OEuf.

COR-DE-CHASSE, m. une trompe; *l'embouchure* est la partie en forme de petit entonnoir, qui se met au cor, par où on l'embouche; le *pavillon* est la partie évasée au bout du cor, ou du porte-voix, ou de la trompette. *Enguichure* f. ou *ceintureau* est une sorte de cordon pour porter le cor en bandoulière; et selon d'autres, l'enguichure est encore l'entrée de la trompe, où se met l'embouchure; la *ceinturette* est une bande ou cordon qui entoure le cor. On dit *donner* ou *sonner* du cor; *cornet*, petit cor, petite trompe; *huchet*, petit cor pour appeler les chiens. *Forhuir du cor*, du cornet, du huchet, pour appeler les chiens ; on dit aussi *grailler*, pour sonner du cor d'un ton à appeler les chiens. V. Chasseur, Baudir, Trompette.

CORBEAU, m. pierre, ou fer avancé dans un mur pour soutenir le bout des solives, des chéneaux, etc.

CORDE, f. ouvrage du cordier. Le *bitord* est la menue corde à deux fils. Un *toron*, ce sont plusieurs fils tordus avec lesquels on forme la corde. Une corde à deux, à trois, à quatre torons. *Cordon, cordeau,* petite corde. Avec deux ou trois cordons, on forme des cordes de toute grosseur. *Corder, cordeler, cordonner, cabler,* faire une corde, cordelette, ficelle. Un *tortis*, quelques fils tordus ensemble, sans être cordé. On dit : cette affaire a passé à fleur de corde ; c'est-à-dire, peu s'en est fallu qu'elle n'ait manqué.

CORDIER, m. ses instruments. V. Fileuse et l'En-cyclopédie.

CORDONNIER, m. il commence à prendre mesure pour la longueur du pied avec le *compas*, composé de deux *coulisses* ; et avec un bout de *ligneul*, ou une *bande*, il mesure la grosseur du cou-de-pied, ainsi que celle du gros du pied. Les divisions de son compas s'appellent *points*; *un tel chausse à huit points.* La table à rebord, sur laquelle il pose ses outils et la chandelle pour veiller, s'appelle le *veilloir.* Le maître cordonnier coupe *l'empeigne,* les *quartiers,* les *courroies,* etc. avec le *couteau à pied,* dont la lame a la figure d'un croissant ou demi-cercle, sur une planche appelée un *écofroi;* d'autres disent encore *écofral, écofret.* Les *semelles* sont coupées avec un long couteau un peu courbe, appelé le *tranchet.* Le coude et les doigts du cordonnier lui servent d'*ourdissoir* pour ourdir son ligneul appelé aussi du *chégros*, ou une *aiguillée*, qu'on *poisse* ou qu'on *cire*; et à chaque bout du ligneul, on ajuste une soie de cochon ou de sanglier. On achève d'unir ce ligneul en le frottant avec le *lissoir*.

Le cordonnier a des *alénes* de plusieurs grosseurs; des *alénes à joindre*, des *alénes à première semelle*, des *alénes à seconde semelle*, etc. Celle à quatre angles est le *carrelet*; le *poinçon* ou la *broche* est pour faire les gros trous, surtout au talon, pour y planter les chevilles. L'*em-porte-pièce* emporte la pièce, quand on frappe dessus pour faire un trou. La *fraise plate* sert à reboucher le trou que font les gros clous dans la semelle. Le cordonnier, pour tirer son ligneul, entortille son aiguillée autour du *collet* du manche de son alène d'une main, et de l'autre main autour de la *manique*, que quelques-uns appellent aussi *manicle*. Il tend l'empeigne sur la *forme* avec des *tenailles* appelées des *pinces*, dont les mâchoires sont épaisses. V. Forgeron. Il met des *hausses* sur la forme avec des coins, pour la retirer plus facilement. On dit *enformer* un soulier, y mettre la forme; le *déformer*, l'ôter. Il trempe les alènes dans de la graisse renfermée dans un os appelé un *astic*; il polit les bords de la semelle avec un po-lissoir appelé le *bouis*, la *bisègle*, la *bisaigue*, que quel-ques auteurs appellent encore un *astic*. Le *gipon*, est une sorte de pinceau ou de brosse avec quoi il cire le soulier. Le *machinoir* est un petit outil de buis pour décrasser et blanchir les points derrière le soulier. Il coud sur le genou son soulier arrêté avec le *tire-pied*; son tablier est appelé par plaisanterie l'étole de saint Crépin; il a un *licou* pour retenir la *bavette*, et une ceinture que le cordonnier met autour de lui; il trempe son cuir dans un baquet d'eau pour l'amollir; il le *bat* sur un billot de bois appelé un *suage*, V. Chaudronnier; et quand il est creux pour bomber les semelles, on l'appelle la *buisse;* il frappe tantôt avec la *téte*, tantôt avec la *panne* du marteau. Il y a des cordonniers qui ont une espèce de picotin ou fond de chapeau dans lequel ils mettent leur fil et des alênes, appelé un *calbotin.* Quand il polit le soulier avec la bisaigue, il dit qu'il *donne le bouis.* Les cordonniers qui courent le pays, portent leurs outils dans une boîte qu'ils appellent un *saint-Crépin*, et de là on a dit : *il porte ou il a perdu tout son saint-crépin*, pour dire tout son bien. V. Soulier, Botte. La *cordonnerie* est l'art du cordonnier, et le lieu où l'on vend des souliers.

CORNET, m. de vacher, cornet avec lequel le pâtre *corne.* On en fait de longs avec de l'écorce d'arbre qu'on appelle *cornets à bouquin*, quoique le cornet à bouquin proprement dit soit une espèce de flûte recourbée, faite de corne. V. Patre.

CORNICHON, m. comcombre qui n'est point parvenu à maturité.

COTRET, m. petit fagot de bois rond et court pour brûler. V. Bourrée, Fagot.

COULIS, m. *vent coulis;* c'est un vent qui entre par un trou, par une fente, et cause souvent le rhume.

COULURE, f. accident qui arrive aux blés et à la vigne lorsqu'il tombe beaucoup d'eau dans le temps de la fleur.

COURGE, f. V. Potiron.

COURONNE IMPÉRIALE, f. plante dont les fleurs sont à six feuilles disposées en forme de couronne.

COURTAUD, adj. m. cheval ou chien courtaud, auxquels on a coupé la queue et les oreilles, qu'on a courtaudés ou écourtés. V. Cheval.

COUTEAU, m. le couteau à gaine est composé d'une *lame* acérée, de la *soie* qui entre dans le manche, qui se rive sur la *calotte* au bout du manche, garni ordinairement de deux *viroles*. La *mitre* est un rebord dans le couteau de table, entre la lame et la soie, pour que la soie n'entre pas plus avant qu'il ne faut. Il y a des haches, des marteaux qui, au lieu d'avoir un œil ou trou pour recevoir le manche, ont une soie qui entre dans le manche : cette soie s'appelle une *toyère*. V. Douille. Couteau *épointé*, dont la pointe est rompue ou émoussée. Couteau *ébréché*, dont le tranchant a des brèches, des dents. Couteau *retouché*, dont la lame s'est repliée contre quelque chose de dur. Couteau *pliant*, ou *jambette*, f. celui dont la lame se cache en partie dans le manche en se fermant sans ressort. Couteau *à ressort*, dont le talon de la lame tourne sur un clou contre le ressort. Il y a encore plusieurs autres sortes de couteaux. *Emoudre* un couteau, le repasser, l'aiguiser, le passer sur la meule, l'affiler. Un *émouleur* de couteaux, de rasoirs, un *gagne-petit*; l'académie dit encore un *rémouleur*. V. Rosette.

COUTELIÈRE, f. étui pour plusieurs couteaux. V. Meule. Un couteau a le *morfil*, c'est-à-dire, que le tranchant trop fin plie et est inégal; il faut lui ôter le morfil. Le *fil* du couteau, d'une lame, le tranchant. Couteau de *tripière*, qui tranche des deux côtés. Couteau *de chaleur*, qui ne coupe point, pour abattre la sueur des chevaux qui ont chaud.

COUVREUR. m. V. Défense, Bardeau, Tuile, Toit, Charpente. Ses outils ordinaires sont un *asseau*, m. ou une *assette* ou une *hachette*, un *contrelattoir*, une *enclume* à couper l'ardoise, un *marteau*, un *martelet*, des *échelles* de corde ou de cordage noué, des *chevalets*, une *auge*, une *truelle*, etc.

CRAMPONS, m. sous le fer d'un cheval, sous un soulier, et non pas *grapes*; *cramponner un cheval*. V. Maréchal. Les crampons qui lient ensemble deux pierres, deux bois, et tout ce qui tient deux choses assujéties, sont des *happes*, f.

CRAN, m. une *coche*, une *hoche*, une, *entaille* une *entaillure*, une *crenelure*, une *denteture*. Le cran d'une arbalète; baisser la crémaillère d'un cran, d'une dent.

CRAPAUDIÈRE, f. lieu où il y a bien des crapauds; c'est aussi un lieu bas, sale et humide, appelé aussi une grenouillère.

CRAPAUDINE, f. morceau de fer, ou de bois, ou de pierre, creux, fiché en terre pour recevoir le pivot d'une porte. On l'appelle aussi une *couette*, une *grenouille*. V. Tuyau.

CRECELLE, f. *cresselle*, *crécerelle*, instrument de bois en usage dans quelques solennités, qui *bruit* aigrement en tournant sur des crans durs et serrés. (*M. Nod.*)

CRÉNEAU, m. ouverture ou coche au haut des murs d'un fort sur le parapet pour tirer; quand c'est pour y

placer du canon, on dit une *embrasure* ; et quand c'est
dans une batterie pour l'attaque d'une place, on dit un
tronière. Les *machicoulis*, dans les vieux châteaux, étaien[t]
des trous au fond d'une galerie qui faisait saillie, pour défendre le pied d'un mur. Les *canonnières* sont de petites
ouvertures pour tirer les mousquets ; on les appelle aussi
des *canardières*, ou des *meurtrières*, et des *barbacanes*.
V. Barbacane.

CRIBLURE, f. le mauvais grain après qu'on a *criblé*
avec le *crible*. On donne la criblure à la volaille. V. Van.

CRIC, m. instrument pour lever de terre toutes sortes de
fardeaux.

CROASSEMENT, m. croasser. V. Corbeau.

CROIX, f. Le *croisillon* qui forme les bras, est entaillé
dans la partie du haut, dont le bas se nomme le *pied*. On
pose des croix sur des *piédestaux*. *Croisette*, petite croix. Se
signer, faire le signe de la croix : ce mot est vieux. La
croix d'église a un *bâton* par où on la porte. *Croix de S.-
André*, ou *de Bourgogne*, faite en forme de la lettre X.
Croix de S.-Antoine, faite en forme de la lettre T. *C.oix
de Lorraine*, qui a deux croisillons.

CROSSETTE, f. sarment de l'année. V. Vigne.

CROULIER, *ière*, adj. Terres croulières, mouvantes
sous les pieds, qui ne sont pas fermes ; prés crouliers.

CUEILLOIR, m. panier ou autre ustensile pour cueillir
des fruits.

CUILLER, f. *r* se prononce fortement, comme dans
mer, fer ; on ne dit plus guère *cuillère*, encore moins

cuillière; *cuilleron*, la partie creuse dans la cuiller. Une *cuillerée*, plein la cuiller ; *cuiller à pot*, et non pas une *poche* ; *cuiller à fondre du plomb*, etc. V. Cuisine. Un auteur dit que des verriers appellent *poche*, une grande cuiller de fer pour puiser des matières fondues dans les pots.

CUIRE, v. a. jusqu'au déchet. V. Ébouillir. *Étourdir* de la viande, la cuire à demi pour qu'elle ne se gâte pas.

CUISINE, f. Meubles ordinaires de la cuisine : les *chenets*, il y en a de plusieurs sortes ; le plus simple est la *chevrette* qui n'a point de branches, et qui se pose sur l'*âtre* de la cheminée. V. Cheminée. Celui dont une branche dresse, garnie d'une pomme au-dessus, est le *chenet* ; le *landier* est plus gros et plus massif ; le *hâtier* a des crochets pour mettre la broche à rôtir, et le *contre-hâtier* encore plus gros a des crochets en dedans et en dehors, pour faire tourner plusieurs broches ensemble l'une sur l'autre. V. Tourne-Broche. Une *grille* ou *grille de feu*, trois ou quatre chenets attachés ensemble, sur lesquels on fait le feu. Les chenets, pelle, pincettes, etc. s'appellent un *feu* ou une *garniture de feu*.

Le *garde-feu* est une grille devant le feu, pour empêcher les enfants d'y tomber ; le *couvre-feu* est un couvercle de fer pour couvrir le feu afin de le conserver ; le *trépied* est pour poser dessus une *poéle*, un *poélon*, un *chaudron*, pour cuire quelque chose. V. Balayer.

A un crampon de fer scellé dans la muraille, à côté du cœur de la cheminée, on pend ordinairement une pelle à feu ; les pincettes ; une *écumoire* pour écumer le bouillon, des *cuillers à pot*, et non pas *poches*. V. Cuiller. Un *attisonnoir* pour tirer et remuer la braise. Celui des forgerons s'appelle un *tisonnier*; une *fourchette de cuisine*, une *main de fer*, pour empoigner l'anse du pot sans risquer de se brûler ; un *gril* pour griller la viande , le fromage , etc. , il y en a de plusieurs façons ; un *soufflet*. V. Soufflet, Éventoir.

Les *crémaillères* auxquelles on suspend les marmites contre la plaque V. Cheminée, en les haussant ou baissant d'un *cran*, d'une *dent* ; le *crémaillon*, petite crémaillère qui s'accroche à une plus grande. La crémaillère est suspendue à une barre de bois ou de fer , et souvent à une potence de bois ou de fer, qui tourne sur un pivot, comme une barrière, V. Barrière, pour éloigner facilement la marmite de dessus le feu, ou l'en approcher ; la barre qui soutient la crémaillère est souvent soutenue par des crochets de fer appelés des *corbeaux*.

Les meubles communs posés sur les tablettes du *dressoir*, ou accrochés au dressoir , ou dans le *ratelier*, sont les *seaux* avec leur bassin en cuivre. V. Seau. Les *pots*, *marmites*, *chaudières*, *chaudrons*, posés sur des *bourrelets* de paille ; un *coquemar*, espèce de caffetière sans pieds, pour chauffer de l'eau ; une *poéle*, un *poêlon* : ces ustensiles s'appellent une batterie de cuisine , parce qu'ils sont battus, et ordinairement de cuivre : et quelquefois par batterie de cuisine on entend tous les meubles de la cuisine, soit de fer , soit de cuivre. Un *attirail* de cuisine comprend une grande quantité de meubles ; les *caqueroles* , que le dictionnaire de Trévoux appelle aussi des *caqueroliers*, sont des meubles d'un très-fréquent usage; la *caquerole* est une espèce de poêlon à trois pieds, qui a une queue ; il y a des caqueroles de fer , des caqueroles de fonte , de fer

battu, de cuivre, etc., de plusieurs formes et grosseurs ;
la *casserole* n'en diffère que parce qu'elle n'a point de pied,
et est faite pour mettre sur les *cornes* du réchaud ; une
tourtière pour cuire des tourtes ; des *cruches*, des *cru-
chons*, petites cruches ; des *terrines*, des *jattes*, des *plats*,
des *assiettes*, des *jarres* f. qui sont des cruches de terre à
deux anses, dont le ventre est gros ; une *soupière*, gamelle
à deux anses pour servir la soupe ; la *gamelle* proprement
dite est une jatte de bois dont on se sert sur les vaisseaux
pour les matelots ; des *écuelles à orillons*, qui ont des
oreilles par où on les empoigne ; une *lèchefrite*, sorte de
plateau pour mettre sous le rôti ; une *lardoire*. V. LARD.
Une *bassinoire* pour bassiner les lits : il y a une sorte de
bassinoire qu'on appelle un *moine* ; des *bassins*, espèces
de grands plats ronds ou ovales ; un *réchaud*, une *pois-
sonnière*, une *salière* ou un *égrugeoir*, qui est un vase
ordinairement de bois, où l'on égruge, où l'on râpe le sel
avec une râpe qui sert aussi de pilon ; une *saunière* est
une espéce de coffre pour conserver le sel ; le dessus d'une
salière de table, où se met le sel, s'appelle le *saleron*.
V. SEL. Un *potager*, pot pour porter à manger aux ouvriers ; un *pommier* et non pas un *cuipomme*, meuble
ordinairement de fer-blanc, creusé en gouttière, pour cuire
les pommes, les poires ; une *chape*, couvercle de fer-
blanc terminé en pointe, qu'on met sur les plats pour
tenir les viandes chaudes ; un *arrosoir* ; un *volet*, petite
tablette ordinairement ronde, pour trier des légumes dessus;
des *corbeilles*, des *paniers*. V. PANIER. Un *garde-nappe*,
petit plateau à rebord pour poser sous les bouteilles, sous les
plats sur la table : il y a des *porte-assiettes* et des ronds de
paille qui servent au même usage.

On trouve encore dans une cuisine un *tronchet* qui est un gros billot de bois , porté sur trois pieds ; on y hache la viande avec le *couperet* , grand couteau de boucher à deux tranchants : on la coupe aussi sur un *tranchoir* , appelé encore un *tailloir* , qui est un gros plateau , ou sur un *hachoir* , qui est une forte table de chêne. Le *tranche-lard* est un couteau dont la lame est mince , pour couper des tranches de lard. V. Couteau. Plusieurs chaises. V. Chaise. Un *lavoir* , lieu où on lave la vaisselle en la frottant avec la lavette. V.Vaisselle. *Sablonner* , écurer avec le sablon ; un *évier* , canal où l'on jette la lavure ; une *dépense* , ou *garde-manger* , lieu où l'on serre les fruits , la vaisselle , le linge , etc. Dans les grandes maisons on l'appelle un *office*. Une *déchage de cuisine* , lieu près de la cuisine , où l'on met les meubles qui ne sont pas d'un usage journalier ; c'est là souvent que sont les fourneaux sur lesquels il y a des grilles pour y poser les réchauds ; la table sur laquelle sont ces fourneaux s'appelle aussi le *potager*. Un *réchauffoir* est un fourneau près de la cuisine , pour réchauffer les plats ; le *charnier* est un lieu où l'on garde la viande salée. V. Poêle. Sur un dressoir un peu mieux assorti , appelé aussi un buffet , on trouve *moulin à café* , *moulin à poivre* , *cafetière* , *chocolatière* , *theïère* , des *pots à daube* , que plusieurs cuisiniers appellent des *daubières* , des *poupetonnières* ; *tasse* , *coupe* , *soucoupe* , *cabaret* , V. Café, un *sucrier* , ustensile dont le dessus en forme de boîte percée à jour , contient le sucre égrugé ; une *saussière* , vase à mettre la sausse ; une *poivrière* , qui est une boîte à plusieurs rayons ou compartiments , pour mettre du poivre et d'autres épiceries ; un *vinaigrier* , un *huilier*

sur leur plateau ; une *passoire*, espèce d'écumoire profonde
pour passer les purées, on l'appelle aussi une *couloire*;
un *coquetier* pour manger des œufs frais ; une *touaille*,
qui est un essuie-main placé sur un rouleau; un *pot à
l'eau* ou une *aiguière* avec sa *cuvette*; une *fontaine* à
robinet avec son *bassin* dessous pour se laver les mains ; le
robinet s'appelle aussi une fontaine. Quelques auteurs appellent aussi cette fontaine une *piscine*, et un grand vaisseau pour conserver de l'eau dans une cuisine porte encore
le nom de *fontaine*. Il y a aussi des aiguières de cuivre qui
ont deux becs, et qui sont suspendues par une anse, pour
laver les mains. Un *fruit monté*, fruit artificiel posé sur
un plateau. V. SEAU. Un *surtout* est un grand plateau
d'argent, ou d'autre métal, qu'on place au milieu des
grandes tables, et sur lequel il y a un sucrier, un poivrier, etc.
Une *cloche* est une sorte de vase de la figure d'une cloche,
pour cuire des fruits, des pommes, etc. Un *gaufrier* est
un fer à cuire des gaufres. Une *cuisine* est encore une
longue boite à plusieurs compartiments, où l'on met différentes choses pour servir à faire la cuisine.

Un cuisinier s'appelait autrefois un *queux*; il y a encore
des maîtres-queux dans la maison du roi. Un valet de
cuisine s'appelle un *marmiton*, et par plaisanterie un
fouille-au-pot. Un *chef de cuisine*, ou *d'office*, est le
principal officier de cuisine ou d'office. Un *aide de cuisine*
est celui qui sert sous un chef de cuisine. Un *écuyer de
cuisine* est le maître de cuisine d'un prince, ou d'un grand
seigneur. Une *servante de cuisine*, employée à laver la
vaisselle, s'appelle une *écureuse*, un *souillon de cuisine*,
ou simplement un *souillon*. V. SOMMELIER, CAVE, FE-

nêtre, Poêle. La cuisine d'un vaisseau s'appelle le *fou-gon*, et le cuisinier le *coq* du vaisseau.

CULOTTE, f. *haut-de-chausse*; la *brayette* est la fente devant la culotte. Plus souvent on y met une large patte qui se boutonne aux deux coins du haut, qu'on appelle *pont-levis*. Les gros boutons sont attachés au bout de la *ceinture*, et les petits aux *fourchettes* des genoux près des jarretières. Le *gousset* à mettre de l'argent s'appelle aussi le *bourson*. Une *grègue* a signifié une culotte, et ce mot est encore en usage dans ces phrases : *il y a de l'argent dans ses grègues. Tirer ses grègues, s'enfuir.* Un *culottin* est une culotte qui joint sur les cuisses, et serre par le bas. Un *caleçon* est une espèce de culottin qui se met sous la culotte. Le *pantalon* est une espèce de culotte qui est d'une seule pièce avec les bas. V. Pantalon. Des *braies*, f. signifient encore une culotte, et l'on dit : il en est sorti *les braies nettes*, c'est-à-dire, heureusement, sain et sauf. Une *mutande* est une sorte de caleçon ou plutôt de chemisette sous les caleçons, que portent les capucins et certains religieux. Les *chausses* simplement signifient aussi culotte.

CURAGE, m. l'action de curer, de nettoyer. Le curage d'un puits. *Cureur* de puits. *Curures*, vase qu'on tire du puits. Les cureurs de puits se servent de la *drague*, espèce de pelle creuse, percée comme une écumoire, qui a un long manche. V. Puits.

CURE, f. la maison du curé, ou le *presbytère*, ou la maison *presbytérale*, ou *curiale*. Dans quelques provinces, comme dans la Bretagne, les curés sont appelés des *recteurs*, et les vicaires, des *curés*.

CYGNE, m. grand oiseau blanc aquatique.

CYPRÈS, m. arbre de moyenne grandeur, qui ne vient que dans les pays chauds et sur les montagnes.

DAGORNE, f. vache qui n'a qu'une corne; il se dit aussi par dérision d'une vieille femme, c'est une vieille *dagorne*.

DAIM, m. bête fauve qui tient un milieu entre le cerf et le chevreuil; il ressemble beaucoup au cerf. Sa femelle s'appelle une *daine*. V. CERF.

DAME-JEANNE, f. grosse bouteille *nattée* ou *clissée*, c'est-à-dire, couverte de paille ou d'osier.

DÉBACLE, f. rupture des glaces, débaclement; la rivière a débaclé cette nuit. V. BACLER.

DÉBARDER, v. a., le bois, le tirer de la rivière, en décharger les bateaux pour le mettre sur le port. Débardeur, qui débarde le bois pour le porter sur le bard. V. BARD

DÉBLAI, m. décombre, m. terre, *gravois*, qu'on ôte après qu'on a bâti; *démolition* et *remblai*, c'est le contraire, ce sont des terres rapportées pour faire une route, une chaussée. *Déblayer*, ôter des déblais, décombrer. *Gravatier, déblayeur*. V. ENCOMBRER.

DÉBONDER, v. a, un étang, en ôter la bonde, la vanne. *Débondonner* un tonneau, c'est en ôter le bondon.

DÉCLIC, m. mouton à enfoncer des pilotis. V. MOUTON. Déclic signifie aussi tout ressort qu'on lâche pour faire partir une chose, une machine.

DÉCRUER, v. a., du fil, le lessiver avant que de le teindre.

DÉFENSE, f. planche au bout d'une corde, que le couvreur laisse pendre sur la rue, pour avertir les passants de prendre garde aux tuiles.

DÉFRICHER, v. a. essarter. *Essart*, lieu défriché, où l'on a fait un défrichement. V. Laboureur.

DÉGLUER, v. a., ôter la glu, détacher; dégluer les yeux, ôter la chassie. V. Chassieux.

DÉGRAVOYER, v. a.; l'eau a dégravoyé ce mur, elle l'a déchaussé.

DÉGROSSIR, v. a. débrutir, ébaucher un bois, une pierre. V. Ébaughoir.

DEJUC, m. le temps du lever des oiseaux, des poules.

DÉJUCHER, v. a. quitter le juc ou juchoir, ou perchoir. La poule a déjuché. V. Poule.

DENT, f. les dents des côtés, qui servent à broyer, sont les *molaires* ou *mâchelières*; on a dit autrefois *molières*, mais jamais on n'a dit *marteaux*. Celles de devant sont les *incisives*, et celles qui sont entre les molaires et les incisives sont les *canines* ou dents *œillères*. Les dents des enfants s'appellent familièrement des *quenottes*, et les dents de lait sont les premières qui leur viennent. Les dents de *sagesse* sont les quatre dernières molaires qui viennent tard. Un *alvéole* est le creux de la dent arrachée. Dents *cariées*, celles qui sont gâtées, pourries par la *carie*. *Odontalgie*, f. douleur de dent; remède *odontalgique*, propre à guérir les dents. Un *chicot* est un reste de dent dans la gencive; les fruits aigres, acides, *agacent* les dents, causent l'agacement qui empêche de mâcher; les dents *crissent* quand elles font du bruit en les frottant, en les grinçant, comme quand on lime du fer; *claquer* des dents

de froid , de peur ; *les dents lui claquent* ; le *claquement*
des dents. *Endenter*, mettre des dents. *Édenter*, ôter
des dents. La *denture* ou le *ratelier* est l'arrangement des
dents. Édenté, qui a perdu des dents ; un *brèchedent*, une
personne édentée ou ébréchée. Une *surdent*, dent qui
croît sur les autres. V. DENTISTE.

DENTICULES , f. pl. sorte de dents ou de crans qui
règnent le long du larmier d'une corniche pour l'ornement.

DENTISTE , m. ; ses principaux instruments sont le
davier et le *pélican* , auxquels on donne encore d'autres
noms ; le *déchaussoir* sert pour déchausser les dents qu'on
veut arracher ; la *rugine* est une sorte de ratissoir pour
ôter le tartre des dents ; le *cure-dent* est un petit instrument pour curer ou nettoyer les dents. Un *dentifrice* est
un remède pour les dents , pour les fortifier.

DÉPÊTRER v. a. un cheval, le débarrasser de ses
traits dans lesquels il est empêtré. On dit aussi *se dépêtrer
d'un bourbier* , s'en tirer. V. BRIDE.

DÉPLANTOIR , m. outil de jardinage , avec lequel on
enlève les plantes qui étaient en place , pour les transporter
ailleurs.

DÉROCHER , v. a. *déroquer* , faire tomber de dessus
un rocher ; le faucon a fait dérocher un cerf.

DESSAISONNER v. a. les terres , y semer autre chose
que ce qui y doit être semé chaque année ; semer de l'avoine
où l'on doit semer du froment.

DESSÉCHEMENT , m. action de mettre à sec ; dessécher un terrain , un marais.

DESSERTE , f. les viandes , les mets qu'on dessert ,

qu'on ôte de dessus la table ; on les appelle encore par plaisanterie les reliefs de table. V. Graillon.

DÉTISER, v. a. le feu, et non pas *désattiser*, éloigner, retirer les tisons du feu avec l'attisonnoir.

DÉTOUPER, v. a. un tonneau, en ôter le bouchon d'étoupe.

DINANDERIE, f. toutes sortes d'ustensiles de cuivre jaune, qu'on travaille principalement à Dinant, dans le pays de Liége. V. Chaudronnier.

DINDONNIÈRE, f. gardeuse de dindons. On donne ce nom à une demoiselle de campagne.

DOLER, v. a. du bois, l'unir, l'égaler; doler une planche. V. Dégauchir. La *doloire* sert pour doler le bois. V. Tonnelier.

DOMAINE, m. propriété d'une chose, surtout d'une terre, *un beau domaine.*

DOUILLE, f. manche creux de fer, pour recevoir un manche de bois. V. Toyère au mot Couteau.

DOUVAIN, m. bois propre à faire des douves. V. Bourdillon. Les douves qui forment l'enfonçure des futailles, s'appellent des *aisselières*, et les planches pour les faire, du *traversin*; le *chanteau* est la pièce du milieu du fond, où l'on fait ordinairement le trou pour y mettre la cannelle ou le robinet. V. Futaille, Cave, Tonnelier.

DRU, UE, adj. des oiseaux drus, prêts à s'envoler; la pluie tombe quelquefois drue et menue ; les blés sont drus et menus, c'est-à-dire épais; ce qui est l'opposé de blés clairs, ou blés clair-semés. On dit aussi adverbialement *dru et menu* ; la pluie tombait dru et menu.

DUVET , m. la première plume qui vient aux oiseaux.
V. Poil follet. L'*édredon* est un duvet d'un oiseau du
nord , avec lequel on fait d'excellents lits-de- plume. V. Lit.

DUVETEUX , adj. oiseau *duveteux,* qui a beaucoup
de duvet, de plumes molles.

EAU , f. Une *mare,* pièce d'eau dormante ou stagnante ;
une *flaque,* est une petite mare , comme il s'en fait
dans les chemins un peu creux. Une *avalaison* que quelques-uns appellent une *avalasse,* c'est beaucoup d'eau ré-
pandue sur la terre ; surtout après la pluie. V. Pluie ,
Cascade. Une *veine d'eau,* petite fontaine sous terre.
V. Égout. Un *remeil* est un courant d'eau qui ne gèle
point , et où l'on trouve souvent des oiseaux aquatiques en
hiver. V. Alluvion. Une *lagune* est une espèce de mare
ou de flaque dans des lieux marécageux.

ÉBARBER , v. a. ôter les parties superflues ; *ébarber
une plume ,* un épi , en ôter les barbes ; ébarber une haie,
la tondre.

ÉBARBOIR , m. outil pour ébarber ; *il faut ébarber
cette cuiller* qu'on vient de fondre.

ÉBAUCHOIR , m. outil de différents métiers pour ébaucher ou dégrossir les ouvrages. V. Dégrossir.

ÉBORGNER , v. a. rendre borgne. V. OEil. On dit
qu'une maison , un arbre éborgne une chambre , en lui
ôtant du jour.

ÉBOUILLIR , v. n. diminuer à force de cuire une liqueur ; cette sausse est trop ébouillie. V. Cuire. *Frémir,*
cette eau ne fait encore que de frémir , c'est-à-dire , elle
est déjà chaude , mais elle ne bout pas encore.

ÉBOULER , v. n. *s'ébouler*, rouler en tombant ; *plusieurs roches se sont éboulées du haut de la montagne dans le vallon* ; *il s'est fait des éboulements de terre* : un *éboulis*, chose éboulée, *éboulis de terre*.

ÉBOUSINER , v. a. une pierre , en ôter le *bousin* , la croûte. V. Maçon.

ÉCAFFER , v. a. de l'osier , le fendre pour en faire des paniers , des hottes , etc.

ÉCHALAS , m. pl. bâton que l'on fiche en terre pour servir d'appui à un cep de vigne.

ÉCHARDE , f. petit éclat de bois fourré dans la chair. V. Picot.

ÉCHARDONNOIR , m. petit crochet tranchant , emmanché au bout d'un bâton , dont on se sert pour nettoyer les terres des chardons et d'autres mauvaises herbes.

ÉCHAUDER , v. a. un cochon , de la volaille , les tremper dans l'eau chaude pour en ôter le poil , la plume ; un échaudoir est le lieu , le vaisseau propre à échauder. V. Cochon.

ÉCHAUX , m. p. rigoles ou fossés destinés à recevoir les eaux après qu'elles ont abreuvé une prairie.

ÉCHENILLOIR , m. instrument de jardinage pour ôter les chenilles des arbres.

ÉCHINÉE , f. morceau du dos d'un cochon, *une échinée aux choux.*

ÉCHOPPE , f. petite boutique, petit appentis adossé contre une muraille ; c'est aussi une sorte de burin ou de poinçon pour graver ; *échopper* , graver avec l'échoppe.

ÉCLAIRCIE, f. endroit clair qui parait au ciel après la pluie. V. Pluie.

ÉCLANCHE , f. gigot de mouton , et non pas gigue. V. Gigue.

ÉCOSSER , v. a. des pois. V. Légume.

ÉCOT , m. tronc d'arbre qui porte encore des nœuds , ou *ergots*, bouts de branches qui ne sont pas coupés près du bois ; le tronc en est hérissé : c'est aussi une planche ou dosse qui a encore de tels nœuds. V. Planche , Ergot.

ÉCOUANNE, f. sorte de râpe ou de grattoir avec quoi on racle le bois, la corne ; les arquebusiers et autres en ont de différemment construites. V. Rifloir.

ÉCOUER , v. a. couper la queue. V. Courtaud.

ÉCRITOIRE , f. Elle est composée d'un cornet ou *encrier*, d'un *étui* pour les plumes appelé la *casse ,* d'un *poudrier* ou sablier pour secouer le sable ou la poudre sur l'écriture ; on fait des écritoires portatives ou non portatives de bien des façons : par exemple , des *plumes sans fin*, des *écritoires de bureau* , etc. On trouve dans certaines écritoires . un *grattoir* pour effacer les lettres , un *canif ,* un *étui pour le pain à cacheter.*

ÉCROUIR , v. a. du métal , le battre à froid pour le rendre plus dense , plus compacte , et lui donner plus de ressort.

ÉCROUTER , v. a. V. Pain.

ÉCRU , UE , adj. fil écru , qui n'a pas été lessivé. V. Décruer.

ÉCUREUIL , f. Son nid est une sorte de boîte qui a un

14

trou dans le côté qui passe à travers le nid ; quelques auteurs l'appellent une *bauge*. V. Sanglier.

ÉCURIE, f. : on dit *étable* quand c'est pour des bœufs, des chèvres, des cochons, V. Cochon ; et *écurie* pour les chevaux. On voit ordinairement dans une écurie la *mangeoire*, appelée aussi la *crèche*, surtout pour l'étable des vaches, V. Devanture; un *ratelier* composé de plusieurs barreaux; il y en a qui tournent et qu'on appelle *roulons*. Dans certaines écuries, surtout dans des étables de vaches, chaque bête a sa petite séparation faite avec des planches contre la mangeoire. Nous appellerons ces séparations des *boulins*, parce qu'elles ont de la ressemblance avec les boulins où trous où les pigeons nichent, et qu'on les nomme ainsi dans plusieurs endroits. On y trouve des fourches de fer appelées aussi des *tridents*, des fourches de bois, une *pelle*, une *ratissoire* pour tirer le fumier derrière les animaux, une *étrille*, V. Étrille ; une *époussette* pour épousseter les chevaux, un *torchon* ou *bouchon* de paille pour les bouchonner ou frotter, un *couteau de chaleur*, qui ne coupe point, pour abattre la sueur aux chevaux. On y épand la *litière* avec la fourche. On y trouve encore un *émouchoir* pour chasser les mouches, des balais, etc. V. Bride, Selle, Collier, Cheval, Chariot. On place ordinairement dans une écurie une *tinette*, ou un *cuvier*, où un *coffre à l'avoine* où l'on puise avec le *picotin*. Il y a une *auge* pour abreuver, ou bien on va à l'abreuvoir d'un étang, d'une rivière, etc. V. Brouette, Établage, Bard, Embarrer, Établer.

ÉDREDON, m. V. Duvet.

EFFEUILLER , v. a. une branche , en ôter les feuilles, surtout quand elle est trop feuillue. V. Effioler.

EFFIOLER , v. a. du blé trop fourni, en ôter la *fiole*, ou *feuille*, ou *pampe*, ou *fane*, l'*effaner*. V. Effeuiller.

EFFONDRER , v. a. fouiller la terre en y mêlant de l'engrais. V. Jardinier. *Effondrer un coffre* , le casser. Faire l'*effondrement* d'un jardin , en effondrer la terre. *Effondrer un chapon* , le vider.

ÉGAGROPILE , f. nom qu'on donne à de petites boules de poils qu'on trouve dans les intestins et souvent dans la panse des bestiaux.

ÉGLISE, f. ; on a dit *moutier*, *moustier* ; et en style un peu relevé , on dit un *temple*. On voit ordinairement dans une église de paroisse, ou au-dehors , le *parvis*, place devant la grande porte ; le *porche*, espèce de petit portique couvert à l'entrée : le porche n'est pas un portique , parce que le *portique* est beaucoup plus grand , et soutenu par des colonnes et des arcades; le *clocher*, V. Cloche, Abat-Vent, Porte; un *bénitier*, et non pas un *eaubenitier* ; les *fonds baptismaux* avec leur *bassin*, et la *piscine*, espèce d'évier où l'on jette l'eau qui ne sert plus, V. Baptis-tère ; un *confessionnal* ou *tribunal de la pénitence*; une *croix*, V. Croix; une *bannière* appelée autrefois un *gonfalon* ou *gonfanon*, et celui qui le portait *gonfalonnier*, mais ces mots ne sont plus d'usage que dans le blason ; une *tribune* ; quand elle est placée entre le chœur et la nef , où l'on va chanter l'évangile , on l'appelle un *jubé*, un *ambon*. La *turbine* est un petit jubé ou espèce de lan-terne où l'on peut se placer sans être vu. Quelques-uns appellent aussi turbine , le lieu où sont les *orgues* , où se placent les musiciens. V. Orgue, Lanterne.

Le lieu où se placent les marguilliers dans certaines églises , s'appelle l'*œuvre* , f. V. Sonneur. Le *goupillon* est le meuble avec lequel on jette l'eau bénite ; on l'appelle aussi un *aspergès*, un *aspersoir* , et l'on dit *asperser l'eau bénite* , et l'académie dit *asperger*. La *balustrade*, V. Balustrade. Un *dais*, V. Ciel, Vases sacrés. Les *crédences*, f. sont de petites armoires ou tablettes de chaque côté de l'autel, sur lesquelles on pose ordinairement les *burettes* sur leur *bassin*. Les *chandeliers*, V. Chandelier. Les chandeliers se posent sur les *gradins*, de chaque côté du tabernacle. V. Gradin. La *chaire*, composée de la *caisse* ou *devanture* qui est bombée ; du *dais* ou *impériale* f. qui est au-dessus ; du *dossier* qui est derrière ; et du *cul-de-lampe* qui soutient la chaire. L'impériale a des *pentes* bordées de *franges*, de *houppes* , etc. V. Bouffette. Le *pupitre* ou *lutrin*, pour y poser les livres de chant. Les livres de chœur sont le *Graduel* pour chanter la messe ; l'*Antiphonier* ou *Antiphonaire* , pour chanter les vêpres ; le *Missel* pour dire la messe , posé sur un petit pupitre appelé aussi un *porte-missel*. V. Autel.

Dans les églises collégiales , il y a des siéges appelés des *stalles* ou *formes* , f. Le *retable* est un ornement d'architecture contre lequel est appuyé l'autel , et qui renferme un tableau. Un *encensoir* avec sa *navette* et sa *cuiller*. Sur l'autel sont des cartons où sont écrites plusieurs prières ; on les appelle des *canons*. Les *nappes* couvrent la table de l'autel, et le *lavabo* est au bout du côté de l'épître ; c'est une espèce de petit essuie-main. Un *reliquaire* est un vase orné où sont renfermées des reliques ; une *paix* est une sorte de petite plaque qu'on donne à baiser au chœur ; un *étouffoir* ou *éteignoir* pour éteindre les cierges. V. Torche.

Le *chancel*, ou plus communément le *cancel*, est la partie dans le chœur entouré d'une balustrade. Le *sanctuaire* est la partie de l'église où est le maître-autel ordinairement fermé d'une balustrade : il se prend souvent pour le cancel. Le *chevet* est la partie à peu près ronde, derrière le maître-autel, et qui est plus élevée que le reste. La *grande nef*, les *nefs collatérales*, la *voûte*, V. Voute ; le *plafond*, les *piliers* qu'on appelle *pilastres* quand ils sont grands, carrés et ornés d'un chapiteau; les *ogives* en-dedans ou en-dehors, pour empêcher les voûtes de s'écarter. La *ceinture du chœur*, ce sont les murs qui l'entourent.

On voit quelquefois autour des églises ou au-dedans d'une *chapelle*, une ceinture peinte, ou bande noire à hauteur d'appui, qu'on appelle une *litre*, une *ceinture de deuil*, une *ceinture funèbre*. La *cave* ou le *caveau* est un lieu souterrain pour inhumer les morts ; on l'appelle aussi une *crypte*. Le *charnier* est un lieu couvert près d'une église, où l'on conserve les ossements des morts. V. Sacristie, Béfroi, Cloche, Fenêtre, Charpente, Vases sacrés, Lampe, Poêle, Tombeau, Tenture.

ÉGOUT, m. cloaque ; c'est aussi la chûte et l'écoulement des eaux de pluie. C'est encore un canal pour égouter un toit, des terres, etc.

ÉGRUGER, v. a. du sel, le pulvériser, le briser, l'émier, le casser, le mettre en poudre dans l'égrugeoir ou salière avec la râpe ou le pilon.

ÉGUEULER, v. a. une aiguière, lui casser le goulot, le bec.

EMBARRER (S'), v. a. ; un cheval s'embarre quand il s'embarrasse dans les barres qui font la séparation des places d'une écurie. Ce cheval est estropié d'une embarrure. V. Bride, Cheval, Écurie.

EMBLAVER, v. a. une terre, l'ensemencer, y semer.

EMBLAVURE, f. terre ensemencée de blé. V. Laboureur.

EMBOITER, v. a. encastrer, encastiller, entailler, enchasser une chose dans une autre ; emboiter un essieu dans un moyeu de roue ; entailler un croisillon de croix dans le pied, etc. V. Charpente.

EMMUSELER, v. a. un veau pour l'empêcher de téter, un sanglier pour l'empêcher de mordre, leur mettre une muselière. V. Muselière.

ÉMONDES, f. p. branches sèches coupées à un arbre émondé. V. Brandes.

ÉMOTTOIR, m. espèce de maillet ou marteau de bois avec un manche de trois pieds de long ; on l'emploie pour briser les mottes de terre que la charrue n'a pu diviser.

ÉMOUCHOIR, m. meuble à chasser les mouches, ou à émoucher. V. Selle, Écurie.

EMPAN, m. mesure depuis l'extrémité du pouce à celle du doigt du milieu ; on dit aussi une *palme*, et en plusieurs provinces, un *pan* : mais ces mesures varient ; une *paume*, c'est la hauteur du poing fermé, qui est à peu près de trois pouces, on le dit principalement pour la taille des chevaux. *Siffler en paume*, c'est siffler dans la paume de la main, en la fermant d'une certaine façon.

ENCHEVÊTRURE, f. mal que se fait un cheval en s'enchevêtrant dans son licou. V. Embarrer, Cheminée.

ENCHIFRENEMENT, m. embarras dans le nez, causé par un rhume de cerveau; il est enchifrené, *il s'est enchifrené cette nuit à un vent coulis.*

ENCLAVE, f. terre avancée, enclavée dans une autre; on dit aussi un *enclavement;* enclaver une pièce de terre dans son parc, l'y enclore, l'y enfermer.

ENCOIGNURE, f. : on prononce *encognure*, angle rentrant entre deux murs; *faire une armoire dans une encoignure.*

EMCOMBRER, v. a. une rue, l'embarrasser par des *gravois.* V. Déblai.

ENCORNÉ, ÉE, adj. cornu, qui a des cornes. Un bélier bien encorné. V. Dagorne.

ENFANT, m. au berceau. On appelle une *layette* tous les linges d'un enfant; le *chrémeau* est une petite coiffe de fin linge pour l'enfant, quand on fait l'onction du baptême; la *tavaïole* est la couverture du berceau, quand on porte l'enfant baptiser. Les linges qui enveloppent le derrière de l'enfant, s'appellent les *braies,* f. Les autres qui ont rapport au maillot, sont les *drapeaux,* ou *langes,* m. ou *couches,* f. et les *bandelettes;* la *tétière* est la petite coiffe de toile, et le *béguin* se met dessus et se lace sous le menton avec une *bride;* le *bourrelet,* V. Bourrelet, se met sur le *béguin;* le *toquet* est une sorte de béguin; la *bavette* se place sous le menton; les *brassières* sont une espèce de camisole pour la nuit; les *lisières* sont des bandes derrière les épaules pour soutenir l'enfant : la *jaquette* est une sorte de robe que portent les petits garçons, avant de prendre la culotte ; la *remueuse* remue l'enfant, c'est-à-dire, elle le nettoye, l'*ebrène*, lui ôte les ordures ou bran, change les langes *breneux*, lui change ses *braies*, Une *bonne* est la gouvernante d'un enfant.

Dans le berceau sont la *paillasse*, dont la toile s'appelle aussi paillasse, le *matélas*, l'*oreiller* enveloppé dans une *taie*. V. Lit. La couverture du berceau, la couverture de l'archet ou *arceau*, etc.

La *roulette* est un petit chariot pour apprendre l'enfant à marcher. Le *buberon*, l'académie dit le *biberon*, vase qui a un goulot par où l'on donne à boire à l'enfant qui tette encore. Un *hochet* est un jouet d'enfant, fait de corail ou d'ivoire, et garni de grelots.

ENFONÇURE, f. d'un tonneau, d'un lit, toutes les pièces, qui forment le fond ; l'*enfonçure* de cette futaille ne vaut rien. V. Douvain.

ENGOUFFRER, v. a. : l'eau s'engouffre dans un trou, dans un *fontis*. V. Fontis, Puisard.

ENGRAIS, m. fumier pour engraisser, et de bons pâturages pour mettre des bœufs à l'engrais.

ENGRENER, v. a. son blé, le mettre dans la *trémie* du moulin ; on dit aussi qu'une roue *engrène* dans le pignon d'une autre roue. *Engrener* un cheval, le nourrir de grains.

S'ENGRUMELER, v. pron. se mettre en grumeaux, comme le lait, le sang. V. Coaguler. On dit aussi, le lait se *grumelle*.

ENJAVELER, v. a. mettre les javelles en gerbes. V. Moissonneur.

ENSACHER, v. a. mettre dans un sac. V. Sac.

ENTABLEMENT, m. dernier rang de pierre sur lequel porte le toit, ce qui forme une saillie. V. Avant-Toit.

ENTER, v. a. greffer. V. Sauvageon.

ENTORSE, f. ou *détorse* : se donner une entorse au pied ; en parlant d'un cheval, on dit aussi une *mémar-chure*. Se détordre un bras, un pied, se faire une détorse.

ENTRAVES, f. pl. *entraver*, *désentraver* un cheval, lui mettre ou lui ôter les entraves, et non pas *empâtures* ; les entraves se mettent au canon de la jambe ; l'*entravon* est la partie de l'entrave qui entoure la jambe. V. Bridon.

ENTRELAS, m. branche pliante pour entrelacer ou enlacer les pieux d'une palissade.

ENTRETOISE, f. traverse, barre pour joindre deux pièces ensemble sans quelles se touchent ; on dit aussi un épart.

ÉPANDRE, v. a. jeter çà et là : *épandre les taupinières*, le *fumier*, etc. On dit aussi quelquefois répandre dans le même sens, mais moins proprement.

ÉPAVE, adj. et subs. f. , bien ou bête épave, qui sont égarés ; les *épaves vont au seigneur*.

ÉPEAUTRE, m. V. Blé. Sorte de froment.

ÉPÉE, f. ouvrage du fourbisseur. On y distingue la *lame plate* ou *triangulaire* ; la partie qui entre dans la *poignée* s'appelle la *soie*. V. Couteau. Le bout de la soie se rive sur le *pommeau* au bout de la poignée. La *garde* de l'épée, il y en a de plusieurs façons ; celle dont les branches couvrent toute la main, s'appelle *gardes à pas d'âne* ; le fourreau est garni au petit bout d'un morceau de métal, appelé une *bouterolle*, ou bout de fourreau, ou bout d'épée, et le dessus près de la garde est garni d'une *chape*. La plaque est la partie de la garde que la lame traverse, et qui couvre la main en-devant. Le *faux-fourreau* est une gaine de peau pour garantir le fourreau.

On nomme par plaisanterie une épée, une *rapière*, une *brette*, une *flamberge*, une *dague* ; et une longue épée, une *épée à giboyer*. *Glaive* signifie une épée, un *coutelas* ; il se prend communément au figuré, pour dire le pouvoir du souverain.

Les autres armes qui ont du rapport avec l'épée sont l'*espadon* qu'on tient des deux mains, le *sabre*, le *coutelas*, le *damas* ou sabre de damas, le *poignard*, le *couteau de chasse*, le *cimeterre*, le *stylet*. Les armes à long manche, qu'on appelle des *armes d'hast*, sont la *halebarde*, la *pique*, l'*épieu*, l'*esponton* qu'on appelle aussi le *sponton*, qui est une espèce de demi-pique ; la *lance*, etc. Le manche des armes d'hast s'appelle la *hampe*. Toutes ces armes à lames s'appellent encore des *armes blanches*, par opposition aux armes à feu. Celles qui ont du rapport avec l'épée sont encore : la *baïonnette* qui a une *douille* pour se mettre au bout du fusil, la *pertuisane*, la *pique*, le *fleuret* qui a un *bouton* au bout, pour apprendre à faire des armes. *Enferrer* quelqu'un, le percer avec une épée, une halebarde, etc. V. ESTOC, ARME.

ÉPERON, m. On y voit les *branches* ou le *collier* de l'éperon, qui embrassent le soulier ; la *molette*, petite roue piquante ; l'éperon s'attache à la botte sur le *porte-éperon*. V. BOTTE, SELLE. Un *éperonnier* est un faiseur d'éperons, de mors, d'étriers, etc.

ÉPERON , m. ou ergot , sorte de corne au-derrière de la jambe de certains animaux , comme le cheval , le coq , etc. On appelle encore *éperon* un massif de pierre pointu devant le pilier d'un pont de pierre , pour briser le cours de l'eau. V. Pont.

ÉPI , m. la *barbe* de l'épi ; *ébarber un épi* ; du blé *monté en épi* , qui commence à épier.

ÉPIERRER , v. a. les champs , en enlever les pierres. V. Laboureur.

ÉPLUCHER , v. a. ôter les ordures du blé , de la laine. V. Trier, Carde. *Épluchure,* ordure de choses épluchées.

ÉPONGER , v. a. nettoyer avec l'éponge.

ÉQUARRIR , v. a. le bois , et non pas *équarrer* ; bois d'équarrissage. V. Charpentier.

ÉQUITATION , f. l'*u* se prononce ; l'art de monter à cheval. Celui qui apprend ses exercices au manège pour monter à cheval , s'appelle un *académiste* ; et celui qui enseigne , un *écuyer*. Le *sous-écuyer* se nomme un *créat*.

ERGOT , m. V. Éperon. C'est aussi l'extrémité d'une branche sèche tenant à l'arbre. V. Écot.

ESCALIER , m. ; il est composé de *marches* ou *degrés* ; les deux *montants* qui portent les degrés de bois s'appellent les *limons* ; la *rampe* est la montée jusqu'au *palier* ou repos , où l'on se repose. Quand l'escalier au-devant d'une maison n'a qu'une rampe et un palier , il s'appelle un *perron* ; et quand on y monte par deux rampes , c'est un *perron double*. Le *balcon* est une saillie garnie de *balustrade* au premier ou au second étage , devant une maison où l'on va de plein pied depuis un appartement. L'escalier est garni d'une balustrade appelée aussi un *garde-fou*, un *appui*, la *barre d'appui*; on dit aussi une *rampe*. Le mur incliné qui porte la rampe de l'escalier s'appelle un *échiffre*. Sous l'échiffre il y a souvent un vide qui sert de bûcher, appelé un *taudis*. Le *patin* d'un escalier est une forte planche ou une pierre qui lui sert de base, et forme souvent le premier degré; le *trapan* est le haut de l'escalier où finit la charpente. Il y a des escaliers à vis ou tournants qui tournent autour d'un noyeau; on les appelle aussi escaliers à *limaçon*, en *caracol*, en *hélice*. Le *giron* est la largeur du degré; les degrés les plus commodes ont quatorze pouces de giron. Les murs ou cloisons qui entourent un escalier s'appellent la *cage*. Un escalier dégagé, ou de dégagement, ou *escalier dérobé*, est un petit escalier pour sortir secrètement. V. Trappe, Brise-Cou.

ESCARPÉ, ÉE, adj. rocher escarpé, à pic, perpendiculaire et sans talus, comme un mur.

ESCOPETTERIE, f. salve, décharge d'escopettes, de fusils, etc. Une *escopette* est une ancienne carabine qu'on portait en bandoulière. V. Fusil.

ESTACADE, f. sorte de digue faite de pieux plantés dans une rivière. V. Chaussée.

ESTRADE, f. planches assemblées dans une partie de la chambre, plus élevée que le plancher. Ce lit, cette alcove est placé sur une *estrade*

ÉTABLAGE, m. ce qu'on paie pour attacher une bête dans une écurie; *payer tant pour l'établage* ou pour *l'attache*. V. Débridée.

ÉTABLI, m. espèce de grosse table à l'usage des menuisiers, serruriers, arquebusiers, horlogers, etc., pour poser leurs outils et leurs ouvrages.

ÉTAIE, f. un *étançon*, un *appui*, un *support*, un *soutien* pour étayer, étançonner et appuyer quelque chose. V. Etrésillon. Le *pointal* est une étaie qui se met perpendiculairement sous une poutre ou autre charge pour la soutenir.

ÉTALON, m. V. Cheval. C'est aussi le modèle, le prototype des poids et mesures, pour servir de règle aux autres ; *faire étalonner une mesure*, la porter à l'étalonneur, pour connaître si elle est conforme à l'étalon.

ÉTANG, m. ; l'*écrille* d'un étang est une sorte de claie ou de grille qu'on met à la décharge de l'étang pour empêcher le poisson de sortir. Cette écrille s'appelle aussi un *égrilloir*. V. Moulin. Le *déchargeoir* est une sorte de déversoir par où se décharge l'eau superflue d'un étang. V. Bonde.

ÉTOFFE, f. Un *lé* ou une *laize* est la largeur de l'étoffe entre les deux lisières. *Il faut tant de lés de drap pour faire une veste ; un demi-lé suffit pour faire une poche.*

De la *tiretaine* et de la *breluche*, est une étoffe de laine et de fil, du *droguet. Calandrer, lisser* une étoffe, c'est la polir, la lustrer. La *catir*, c'est lui donner un certain apprêt, en la serrant après qu'on l'a arrosée avec du *cati*, ou eau gommée.

ÊTRÉSILLON, m. sorte d'étançon destiné à soutenir un mur quand on en a démoli un autre qui lui est contigu, pour l'appuyer pendant qu'on bâtit. On le pose sur une planche épaisse, appelée une *semelle*. *Étrésillonner un pan de mur*. V. ETAIE.

ÉTRILLE, f. elle est composée du *coffre* avec ses deux *rebords*, de *lames* dentelées (celle qui n'est pas dentelée s'appelle le couteau de chaleur. V. ÉCURIE); de la soie qui entre dans le manche, garni d'une virole.

EXCRÉMENT, m. pour l'homme, enfant, on dit du *bran*, des *matières fécales*, ou *matières excrémentitielles*, ou *excrémentielles*, ou *excrémenteuses*, ou simplement les *matières*, les *selles*. *Fiente* est pour les animaux. *Crotin* de cheval, de mouton, *bouse* de vache, *crotte* de brebis, de chèvre, de lièvre, de rat, etc. *Chiasse* ou *chiure* de mouche. Pour les loups et autres animaux sauvages, on dit des *laissées*, des *lesses*, des *fumées* f., des *repaires* m. des *plateaux*, lorsque ce sont des fumées plates et rondes.

FAÇADE, f. la face, le frontispice, le front d'un bâtiment.

FAGOT, m. l'*âme* d'un fagot, c'est le menu bois. *Fagot*, paquet de hardes, d'herbes, etc. *Conter des fagots*, des sornettes, des fadaises. V. BOURRÉE, BILLEVESÉE, BAIE.

FAISANCES, f. p. tout ce qu'un fermier s'oblige de faire outre le prix du bail. V. FERMAGE.

FAISANDEAU, m. petit d'une poule faisane, coq faisan, faisan mâle.

FANAGE, m. fanaison. V. FAUCHEUR.

FARINE, f. la plus fine s'appelle la *fleur* de farine, et c'est celle qui a passé par le *fin bluteau*; celle qui a passé par un bluteau moins fin est la farine *blanche*, ou farine

d'après la fleur ; la *fromentée* est une farine de froment
dont on fait de la bouillie et d'autres mets. Le *son* est la
grosse farine qui échappe par le bout du bluteau ou blutoir;
ce son remoulu produit la *recoupe*, et la recoupe remoulue
produit la *recoupette ;* le son, les recoupes et recoupettes
s'appellent des *issues* de blé. Il y a des auteurs qui donnent
encore le nom de *griot* aux recoupes. Du *bran de son* est
la plus grossière partie du son. Le *gruau* n'est que de l'orge
mondée et écrasée grossièrement sous la meule dans la pile
d'une foulerie : mais le gruau d'avoine se fait entre les
meules du moulin, en haussant la meule supérieure pour
ne pas mettre le grain en farine ; et l'un et l'autre gruau
écrasé est passé par le *van à soufflet.* V. Van. La *farine
folle* est la poussière qui s'attache au moulin. V. Moulin,
Vendange.

FARINIER, m. marchand de farine ; *farinière*, lieu
où l'on serre la farine. V. Four.

FAUCHEUR, m. On remarque dans la faulx l'*aréte*
qui règne le long du bord opposé au tranchant ; le *couard*
est la partie recourbée par où elle s'emmanche ; le *mamelon*
du couard ou *talon* entre dans le bout du manche, et le
tout est affermi par une *virole* ou *frette* de fer avec des
coins qui arrêtent la faulx avec le manche. Le manche de
la faulx a ordinairement deux poignées, qu'on appelle aussi
des mains. V. Virole. Les faucheurs appellent le manche
de la faulx, un *fauché.*

Quand la *fauchaison* ou saison de faucher est venue, le
faucheur *bat la faulx* sur une *enclume à téte* ou *à panne,*
avec un marteau acéré, aussi bien que l'enclume. Les uns
battent sur l'enclume à tête avec la *panne du marteau,* et

les autres battent avec la tête du marteau sur l'enclume à panne.

Les outils du faucheur sont encore le *fusil* d'acier pour redresser le tranchant de la faulx, et la *boîte* qui contient la *queux à faulx*, qu'on appelle aussi la *pierre à faulx*; le fusil est accroché au bord de cette boîte faite en forme de carquois à mettre des flèches. J'ai eu occasion de m'informer de plusieurs faucheurs de différentes provinces, qui tous donnent à cette boîte le nom de *queuïer* m. avec quelque différence de prononciation, suivant les différents dialectes, parce que queux à faulx, tirée de *cos* en latin, est le vrai nom français de la pierre à faulx; l'académie écrit *queue à faulx*. Je souhaite que le nom de *queuïer*, dont l'étymologie est si sensible, entre dans notre langue.

Le chemin que fait le faucheur à chaque pas qu'il fait, s'appelle l'*andain*, m. et le foin coupé, le foin de l'andain. La *fauche* est l'action de faucher; et le *fauchage*, le fait et la peine de faucher. On dit *la fauche est difficile dans ce pré; on donne tant pour le fauchage*; une *fauchée* est ce que le faucheur peut couper d'un jour; après la *coupe des foins*, après qu'on les a coupés.

Quand le foin ou l'herbe est coupée, on l'*épand* par *lit* sur le pré avec la *fourche; faner le foin*, c'est le *tourner*, le *retourner*, le *râteler*, et faire toutes les opérations pour le *sécher* ou *faner*; la *fanaison* ou *fenaison* est la saison de faner le foin; les *faneurs* et *faneuses* se servent de la fourche, du râteau et du *fauchet*, sorte de râteau; le fauchet est aussi une petite faulx pour couper l'herbe pour les bestiaux; la fourche à trois *fourchons* ordinairement affermis par une traverse, pour les unir avec le manche; celle avec laquelle on charge les gerbes, s'appelle la *fouine*, ou la *fourche fière*; elle est ordinairement de fer, et n'a souvent que deux fourchons; le râteau a un *manche* ou une *queue* qui s'insère dans le *joug* garni de dents, et affermi avec le manche par des *archets* de bois. On dit une *fourchée de foin; donner tant pour le fanage*; c'est-à-dire, pour le faire sécher.

Les *râteleurs* ou *râteleuses* râtelent le foin après la fourche, avec le râteau ; une *râtelée de foin* est ce qu'on râtele d'une fois; pour faner le foin, l'on met le soir les lits en rouleaux, et plus souvent en petits tas appelés des *veillotes*, f. ce qui s'appelle *enveilloter le foin* ; et le lendemain on le *déveillote* pour l'épandre de nouveau en lit sur le pré ; quand il est sec , on le met en gros tas appelés des *meules* f. , ou quelquefois au lieu de le *mettre en meule*, ce qui s'appelle *ameulonner*, *emmeuler* ou en faire l'*emmeulage*, on le *met en chaîne*; quelques auteurs appellent encore les meules des *meulons* ; et ensuite on le charge sur le *chariot*. V. Chariot a échelles. On *engrange* le foin dans la grange pour le serrer au *fenil*. V. Grange, Moissonneur. Le *regain* se fane de même que le foin.

FAUCONNERIE, f. art de dresser et de gouverner les oiseaux de proie destinés à la chasse. V. Chasse. *Apoltrouir l'oiseau*, lui couper les ongles des pouces. *Appeau*, instrument avec lequel on contrefait les oiseaux pour les attirer; oiseaux qu'on élève dans des cages pour chasser aux oiseaux de même espèce : on dit plus communément *appelant*; et quand aux femelles de perdrix dont on se sert à cet usage, on les appelle ordinairement *chanterelles*.

FAUFILER , **v.** a. *bâtir*, *baguer* un habit, c'est en arrêter les différents morceaux à grands points , avant que de le coudre. Le *bâti* est le gros fil avec quoi on faufile ou l'on bâtit un habit.

FENÊTRE , f. signifie proprement l'ouverture ou baie d'un bâtiment , qu'on doit fermer avec des vitres ; cependant fenêtre se prend ordinairemennt pour les deux. On remarque dans la fenêtre le *châssis*, V. Chassis. La fenêtre se pend avec des fiches. V. Penture. On la ferme avec une *targette* que quelques auteurs un peu vieux appellent encore *tergette*, qui est une espèce de petit verrou retenu dans deux *cramponnets*, et qui glisse sur une *platine* de fer ; le bout du verrou de la targette entre dans une *gâche* plantée dans le châssis dormant, et la fenêtre est fermée.

On la ferme encore tout simplement avec un *tourniquet* qui est un petit morceau de fer ou de bois, tournant sur un clou , qui s'abat sur le châssis dormant par un demi-tour pour fermer la fenêtre. D'autres fenêtres ou vitres plus élevées ont une autre fermeture appelée une *espagnolette*; c'est une barre ou tringle de fer ronde, crochue à chaque bout , et aussi longue que le châssis battant , sur lequel elle est arrêtée; au milieu de la tringle est une *main* ou *poignée* avec un bouton qui, en faisant faire un demi-tour à la tringle, fait entrer les deux crochets du haut et du bas dans une gâche ; la main mobile s'abat dans un *mentonnet* ou crochet planté au milieu du montant du châssis , et la fenêtre est fermée.

On la ferme encore avec un *loquet* ou *loqueteau*. V. Loquet. Au bas du châssis en dehors est une pièce de bois mise en saillie , pour empêcher que l'eau n'entre dans la chambre ; on l'appelle un *larmier* ; et le larmier qu'on met au bas des portes pour le même usage, s'appelle aussi un *reverseau*. V. CALFEUTRER.

La fenêtre à coulisse ou simplement une *coulisse* est celle qui se glisse horizontalement ; souvent ce n'est qu'un panneau. Celle qui se hausse en coulisse est retenue haussée par le *birloir*, ou par un *tourniquet*. V. PORTE. Pour affermir les vitres en plomb, on met à travers les panneaux des verges de fer retenues par des attaches de fil de fer. V. VITRIER.

Les fenêtres un peu grandes sont appelées communément des *croisées*, et les grandes croisées des églises avec des croisillons de pierre ou de bois s'appellent des *vitraux*, et au singulier un *vitrail*. La *rose* est une fenêtre ronde par compartiments en forme de rose, qu'on voit dans certaines églises. La fenêtre de cave, qui reçoit le jour d'en-haut, s'appelle un *abat-jour* ; celles dans les toits pour éclairer les galetas, se nomment des *lucarnes*, f. Le *soupirail* est une petite ouverture pour donner de l'air ; les fenêtres rondes ou un peu ovales sont des *œils-de-bœufs* ; les fenêtres ébrasées qu'on pratique aux cuisines et aux caves sont des *larmiers* ; celles qui sont plus larges que hautes, pour éclairer un entre-sol, ou chambre basse, peu élevée, s'appellent des *mézanines*, f. ou fenêtres mézanines. Un trou ordinairement carré, garni d'un treillis de fer, au milieu d'une porte fermée pour donner du jour, s'appelle un *tympan*. Toutes les fenêtres ou vitres d'un bâtiment s'appellent le *fenétrage* ou le *vitrage*. *Jour* ou *jours* signifie aussi fenêtre. Le fenétrage est encore l'ordre, la disposition des fenêtres.

Dans la fenêtre prise pour l'ouverture qu'on appelle sans équivoque la *baie*, on voit la *tablette*, ou *tablette d'appui*, qui est la pièce du bas sur laquelle posent les deux jambages, qu'on appelle *pieds-droits* quand ils sont épais comme le mur, et qu'ils comprennent les tableaux, l'écoinson, l'*embrasure*, et encore le *chambranle* et la *feuillure*. Les tableaux, ce sont, comme dans une porte, les deux côtés des pieds-droits qui sont larges comme la tablette, et font face l'un contre l'autre ; l'*écoinson* est cette encoignure ou espèce de feuillure, contre laquelle est arrêté le châssis dormant ; l'*embrasure* est cette joue ou partie en dedans plus large que les tableaux ; *ébraser une fenêtre, une porte*, c'est l'élargir à l'embrasure. V. Chambranle. Quoique le chambranle s'applique contre les jambages, quelquefois il en fait partie. Le *linteau* est la pièce de bois ou de pierre qui fait la fermeture du dessus, et qui est posée sur les jambages ; ce linteau, appelé aussi une *plate-bande* quand il est un peu cintré, s'appelle encore un *sourcil*, un *arceau*; et quand c'est une voûte d'une fenêtre ou d'une porte d'entrée, on dit une *voussure* ; et *l'arrière-voussure* est ce cintre derrière les jambages sur l'embrasure ; on y met souvent une tablette de bois, sur laquelle on peut mettre quelque chose au-dessus de la fenêtre ou de la porte, qu'on appelle la *tablette de l'arrière-voussure*.

La pièce de pierre ou de bois qui sépare une large croisée en deux ou trois fenêtres, s'appelle un *montant* ou un *meneau* ; et quand ce meneau de séparation s'ouvre avec le châssis, on dit un *faux meneau*. Quand le linteau est posé sur des piliers d'une porte cochère ou d'une boutique, on le nomme un *poitrail* ; quand il est orné et élevé en triangle , on dit un *fronton* ; et le tympan est l'espace compris entre les trois corniches du fronton, qui forme un triangle ; on y met souvent des ornements. La pierre en forme de coin , souvent ornée, qui ferme le cintre d'une fenêtre ou d'une porte, dans le plus haut du cintre , s'appelle un *claveau.*

Quand l'appui de la fenêtre en dedans , entre les embrasures , est diminué de l'épaisseur des embrasures , on l'appelle un *appui-allégé* ou une *allége* ; il y a de la place dans l'allége pour placer une ou deux chaises. La *jouée* est l'épaisseur du mur dans la baie ; et quand le mur est épais , on dit : *cette fenêtre a beaucoup de jouée* ; une pierre assez grosse pour faire parement des deux côtés du mur , tant au-dedans qu'au-dehors , s'appelle un *parpaing*, et l'on dit : *cette pierre fait parpaing dans la fenêtre.* Quand l'appui n'est pas allégé , ou qu'il n'y a point d'allége , il y a une tablette ordinairement de bois entre les deux embrasures , qu'on appelle la *tablette de l'embrasure* , ou simplement la *tablette de la fenêtre.* V. Maçon.

Dans l'allége de la fenêtre, c'est-à-dire dans l'embrasure, on ménage quelquefois deux petits siéges en pierre qui tiennent au mur ; on les appellent des *banquettes.* Un *abattant* est un volet ou châssis qui se hausse ou s'abaisse par le moyen d'une corde sur une poulie , au haut d'une fenêtre de boutique.

L'entre-deux des croisées ou fenêtres au-dedans de la chambre se nomme le *trumeau* ; et la glace qu'on y met , porte aussi le nom de trumeau ou *glace de trumeau.* V. Parquet. *Griller une fenêtre* , c'est y mettre une grille. V. Grille, Treillage.

Le treillis devant une fenêtre, dont les mailles sont petites et souvent en lozange, pour voir sans être vu, s'appelle une *jalousie*; et quand il avance un peu en rond, on dit une *cage*. On met des jalousies à des tribunes dans des lanternes d'église, où l'on voit sans être vu, dans les confessionnaux, etc. Les *stores*, m. sont des rideaux de toile, qui se replient sur un rouleau dans le haut, et se baissent par un ressort spiral, pour se garantir du soleil. Les *rideaux* devant les fenêtres en dedans, suspendus à une tringle, V. LIT, étant tirés, s'accrochent à des demi-cercles de fer scellés dans le mur, qu'on appelle des *croissants*. Une maison *bien percée* est celle où il y a de belles croisées, placées avec symétrie.

On ferme les fenêtres en dehors avec des contrevents appelés aussi *paravents*. V. PARAVENT. Les *volets* ou *ventaux* ferment les fenêtres en dedans ; il y a des volets brisés qui se replient sur l'embrasure ; quand les contrevents sont faits avec de petites lattes en façon de ratelier, on les appelle des *persiennes* V. CALFEUTRER, MUR. Fenêtre en *abat-jour*, dont l'appui est en talus, afin que le jour qui vient d'en-haut se communique plus facilement dans le lieu où elle est pratiquée.

FER de cheval. V. MARÉCHAL.

FER *rouverain*, plein de gerçures, et cassant quand on le rougit ; fer *acerain*, qui participe de l'acier. V. FORGERON.

FERMAGE, m. le prix d'une ferme ; payer le fermage, le bail, l'amodiation. V. FAISANCE.

FERME, f. une maison à la campagne avec les terres

en dépendantes. V. Grange, Cens, Fermage, Métairie, Charpente.

FERMETURE, f. tout ce qui sert à fermer une porte, une fenètre, etc. V. Serrure, Verrou, Loquet, Heures, Fenêtre, Bacler, Barrière.

FERREMENT, m. outils de fer. Les *ferrements d'un maréchal, d'un chirurgien*, sont leurs outils de fer.

FERRIÈRE, f. sac de cuir, coffret rempli de clous, de tenailles, etc. qu'on porte dans un voyage pour remédier aux accidents arrivés aux voitures, aux pieds des chevaux.

FERRONNERIE, f. lieu où l'on fabrique, où l'on vend toutes sortes de gros fers.

FERRONNIER, IÈRE, adj. celui ou celle qui vend du gros fer, acheter des chenets chez le ferronnier.

FERRURE, f. La ferrure, et non pas le *ferrement*, V. Ferrement, c'est la garniture de fer; *la ferrure d'une roue, d'une porte, d'une armoire*; c'est aussi l'action de ferrer : payer la *ferrure du cheval.*

FEUILLAGE, m. en peinture et en sculpture, un *rinceau.*

FEUILLÉE, f. un couvert fait de branchages verds, de branches qu'on a coupées; *danser sous la feuillée.* V. Effeuiller.

FEURRE, m. on disait autrefois du *foarre*, du *foerre*; paille de toutes sortes de blé. *Une gerbe de feurre.*

FICHOIR, m. petit bois fendu pour tenir des images à une corde, quand on les étale ou qu'on les expose en vente.

FILANDRE, f. *freluche* f. certains filaments ou fils blancs qui volent en l'air un beau jour d'automne. V. Freluche. Les filandres s'appellent encore des *écumes printanières.*

FILANDREUX, SE, adj. filamenteux, qui est rempli de filaments. *Viande filandreuse.*

FILET. V. Pêcheur, Oiseau, Pantière.

FILEUSE, f. on dit aussi filandière ; et quoique l'on dise fileur, on ne dit pas *filandier.* Ses instruments ordinaires sont la *quenouille*, le *rouet*, le *dévidoir* et la *tournette* ; on donne aussi le nom de quenouille à la filasse ou à la laine qui *entoure* la quenouille ; on dit *coiffer, monter, charger* une quenouille avec une *poupée* de chanvre ou de lin.

Le *rouet*, et non pas la *filotte* ni *filette.* Il y en a de plusieurs façons : le commun est composé de deux *montants* qui sont plantés dans le pied, qui est un châssis composé de deux *semelles* affermies par deux *entretoises* ou *traverses* ; la *roue* , V. Roue, a une rainure ou *canelure* autour de la circonférence, pour y recevoir la corde ; un bout de l'*axe* ou *arbre de la roue* s'emboîte dans un montant par un pivot, et l'autre bout à une *manivelle* (et non pas *signole*), que la fileuse tourne avec le pied posé sur la *marche* qui tient à la manivelle par le bâton de la marche.

La corde de la roue fait tourner la *bobine* ; la *broche* entre dans la bobine, et cette broche garnie de deux *ailes* armées de leurs *dents*, s'appelle l'*épinglier* ; le fil passant entre les dents de l'épinglier, est conduit sur la bobine, et y forme des *filons* ; deux chevilles appelées *bras*, plan tées dans une traverse qui monte et descend en coulisse dans les montants au moyen d'une vis pour supporter l'é-pinglier, forment ce qu'on appelle la *tête du rouet*.

L'épinglier avec la bobine tournent dans deux entailles au bout des bras, et la broche est retenue dans des tresses de paille, ou quelque chose qui en tient lieu; ces tresses s'appellent des *fraseaux*. Deux chevilles en vis, façonnées autour et dressées, qui tiennent la broche dans les fraseaux entre deux *mâchoirs*, s'appellent les *marionnettes*. Le fil qui remplit la bobine, porte le nom de *fusée*, f.; et quand une fusée est *mêlée* ou *brouillée*, on a bien de la peine à la *démêler* et à la *dévider*. Quand on file au *fuseau*, qu'on tourne avec les doigts comme une *pirouette*, il ne faut qu'une quenouille sans rouet; cette quenouille s'ajuste par le milieu au-dessus du sein, avec une attache appelée une *chambrière*, et le bout d'en bas de la quenouille est arrêté dans la *ceinture du tablier*. Le *mouilloir* est un petit vase attaché au rouet pour mouiller les doigts de la fileuse.

Le *dévidoir* est la machine pour mettre le fil en *écheveau*, et la *tournette* est le dévidoir pour mettre l'écheveau en peloton, ou le *pelotonner*, ou pour le mettre en *bobine*; le *tourniquet* est une tournette faite de plusieurs tringles de bois, qui forment un dévidoir en forme de cloche; le *guindre* est une petite tournette de roseau d'environ quinze pouces de diamètre, et dix de hauteur, sur laquelle on met un écheveau de soie pour le dévider en peloton; le dévidoir à mettre le fil en écheveau, se nomme encore un *travouil*, et la tournette un *ficellier*; les marchands ont un ficellier semblable à la tournette de la fileuse, pour *dévider* et *envider* de la ficelle, c'est-à-dire la mettre sur le ficellier, ou l'en ôter en le tournant. La *travouillette* est une petite broche qui passe à travers la bobine, lorsqu'on *travouille* ou *dévide* le fil. La *centaine* ou *sentaine* est le fil qui lie l'écheveau, par où on commence à dévider ; l'*entrelas* sépare chaque centaine de fils d'un écheveau.

Bobiner, c'est dévider le fil sur la bobine. On dit de la belle *filure*, donner tant pour le *filage* ; *filerie*, lieu où l'on file, V. Chanvre, Tisserand, Toile. La personne qui *bobine* ou qui *retord* le fil, tient en sa main un morceau d'étoffe, pour ne se pas couper les doigts et lisser le fil ; on l'appelle un *lissoir* ; les cordiers l'appellent une *paumelle*.

FINAGE, m. territoire autour d'un village, d'une ville. V. Laboureur.

FLAGEOLET, m. Le flageolet, ainsi que la flûte à bec et plusieurs autres sifflets, a un bouchon taillé en biseau ; le vent y entre par la *lumière*, et fait siffler en sortant par le trou carré, appelé la *bouche* ; le *bec* est la partie par où on l'embouche, et la *languette* la partie mince contre laquelle frappe le vent qui fait siffler.

FLAMBEAU, m. V. Torche, Chandelier.

FLÈCHE, f. de lard. V. Lard. *Empenner* une flèche (on prononce les deux *n*), garnir une flèche de plumes, ou de plumasseaux, qui sont des bouts de plume, ou *pennes*. V. Plume.

FLEUR, f. V. Herbe, Bouquetier.

FLEURAISON, f. la saison des fleurs et leur formation.

FLEURER, v. n. sentir. *Cela fleure bon*, sent bon.

FOIN, m. V. Faucheur, Herbe. Le vert est l'herbe qu'on

fait manger verte aux chevaux au printemps. *Affouragement*, action de donner du fourage au bétail; l'*affourager*. La graine de foin restée au fond du tas s'appelle communément de la poussière de grange.

FONDRIÈRE, f. creux fait par les eaux. *La cavalerie n'a pu passer à cause des fondrières qu'il faudrait combler*; c'est aussi une terre où l'on enfonce, où l'on s'embourbe, d'où l'on a de la peine à se tirer, un terrain marécageux.

FONTAINE, f. V. Eau, Tuyeau, Cave, Cuisine. *Fontainier*, ou *fontenier*, qui a soin d'entretenir la fontaine.

FONTIS, m. ou *fondis*, ou *cloche*, creux qui se fait par l'enfoncement des terres; c'est une espèce d'abime, de gouffre. V. Puisard, Engouffrer.

FORCES, f. pl. espèce de grands ciseaux qui se rouvrent d'eux-mêmes pour tondre les moutons.

FORESTIER, m. garde de forêts; c'est ainsi que prononce l'académie, et plusieurs autres.

FORÊT, f. V. Clairière, Bois, Arbre, Layer, Baliveau. Un marchand de bois qui achète une forêt, s'appelle un *ventier*.

FORGE, f. La garniture de fer au bout du manche qu'accrochent les cammes, s'appellent la *brée*, ou l'*abras*, et le gros manche du martinet se nomme le *drome*. Le *cure-feu* est une espèce de pelle de fer pour ôter le *mâchefer* de la fournaise. Un *emboutissoir* est une espèce de tas creux ou rond, pour emboutir une pièce plate, c'est-à-dire pour la rendre creuse ou bossue en la frappant avec un marteau. Il y a une espèce de foret appelé un *drille* ou *tripan*, qui perce le fer en tournant perpendiculairement comme une toupie, au moyen d'une canière qui s'entortille et se détortille autour de la jambe pour le faire tourner.

FORGERON, m. On voit ordinairement dans une forge un soufflet double V. Soufflet, que le chauffeur fait jouer avec une *branloire*, comme la *brimbale* d'une pompe, qu'on arrête en poussant un petit verrou dans une des dents de la crémaillère ; le *bec* ou *tuyau* du soufflet entre dans la *tuyère* de la fournaise ; un *goupillon* de paille pour arroser la braise; un *tisonnier* pour la ramasser ; une *auge* ou un *pot* sur la tablette pour y mettre la *soudure*, V. Souder ; une *enclume* affermie sur un billot, sur lequel est plantée une *bigorne* ou *bigorneau*, petite bigorne qui a un bec rond et un *carré* ; un trou carré sur l'enclume pour y mettre un *tranchet* pour couper le fer , ou un *tas*, ou un *tasseau* qui est un petit tas , c'est-à-dire une enclume sans talon ni bigorne ; on met aussi des tas ou tasseaux dans un *étau*, pour battre différentes pièces; il y en a de creux, de ronds, etc. Les *martinets* frappent sur des tas qui posent sur des *stocs*, m. L'*arbre* de la roue est hérissé de chevilles carrées, appelées des *levées*, f. qui accrochent les *manches* ou *cammes* des martinets pour les lever et les faire jouer. V. Écrouir. Des *ciseaux à chaud*, des *ciseaux à froid*; ceux qu'on appelle *tranche*, sont emmanchés par la tête dans un bâton fendu, qu'on tient par le bout, pour couper le fer sur l'enclume ; une *étampe* qui est une sorte de poinçon pour percer le fer de cheval. V. Maréchal. Le *mandrin* est une espèce de tarrière pour agrandir les trous faits avec le poinçon. Les *marteaux* sont composés de la *tête*, de la *panne* et de l'*œil* pour y recevoir le manche. Il y a des marteaux dont la panne est à *oreille*, c'est-à-dire fendue, pour tirer des clous. Le *mâchefer*, ce sont des scories qui étincèlent quand on bat le fer rouge, ou qui restent en masse dans la fournaise. Ce mâchefer dans les grosses forges s'appelle de la *forne*. On dit encore de l'*écume*, de la *chiasse* de fer, de la *crasse*, de la *paille*. La cendre du charbon de terre dans une forge, s'appelle du *fraisil*. Le *ferretier* est un marteau à frapper d'une main, et qui n'a ni panne ni oreilles; des *tenailles droites*, qui ont les mâchoires droites; des tenailles *croches* ou *coudées*, qui ont les mâchoires croches ou coudées; les *tricoises* sont les tenailles qui ont les mors tranchants, pour couper des clous qu'on veut river; les tenailles à *coulant*, celles qui ont un coulant ou anneau ovale qui glisse pour les tenir fermées.

Sur la table appelée *l'établi*, ou ailleurs, sont les étaux attachés à l'établi; l'*étau* est composé de deux *mâchoires*, dont l'une est mobile et l'autre fixe, avec une cheville appelée la *clef* pour les serrer; la clef est passée dans la *tête* de la vis, qui entre dans la boîte de l'*écrou*. V. Vis. La *mordache*, ou tenaille de bois, est un bois fendu, pour tenir les pièces dans l'étau, afin que les mâchoires ne les blessent pas. Une *entaille* à limer des *scies* est un bois fendu dans lequel entre la scie dont on veut limer les dents. V. Scie.

On voit encore au *ratelier*, les limes qui sont les *carreaux*, ou limes carrées, pour dégrossir; les *carrelets* ou limes plates; les *carrelettes*, limes fines pour polir; les *rondes*, les *demi-rondes*; les *triangulaires*, appelées aussi des *tiers-points*; les *queues de rat*, petites limes rondes et pointues : les *râpes* pour râper le bois, V. Écouanne ; les *brunissoirs* ou *polis-soirs*, limes sans taille pour polir ; les *cisailles* ou *cisaires*, grands ciseaux arrêtés contre le billot de l'enclume, pour couper le fer plat ; des *tenailles à vis*, ou étaux à mains, pour tenir de petites pièces qu'on lime ; une *filière* pour faire des vis, V. Vis ; une *fraise* pour fraiser le fer, c'est-à-dire, pour agrandir l'entrée d'un trou, ou pour faire un trou rond, comme dans un moule à balle ; un *foret* avec son *archet* et sa boîte, ou *planchette*, ou *palette*, qu'on applique sur l'estomac pour percer le fer ; la *bequette* qui est une petite pincette à mâchoires longues et pointues, pour manier le fil de fer ; des *brucelles*, que quelques-uns appellent *bercelles*, petites pincettes à ressort, faites d'une seule pièce mince et recourbée, propres à manier les petites pièces, ou à avancer la mèche d'une lampe. Quand le forgeron veut ferrer une roue de chariot, il met une *jante* de la roue dans une fosse appelée *l'embatoir* ; et *embattre*, c'est couvrir une roue de ses bandes, et les clouer avec les clous de charette ; V. Écrouir, Maréchal, Vrille.

FORGEUR, m. celui qui forge des épées, des couteaux, des ciseaux, et autres petites choses. V. Forgeron.

FORLONGER, v. n. ; un cerf *forlonge*, quand il a bien de l'avance sur les chiens, et s'éloigne du pays ordinaire. V. Chasseur.

FORME, f. *enformer* un soulier, un chapeau, y mettre la forme. V. Tiercelet, à l'article Oiseau.

FORTIFIER, v. a. Se fortifier, se ramper avec des terres, des chariots contre l'ennemi, se retrancher.

FORTIN, m. petit fort, petite forteresse.

FORTRAITURE , f. fatigue outrée d'un cheval.

FOSSOYER , v. a. un pré , l'enfermer de fossés ; un champ fossoyé , entouré de fossés.

FOUÉE , f. sorte de chasse aux oiseaux , qui se fait de nuit , à la clarté du feu , le long des haies. V. Oiseleur.

FOUET , m. une *escourgée*. On y voit le *manche* ou *verge* du fouet, et la *lanière* ; au bout de la lanière est une petite corde à nœud , appelée du *rouet*.

FOULON , m. ou foulonnier , homme qui a une foulerie ; le fouloir est un instrument propre à fouler. V. Vendange , Chanvre , Farine.

FOUR , m. ; le *fournil* (l'*l* ne se prononce pas) , est le lieu où est le four ; *four* se prend aussi pour fournil , et l'on dit le *fournier* est au four , pour dire il est au fournil. On dit la *gueule* ou la *bouche* du four , l'*âtre* du four ; les *côtés* ou *parois* ou *ceinture* du four ; la *voûte* ou la *chapelle* du four ; le *bouchoir* ou *couvercle* du four ; sur le *cul* du four , c'est sur la voûte du four.

Le boulanger arrange le bois dans le four avec le *fourgon* , ou avec la fourche de fer ; il tire la braise du four avec le *rable* de fer , et quelquefois de bois ; on en fait de plusieurs formes. Il met la braise dans le *brasier* , et les cendres dans le *cendrier* ; il *écouvillonne* le four avec l'écouvillon qu'il lave dans le *lauriot* , sorte de baquet fait pour cet usage. Il puise la farine dans la *farinière* , quelquefois avec une *écope* , V. Barque ; il la *tamise* ou la *sasse* avec un *sas* ou *tamis* de crin. V. Sas, Toile, Farine. Il *pétrit* la pâte dans le *pétrin* , appelé aussi la *huche* , qu'on a appelé autrefois une *mais* ou une *mai* , et qui est ainsi appelé par quelques auteurs modernes. Quand le levain a suffisamment fait *lever* ou *fermenter* la pâte, il forme et tourne le pain dans une *sebile* qui est un vaisseau de bois tout d'une pièce, comme une grande écuelle ; il y a des boulangers qui, au lieu de sebiles, se servent de paniers ronds de paille ou d'osier, qu'on appelle les *paniers du four* ; et pour faire des pains mollets, ils se servent de sebiles plates qu'ils appellent des *plateaux*, et qui sont faits comme certains plateaux de balance. V. PANIER. Il verse le pain sur la *palette* ou *pelâtre* de la pelle, V. PELLE, pour l'*enfourner* ; et pour *défourner* les gâteaux, ou petites pâtisseries, il se sert de la petite pelle appelée le *pelleron*.

Il étend les gâteaux sur les *tablettes* du four avec le *rouleau* ; il *ourle* ou fait les ourlets en pinçant avec les doigts ; il *beurre* avec la cuiller de bois. V. GATEAU. *Fraiser la pâte*, c'est la beaucoup pétrir, la beaucoup manier et retourner sur elle-même. Une *abaisse* est le nom qu'on donne à ce qui forme le fond d'un pâté. Il *racle* le pétrin avec le *racloir* de fer ; il coupe les bandes de pâte pour orner la pâtisserie, avec la *videlle* ou *roulette*. Le *coupe-pâte* est un instrument de fer large et presque carré, avec un manche ; on en fait de plusieurs façons. Le *doroir* est une petite brosse pour dorer certaines pâtisseries. La *gâche* est une sorte de pelle propre à battre la pâte de toute sorte de pâtisserie ; on l'appelle encore une *spatule*.

Pendant que la fournée cuit, le boulanger fait à l'entrée du four sur la *tablette* du devant du four, un feu clair avec des *flambards*, m. ou *allumes*. V. BOULANGER. Le four *banal* ou le four *à ban* est celui où l'on est obligé d'aller cuire.

FOURCHE , f. V. Faucheur. *Fourcher,* se partager en deux ou trois fourchons. Un arbre dont on coupe la tête, *fourche* ; un chemin qui se sépare , *fourche* ; une race ou famille ne fourche pas quand elle n'a qu'une seule branche ; une personne dit un mot pour un autre , *la langue lui fourche.*

FOURMILLER , v. n. V. Grouiller.

FOURNEAU , m. à brûler de la terre. V. Labourer , au mot Écobuer.

FOURRELIER , m. faiseur de fourreaux de pistolets et autres.

FOURRIÈRE , f. ; *mettre en fourrière* une bête prise en dommage , en attendant que le propriétaire paie le dommage ; les messiers ont mis une vache en fourrière.

FRAI, m. diminution du poids de la monnaie par le frottement , par le toucher ; *frayer,* s'user en frottant.

FRAISE, f. espèce de collet frisé ; *fraiser,* plier à la manière d'une manchette ; on dit aussi *godronner* une manchette , y faire des godrons , la friser , la plisser.

FRESSURE , f. ce sont tout ensemble le foie , le cœur, les poumons, la rate d'un animal ; manger de la fressure. V. Issues.

FRETIN , m. V. Poisson. C'est aussi toute chose de rebut. V. Menuaille.

FROMAGER, *fromagère,* celui ou celle qui fait ou qui vend le fromage. Le fromager *tire* ou *trait* la vache dans le *seau* à traire, V. Sceau, en serrant avec la main le *trayon* du pis de la vache. V. Mamelle. Il verse son seau dans la *couloire* , pour couler le lait, l'académie dit *le couloir;* la couloire se place sur une tablette percée, mise en travers sur un *baquet,* qui est un vaisseau fait en forme de petit cuvier, dont les bords sont bas ; le peuple l'appelle un *rondot;* on se sert aussi , en place de baquet, de grandes *terrines.*

Il verse le lait coulé dans la *chaudière* suspendue sur le feu à la crémaillère qui est accrochée à une barre, mais plus souvent à une potence de bois ou de fer, qui tourne sur un pivot, comme une barrière. V. Barrière. Il ne fait que d'*atiédir* un peu fortement le lait , en le remuant avec une *batte;* il y met de la *présure* pour le faire prendre ou cailler. V. Coaguler. Remarquez que présure signifie tout ce qui est propre à faire cailler le lait ; la présure qu'on met dans le lait pour faire la *première levée ,* est faite avec de la *caillette* de veau, ou d'agneau, ou de chevreau , qui renferme un acide propre à faire cailler le lait.

Après avoir bien remué avec la batte , il puise les *grumeaux de lait pris,* avec une étoffe claire qu'on appelle l'*étamine ,* f. ce qui s'appelle *faire la première levée ;* et le *petit lait trouble* reste dans la chaudière; il fait une masse avec les grumeaux de lait qu'il met dans la *forme* du fromage, appelée une *éclisse.* Il y en a de plusieurs façons, selon la forme du fromage; l'*éclisse* à faire du petit fromage s'appelle un *châsseret,* qui est une espèce de petit châssis ; on place sur l'éclisse un couvercle rond de bois , qu'on charge d'une pierre pour presser et faire égoutter le fromage placé sur un plateau qui a un goulot par où s'écoule le petit lait; ce plateau, sur lequel se presse le fromage, s'appelle le *pressoir.*

Pour faire la *seconde levée ,* on remet un peu de lait

dans le *petit lait trouble* ; on le fait bien cuire, on y met de la présure faite avec du *caillelait*, ou autre herbe acide qu'on met tremper dans du petit lait clair, pour faire cailler le *petit lait trouble* ; cette seconde présure s'appelle de l'*azi*, m. On puise de nouveau les grumeaux de lait caillé avec l'étamine, ou plutôt avec une *passoire*, V. Cuisine, et ce qui reste est le *petit lait clair* ou le *serum*, appelé aussi simplement du lait clair.

On met un peu de bon lait ou de crême sur quelques grumeaux de lait, ce qui s'appelle des *caillebottes*, f. Le reste du lait caillé, qu'on appelle aussi simplement du *caillé*, se sale. Les fromagers de plusieurs endroits appellent ce lait caillé du *séra*, et quelques auteurs l'appellent du *seré*. Ils en font différentes sortes de fromages dans des éclisses percées de petits trous, ou bien ils le mettent égoutter sur une claie, ou clayon, ou clisse, avant de le presser dans l'éclisse. V. Clisse.

Il y a de petits fromages faits de crême, qu'on appelle de la *jonchée*, parce qu'on le fait dans une espèce de panier ou clisse de jonc. On écure la vaisselle de bois dans le lavoir, en la frottant avec la *lavette*. On transporte le lait dans des *banneaux* derrière le dos, ou sur une bête de charge. Ces banneaux sont des espèces de hottes ou *tinettes*. Pour empêcher le lait de se répandre en le transportant dans les banneaux, on met sur le lait une sorte d'assiette de bois, appelée une *nageoire*. Il y a un seau ovale dont l'anse est une douve alongée, qui est le *seau de mesure*, parce qu'il sert pour mesurer la quantité du lait. Les fromagers de plusieurs endroits l'appellent la *mètre* ; et le petit seau pour préparer la présure, le *présurier*. La cuiller à écrèmer, les pots à crème , à beurre , les jattes , terrines et autres , sont des meubles assez connus. **V. Laiterie.** Le lait *crème*, c'est-à-dire , il rend de la crème.

Le fromage *à la pie* est une sorte de fromage blanc , fait avec du lait écrèmé. Le fromage *persillé* est celui qui a en dedans des taches verdâtres , comme s'il y avait eu du persil haché. *Fromagerie*, lieu où l'on fabrique le fromage ; on l'appelle aussi une *laiterie* , surtout lorsqu'on y fait du beurre , de la crème , etc. **V. Vache, Laiterie.**

On distingue en général le fromage , en fromage *gras* , en *demi-gras* , qui est fait avec du lait écrèmé , en fromage *gris* , etc. Le *gruyere* tire son nom de la Gruyère , pays de la Suisse où on le fait , dont les peuples s'appellent Gruyerens. Le fromage de *Roquefort*, dans le Rouergue , passe pour le premier de l'Europe. *Caséeux* , qui tient de la nature du fromage.

FROMENT , m. **V. Blé.** Il y a du froment *barbu* , et du froment sans barbe.

FRONDER , v. a. des pierres , les lancer avec la fronde, les ruer. On se servait autrefois à l'armée d'une sorte de fronde appelée une *espringalle. Frondeur ,* armé d'une fronde.

FRUIT , m. *Aoûter* , v. a. les fruits , en accélérer la maturité, v. n. On dit qu'un fruit n'*aoûte* pas, l'orsqu'il ne parvient pas à son entière maturité. On dit qu'il est *aoûté* lorsqu'il est bon à manger , qu'il est mûr. Il se dit aussi des grains. *Aoûté , ée* , mûri par la chaleur du mois d'Août.

FRUITERIE , f. lieu où l'on serre les fruits. **V. Pomme.**

FRUITIER , ÈRE , qui vend des fruits.

FUMER, v. a. un *champ*, mener de l'engrais sur le champ. On charge de fumier un chariot à *hèches*, V. CHARIOT A HÈCHES, avec la fourche de fer ou *trident*; on le bat avec la *batte*. Pour le décharger, on lève le bout de derrière d'une hèche par-dessus la *ranche*, et on tire le fumier à terre avec une pioche à deux fourchons, appelée le *tire-fiente*. Quelquefois on le met en gros tas appelés des *meules de fumier*; on l'*épand* sur le champ ordinairement avec le trident. L'eau du fumier s'appelle aussi de la saumure de fumier, comme on dit de la saumure de sel.

FUMERON, m. charbon encore allumé, et qui fume.

FUSIL, m. briquet, morceau d'acier à faire du feu contre une pierre, ou propre à redresser le taillant d'un couteau, d'une faulx.

FUSIL, m. arme à feu. On y voit le *fût*, ou bois, ou monture; le *canon*, dont le *bouton* de la culasse bouche le fond, et le *talon* de la culasse, dont la queue est entaillée dans la *couche*, et arrêtée avec une vis. V. Vis. Le *porte-vis* ou *contre-platine* est cette espèce d'esse opposée à la platine retenue par ses deux grandes vis. La *noix* avec sa vis et sa *bride* fait jouer le grand ressort. *Enculasser*, *déculasser* un canon. La *mire*, ou *visière*, ou *guidon*, est sur le canon pour guider l'œil; le *tonnerre* est l'endroit où se met la charge; la *lumière* est le trou qui communique au *bassinet*; les *porte-baguettes* reçoivent la baguette; la *plaque de couche* garnit le bout de la crosse; et quand c'est un pistolet, on dit la *calotte*; la pièce de *détente* est celle où il y a une fente dans laquelle joue la détente qui est retenue par une goupille; les *grenadières* sont les anneaux où est attachée la *bandoulière*; la *sous-*

garde est faite en demi-cercle pour garder la détente ; le *chien* avec sa vis, et le clou vissé qui tient la pierre dans les mâchoires ; la *batterie* avec son ressort et sa vis, couvre le bassinet.

Au dedans on voit le *grand ressort* avec sa vis : ce grand ressort qui fait abattre le chien, s'appelle encore le *déclin*. Le ressort de la *gâchette* avec sa vis ; la *couche* du fusil ou *poignée* est la partie de la monture qui est courbée entre la culasse et la crosse ; les *tenons* du canon assujétissent le canon sur le fût, au moyen des goupilles de fil de fer qui les traversent.

On dit qu'un fusil *rate* quand il fait faux feu. Mettre son fusil en son *arrêt*, en son *repos*, sans être armé ou bandé. Le *tir* est la ligne suivant laquelle on tire ; *prendre sa visée trop haut ou trop bas*, c'est faire le tir, ou viser, ou mirer trop haut ou trop bas. *Fusilier*, et non pas *fuselier*, soldat armé d'un fusil. *Fusiller un soldat*, le passer par les armes, le tuer à coups de fusil. Le *mousqueton* est plus court que le fusil, et son calibre est gros comme celui d'un mousquet ; la *carabine* est une petite *arquebuse* pour la cavalerie ; le canon est *carabiné*, c'est-à-dire cannelé, rayé en dedans ; l'*arquebuse à giboyer* est un long fusil pour tirer de loin ; les chasseurs l'appellent une *canardière*. La canardière s'appelle aussi un fusil *boucannier* ou fusil de boucannier. V. Escopetterie, Brisé, Blanc, Chasseur, Ceinturon, Épée, Armes. Un *armurier* ou *arquebusier* est l'artisan qui fait les fusils et autres armes à feu.

FUTAILLE, f. vaisseau de bois à mettre du vin ou autre liqueur ; on dit aussi *fût* : *du vin qui sent le fût*. *Combuger la futaille*, c'est y mettre de l'eau pour l'imbiber, et resserrer les fentes ou gerçures, quand les douves sont déjointes ou gercées, ou qu'elles bâillent. *Aviner* la futaille, c'est y mettre du vin pour l'en imbiber. Un tonneau aviné. L'enfonçure, ce sont toutes les pièces qui forment le fond d'une futaille. V. Cave, Vendange, Bourdillon, Tonnelier, Banneau, Seau.

FUTÉE, f. mastic, goudron; la futée est composée de sciure de bois et de colle forte, pour boucher les fentes et les trous des pièces de bois. V. Brai, Charpentier.

GAFFE, f. perche avec un croc à deux branches, dont l'une est droite et l'autre courbe, pour gaffer ou accrocher quelque chose. V. Barque.

GAIN, m. profit, lucre, avantage, émolument, fruit, utilité, intérêt, bénéfice, revenant-bon.

GARDE-ROBE, f. chambre et sorte d'armoire à serrer les habits. V. Armoire, Commodités.

GARDES-CHAMPÊTRES, m. p. ce sont des agents de l'autorité municipale dans les communes rurales.

GARDES-FORESTIERS, m. p. Leur emploi est d'empêcher toute espèce de dégradation dans les bois de l'état, de la couronne et des simples particuliers.

GARDE-FOU, m. ou *garde-corps*, balustrade au bord d'un pont, d'un escalier. V. Escalier, Pont. La *lisse* est la longue pièce de bois au-dessus du garde-fou, sur laquelle on s'appuie.

GARGOUSSE, f. charge de poudre pour un canon, enveloppée dans du carton. V. Canon.

GARROT, m. gros bâton pliant pour lier une charge sur un chariot. V. Chariot a brancard.

GASON, m. herbe verte et menue qui recouvre la terre en certains endroits.

GATEAU, m. On en fait de mille façons. La *galette* est mince, sèche et bien cuite ; la *fouace* est plus épaisse, faite de fine farine et un peu molle ; le *flan* est une espèce de tarte faite avec de la crème, etc. La *dariole* est une espèce de flan fait avec du beurre, de la crème, des œufs et du lait. *Chiqueter* un gâteau, un pâté, c'est y faire certains traits avec le couteau tout autour. V. Four.

GATEAU, m. gaufre de miel. V. Abeille.

GAULE, f. une baguette, une verge, une houssine.

GELIVURE, f. maladie, défaut aux arbres, causé par la gelée. V. Brouir.

GENIÈVRE, m. On dit aussi *genèvre*, genevrier. Ses fruits se nomment des *baies de genièvre*, et genïèvre signifie aussi la graine même ; *manger du genièvre*. V. Baie.

GEOLIER, m. on prononce jolier, garde de geole, de prison. *Geolage*, droit qu'on paie en entrant en prison ; *écrou*, m. article du registre du geolier, ou le registre même ; *écrouer*, enregistrer un prisonnier sur l'écrou. *Concierge*, geolier d'une prison, d'un parlement, qu'on appelle la *conciergerie* du parlement, du palais. Le *guichetier* est le valet du geolier, qui ouvre et ferme les *guichets*. Claquemurer un prisonnier, le mettre dans la maison du roi ; *élargir* un prisonnier, c'est l'en déprisonner. Le *cachot* est une prison obscure et basse, et la *basse-fosse* est encore plus profonde. Le *cul de basse-fosse* est un cachot creusé dans la basse-fosse même. Une *chartre* signifiait autrefois une prison, et l'on dit encore tenir quelqu'un en *chartre privée*, c'est-à-dire le tenir en prison sans autorité de justice.

GERCER, v. a. faire de petites fentes. La bise gerce les lèvres, elle y fait des *gerçures*, des *crevasses*, des *fentes*, des *rhagades*, f. Le bois, la terre, la futaille se gercent par la sécheresse; les douves se déjoignent. V. Fu-TAILLE. On dit sur mer, un vaisseau *ébaroui*, *ébarné*, gercé au soleil, à l'air; on dit encore *bâiller* pour s'en-trouvrir, être mal joint. Voilà des planches de cette cloison qui bâillent; une porte qui bâille; un tonneau qui *fuit*, un seau qui fuit, qui coule.

GIBERNE, f. espèce de gibecière à l'usage du soldat et surtout du grenadier; et la grenadière est aussi une gibe-cière pour porter les grenades.

GILET, m. *camisole*, *chemisette*. On porte quelque-fois sous la chemise des *chemisettes* de flanelle. Le pourpoint qu'on portait autrefois, était une espèce de gilet qui avait des manches.

GIROUETTE, f. sur un toit; on l'appelle aussi dans plusieurs provinces un *gabet*.

GITE, m. *un lièvre au gîte* : on dit aussi *un lièvre en forme*.

GIVRE, m. espèce de frimat et de glace qui s'attache aux buissons.

GLACER, v. a. *glacer une doublure avec l'étoffe*, c'est la coudre de façon qu'elle ne fasse pas plus de pli qu'une glace.

GLACIS, m. talus, pente adoucie et unie.

GLAISE, f. terre molle comme la marne; de l'argile

et de la glaise sont des mots synonimes. *Glaiser un canal,* une *citerne*, y faire un *corroi* de terre glaise tirée d'une *glaisière.*

GLISSOIRE, f. lieu propre à glisser ; une *glissade* est l'action involontaire de glisser. Il a fait une glissade, et il est tombé. V. Traineau.

GLUAU, m. petite branche enduite avec de la glu pour prendre des oiseaux. *Conglutiner*, rendre une chose visqueuse, gluante comme la glu. *Dégluer*, ôter la glu ; *l'oiseau n'a pas pu se dégluer.*

GOBERGE, f. perche dont le menuisier se sert pour assujétir une pièce collée, en appuyant un bout de la goberge contre le plancher d'en haut, et l'autre bout sur l'établi. V. Lit.

GODET, m. sorte de tasse à boire qui n'a ni pied ni anse.

GORGE, f. Une *gorge de montagne*, un pertuis, un détroit, lieu serré et dangereux à passer.

GOURME, f. mauvaise humeur que jettent les jeunes chevaux ; et l'on dit d'un jeune homme qui fait des folies en entrant dans le monde, *qu'il jette sa gourme* ou ses *gourmes.*

GOURMET, m. tâteur, qui sait bien goûter le vin ; essayeur de vin.

GRABAT, m. V. Lit.

GRADIN, m. banc en amphithéâtre dans une salle, pour que chacun puisse voir. V. Église.

GRAIN, m. *grenu*, qui renferme beaucoup de grain. *Un épi bien grenu.* V. Blé, Baie.

GRAINER , v. a. venir, monter en graine. *Grainer du cuir*, y imprimer des grains , comme ceux du chagrin. V. Grener.

GRANGE , f. bâtiment , ou la partie d'un bâtiment où l'on serre les blés , les foins , etc. On voit dans une grange , une *aire* où l'on bat le blé, faite de terre battue, ou avec des *madriers*, qui sont de grosses planches soutenues dans des poutres ; une *aréole*, petite aire. La porte charretière à deux battants est à l'entrée de l'aire , et le *haha* est une espèce de fenêtre qu'on ferme avec une coulisse ou avec un guichet à l'autre bout de l'aire, pour avoir de la vue et éclairer l'aire. V. Mur. Il y a souvent une *levée* à l'entrée de l'aire pour engranger. V. Batteur en grange. L'aire a trois ou quatre *travées* de longueur, et une seule de largeur. Ses bords sont élevés de deux ou trois pieds. Au-dessus de l'aire , sont les *entraits* sur lesquels on fait un échafaud pour y serrer des fourrages. Le *fenil* ou *grenier à foin* est le lieu où l'on serre le foin. Le *gerbier*, que quelques auteurs appellent un *las*, un *lassien*, est le lieu à côté de l'aire où l'on serre les gerbes. Une *gerbée* est une botte de paille où il reste encore du blé pour donner aux bestiaux. Le *pailler* ou *grenier à paille* est le lieu où l'on serre la paille. Une *travée de foin* est le tas compris entre deux colonnes. Il y a des tas qui comprennent deux travées. V. Charpente, Van, Criblure, Grenier, Moissonneur, Blé, Batteur en grange. *Engranger* , c'est conduire dans la grange. Il y a ordinairement dans une grange un logement, un appartement, un corps de logis.

GRATIN , m. la partie de la bouillie qui demeure attachée au fond de la caquerole. V. Cuisine.

GREFFOIR, m. petit couteau pour *greffer*. V. Sauvageon.

GRÊLON, m. gros grain de grêle. V. Grésiller.

GRELOTTER, v. de froid, tremblotter de froid ; et
trembler le grelot, c'est trembler si fort que les dents
claquent les unes contre les autres.

GRENELER, v. a. faire paraître des grains, surtout
sur le cuir : *du cuir grenelé*.

GRENER, v. *granuler*, *grenailler*, mettre du métal en
grain. Le blé *grène bien cette année*. V. Grainer.

GRENIER, m. Les greniers dans les granges sont des
espèces de chambres distribuées en plusieurs *rayons* ou
chambrettes, pour séparer les différentes espèces de blé.
On y serre aussi des meubles qui ne sont pas d'un usage
journalier ; et à l'entrée du grenier, il y a souvent un
auvent sur la porte, et un *tambour*, ou un *porche*. V. Auvent, Porte, Église.

GRENOUILLE, f. La grenouille *coasse*. Le *coasse-
ment* de la grenouille, son cri. Une *grenouillère*, lieu où
se retirent les grenouilles ; *grenouillère*, *crapaudière*,
lieu ou maison humide et sale.

GRÉSILLER, v. n. Il *grésille*, il tombe du grésil,
de la petite grêle.

GRESSERIE, f. pots, cruches, vase de grès, qui est
une glaise mêlée de sable, propre pour les ouvrages de
poterie.

GRILLE, f. ou grillage, tissu de bois ou de fer devant
une fenêtre, au parloir d'un couvent ; la grille d'un couvent ; le grillage du jardin. La grille s'appelle aussi un

treillis ; mais le treillis est de fil de fer ou de tringles déliées. V. Treillage. Griller. V. Brasiller.

GRINGOTTER, v. n. Les petits oiseaux ne cessent de gringotter, de gazouiller, de ramager. Il y a du plaisir à les entendre gringotter. *Gringotter un air*, c'est le chanter mal. V. Ramager.

GRISAILLER, v. a. un mur, le barbouiller de gris.

GROTTE, f. un antre, une caverne, un souterrain, une cavité, un trou. V. Stalactite.

GRUE, f. ; le pied s'appelle l'*empatement* ; la pièce où sont plantés les *ranches* ou échelons, est le rancher ou l'*échelier* ; la *moise* est la pièce ou lien qui lie ensemble les pièces dressées vers le milieu. La *roue* est le tambour ou tympan. Le *cable* ou la *chaîne* porte les tenailles appelées la *louve*, pour pincer les pierres. Cette chaine s'entortille ou se roule autour du *treuil* ou axe. Toute la machine tourne sur un pivot autour de l'arbre, appelé aussi l'*aiguille*. *Louver une pierre*, c'est y faire les trous pour la pincer avec la louve. Lever ainsi un fardeau, c'est le *guinder*. Le *gruau* est une sorte de petite grue.

GRUMELEUX, EUSE, adj. du bois, des pierres, des pommes grumeleuses, qui ont de petites inégalités dures au-dedans ou au-dehors.

GUÉ, m. endroit d'une rivière où l'on peut passer à pied. Une rivière guéable, qu'on peut passer à pied en plusieurs endroits. Les rivières navigables ne sont pas guéables.

GUÊPE, f. V. Abeille. *Guépier*, nid de guêpes.

GUÉRET, f. terre labourée. V. Laboureur. D'autres

appellent guéret les terres en *friche* qu'on ne sème que
tous les trois ans. Une terre est en friche quand elle n'est
point cultivée et qu'elle pourrait l'être.

GUÉRIDON , m. sorte de meuble de support, qui n'a
qu'un pied , un *pilier ,* et un *plateau* rond dessus, pour
y poser une chandelle , etc.

GUET, m. mot du guet, celui qui se dit en montant la
garde. V. Passe-parole.

GUÊTRE, f. ; *gamache* se trouve aussi dans quelques
auteurs pour exprimer des guêtres de laine. Se *guétrer*; la
bride de la guêtre a manqué. Guêtré.

HAIE, f. clôture des champs, des vignes, etc., faite
avec des arbres, des arbustes communément épineux.

HALE, m. (*h* s'aspire) brûlure du soleil. *Craindre le
hâle.* Déhâler, ôter le hâle du visage hâlé.

HABLIER, m. long filet carré à mailles, qu'on tend
en ligne droite sur des piquets espacés de deux ou trois
pieds.

HALTE, f. (*h* s'aspire) pause que font les troupes ou
les chasseurs. Préparer la halte, le repas qu'on prend quand
on fait halte.

HAQUET, (*h* s'aspire) petite charrette à deux roues,
sans ridelles, pour traîner des ballots, de grosses pierres, etc.
Quand il y a quatre roues basses tout d'une pièce, comme
des roulettes, on l'appelle un *camion.* V. Binard. L'*éfour-
ceau* est une sorte de haquet à deux roues basses avec un
timon, pour transporter de grosses charges, comme des
troncs d'arbre.

HARNOIS, (*h* s'aspire) on prononce ordinairement

harnais. V. Boeuf, Bride, Collier, Selle, Chariot, Charrue, Herse. *Harnacher* ou *enharnacher*, mettre le harnois; *déharnacher*, l'ôter. On appelle aussi *harnois* les chevaux et tout l'attirail d'un voiturier. V. Attelage.

HATIVEAU, (*h* s'aspire) poire mûre des premières. Une poire de hâtiveau; la chaleur procure la hâtiveté des fruits.

HAVIR ,v. a. (*h* s'aspire). *La viande se hâvit à un trop grand feu*, c'est-à-dire, se brûle au dehors sans être cuite dedans.

HERBE, f. noms de quelques herbes et fleurs connues des faucheurs.

La *chardonnerette*, ou la *carline*, ou *caméléon blanc*, que l'académie appelle *chardonnette* ou *cardonnette*, est une espèce d'artichaud sauvage en forme de chardon, dont on mange la tête cuite ou crue dépouillée de ses piquants et de ses écailles. Celle qui s'élève sur une haute tige, est appelée par quelques auteurs, du *caméléon noir*.

La *barbe de bouc*, ou la *barbouquine*, ou *cercifi des prés*, ou *salsifis sauvage*, ou *scorsonère des prés*, est une herbe que les enfants mangent toute crue, quand elle est tendre et dépouillée de ses feuilles, ainsi que la chardon-nette.

Le *colchique*, ou *tue-chien*, ou *mort-au-chien* fleurit en automne et pousse une fleur blanchâtre en forme de clochette renversée. Cette même plante pousse au printemps des feuilles en forme de lames de couteau, et une capsule au milieu qui renferme la graine. Une autre herbe qui produit une fleur semblable aussitôt que la neige est partie, au printemps, est le *saffran sauvage*, ou le *crocus du printemps*; il y en a de plusieurs espèces.

La *spargelle* est une plante légumineuse, une espèce de morgeline, nommée par Tournefort, *alsine major* : c'est une petite plante qui pousse plusieurs tiges nouées, plates, à la hauteur d'environ un pied; elle reste par touffe dans les parcs de bœufs quand on les a tirés du pâturage. On la fauche pour nourrir les moutons l'hiver : on la confond souvent avec la *génestrolle*, ou *genét du teinturier*, ou herbe au teinturier, dont la tige est ronde et un peu anguleuse; elle croît parmi la spargelle.

Le *gramen*, ou plante *graminée*, ou le *grame*. Il y en a de plus de deux cents espèces. Le plus commun est le *chien-dent*. La tige du gramen fait la plus grande partie du foin ; le chien-dent a la feuille plus large, semblable à celle du blé.

La *prime-vère* est une fleur jaune des plus printanières, sur une tige haute d'environ six pouces, en forme de la main un peu fermée d'un enfant qui aurait des fleurs au bout des doigts; elle est encore appelée dans les auteurs, de la *primerolle*, *fleur de coucou*. Il y en a de plusieurs espèces.

Le *carvi* ou *cumin* des prés est connu par sa petite graine ou cumin, qui a de la ressemblance avec la graine d'anis. On en met dans les andouilles, dans les saucisses; on en mange en Allemagne avec du sel pour exciter à boire.

Le *cerfeuil sauvage*, ou la *cicutaire*, ressemble beaucoup au cumin des prés ou carvi : mais il est plus gros et plus haut; il aime les lieux gras près des maisons. Le *persil sauvage* ou persil d'âne a la feuille plus large, la tige plus grosse ; en comparant le persil sauvage avec le persil de jardin , et le cerfeuil sauvage avec le cerfeuil de jardin , on les connaîtra aisément par la ressemblance, mais ni l'un ni l'autre ne sont la *ciguë*, qui cependant a beaucoup de ressemblance avec le gros persil sauvage, que chacun sait être un poison ; elle n'est pas commune dans nos prés.

Le *glouteron*, ou *gletteron*, ou la grande *bardane*, ou *herbe au teigneux*, ou *tirelardon*, ou *napolière*, est une sorte de chardon sans piquants, qui se plait au bord des chemins, dont la tête hérissée de crochets, s'attache aux habits , aux cheveux. Les enfants s'en jettent pour se divertir.

Le *grateron* ou le *rièble* s'entortille autour de la tige des blés, et surtout du lin ; il est noué, garni de petits grains presque ronds, de la grosseur de la vesce, et le tout s'attache aux habits.

Le *narcisse*, ou *campane jaune*, ou *narcisse sauvage*, ou *narcisse bâtard*, ou *clochette*, est une fleur aussi printanière que la prime-vère, bleue, jaune ou blanche. Plusieurs tiges croissent en touffe, c'est-à-dire, près l'une de l'autre, dans les enclos gras. La tige a la figure d'une pipe de terre, dont la tête, en forme de clochette, représente la fleur.

L'*alleluia*, ou *pain de coucou*, ou *oseille des bois*, ou *oseille sauvage*, est une espèce d'oseille de la forme du trèfle, ce qui le fait aussi appeler du *trèfle aigre* ; il croît dans les bois sur la mousse autour des souches : il y en a de plusieurs espèces ; les enfants la mangent comme l'oseille.

La *marguerite* qui croît au printemps, s'appelle aussi de la *pâquerette* ; la plante et la fleur portent également le nom de marguerite.

Le *pissenlit*, ou *dent de lion*, ou *chicorée sauvage*, est cette chicorée qu'on mange en salade au printemps, et qu'on cueille principalement dans les taupinières quand on les épand.

Le *béhen-blanc*, ou *lampette*, est une herbe dont plusieurs grains au haut de la tige ont une enveloppe mince, d'un blanc gris, de la grosseur d'une petite noisette; les enfants en prennent pour frapper avec un grain contre la main, et font crever l'enveloppe qui fait un petit bruit.

La *crête de coq*, ou la *pédiculaire des prés*, n'a qu'une seule tige peu élevée; ses grains séparés sont plats, en forme d'un long épi; elle croit dans les lieux secs, et fait un mauvais foin.

Le *serpolet*, ou *pillolet*, ou *thym sauvage*, herbe peu élevée dont la tige ressemble à celle de l'*hysope*. Ses fleurs rouges paraissent beaucoup dans les prés secs; elles ont une odeur agréable de *marjolaine*, et sont recherchées des abeilles. Mais ce n'est pas le *pouliot*, qui est une espèce de menthe, ni *l'origan* ou *marjolaine sauvage*, qui lui ressemble par l'odeur et la couleur, mais beaucoup plus haute de tige.

Le *pied de lion*, ou l'*achimille*, n'a qu'une large feuille creuse, où la rosée reste longtemps avant de s'évaporer, elle a de la ressemblance avec la *mauve* et avec le pas-d'âne, dont la fleur s'appelle du *tussilage* ou du *pas-d'âne*.

La *patience*, ou *parelle*, a des feuilles qui ressemblent à la plus grosse oseille, mais plus longues et plus larges. Sa racine jaune et amère est de la grosseur du doigt; elle croit dans les lieux gras et incultes.

La *gentiane* est une grosse plante qui s'élève à la hauteur quelquefois de plus de deux pieds ; elle croît dans les montagnes, et reste dans les parcs de bœufs ou de vaches, quand ils ont quitté le pâturage. Ses feuilles larges de cinq ou six pouces, et longues quelquefois d'un pied, ont trois ou cinq nervures de la forme de celles du plantain : mais elles sont lisses, luisantes et unies, différentes de celles de l'ellébore blanc qui ressemble beaucoup à la gentiane ordinaire, en ce que les feuilles de l'ellébore blanc sont plissées, ridées, un peu velues, plus pointues. Sa graine, dans une capsule oblongue, ressemble à du grain de froment aplati, et celle de la gentiane est noirâtre, mince et plate, semblable à celle de l'oseille ; toutes deux poussent des tiges grosses, creuses, de la hauteur d'environ trois pieds.

L'*ellébore* noir, ou pied de griffon, ou *ellébore puant,* a les feuilles longues et étroites, un peu semblables à celles de la barbe-de-bouc ; il s'élève d'environ un pied et demi ; son fruit, gros comme une petite noix, ressemble à un œil de bœuf.

Le *tithymale*, ou *titimale*. Tournefort en compte de plus de soixante espèces. C'est une herbe laiteuse, et quand on la brise, il en sort une petite goutte de lait âcre et caustique ; sa tige a de la ressemblance avec celle de l'hysope, mais plus blanche.

La *jacée* a la feuille semblable à celle de la chicorée ; elle croît dans les blés ; sa tige est haute d'environ deux pieds : après que sa fleur bleuâtre et purpurine a disparu, il reste un bouton noir, verdâtre, écailleux, comme une noix pointue. La jacée ressemble beaucoup au *chardon-beau*, ou *polyacanthus* qui croît de même dans les blés : mais celui-ci a les feuilles piquantes.

La *scabieuse*. Tournefort en distingue de cinquante-quatre espèces ; il y en a de deux sortes dans nos blés : la *grande scabieuse* ou *mors-du-diable*, et la *petite scabieuse* ou scabieuse ordinaire ; toutes les deux ont la fleur bleuâtre, de la forme d'une petite rose ; la grande, haute d'environ deux pieds, sa tige est un peu velue, moins dure que celle de la jacée ; quand la fleur a disparu, il reste un bouton aplati, hérissé de capsules ou petits trous qui contiennent la graine ; la petite scabieuse diffère de l'autre, en ce qu'elle est plus petite, et ses feuilles plus déliées.

L'*ivraie* ou l'*ivroie*, comme dit l'académie, est une espèce de mauvais blé dont l'épi est presque semblable à celui de l'orge ; sa graine cause une espèce d'ivresse, et nuit dans les blés.

L'*avéneron*, ou *averon*, ou *folle avoine*, ou *herbe de lobel*, a de la ressemblance avec l'ivroie : mais sa grappe ressemble à celle de l'avoine.

HERBER, v. a. exposer sur l'herbe de la toile ou autre chose.

HERBIER, m. petit ventricule du bœuf et des animaux ruminants.

HERBIÈRE, f. vendeuse d'herbes. Les herbières portent vendre leurs herbes sur un *éventaire*, qui est un plateau d'osier plus long que large. V. PANIER.

HERBU, EUX, adj. où il croît de l'herbe.

HERSE, f. (*h* s'aspire). Il y a des herses de plusieurs façons. La commune est composée de deux *montants* arrêtés par des *entretoises* qui forment la figure d'un triangle tronqué à la tête. Elle est garnie ordinairement de trente-deux dents de fer, et quelquefois de bois , qu'on appelle la *denture* de la herse. Quand on y attèle un cheval, on met à la tête de la herse un *palonnier.* V. Chariot au mot Attelage. Quand ce sont deux bœufs accouplés , en place de palonnier , on met un *crochet* pour y attacher le trait. Le *herseur* herse le champ, des mottes, il en fait le hersage. V. Laboureur.

HERSE, f. ou *sarrazine* , c'est une sorte de porte de pieux, suspendue sur la porte d'une ville de guerre.

HIEMENT, m. bruit que fait un chariot neuf, ou autre machine de bois. Il faut gresser le chariot, pour l'empêcher de *hier.* V. Cliqueter, Craqueter.

HIVER, m. *brumal , ale* , adj. qui appartient à l'hiver; *plante brumale* , qui vient l'hiver.

HOCHER, v. a. (*h* s'aspire), secouer, branler, *hocher un sac pour le mieux remplir; hocher* un *prunier, hocher la tête.*

HOMME, m. Nom des *parties extérieures* de l'homme, dont on parle le plus dans la conversation. Le *sommet* ou le haut de la tête ; le derrière de la tête ou *occiput* , m. Le *finciput*, ou la partie antérieure de la tête depuis le front ; les *sourcils* ou poils sur les yeux ; les *cils* , poils au bord des paupières tant supérieures qu'inférieures ; la *taroupe* , poil entre les sourcils au haut du nez; une personne a la *pointe* , quand ses cheveux se terminent en pointe sur le front; les deux *tempes,* f. parties entre l'oreille et l'œil. V. Nez, OEil, Oreille, Lèvre, Dents, Coton. La *pommette* , os ou partie élevée au-dessous de l'œil. La *fossette* sous le nez ; la fossette du menton. La fossette des joues est celle qui se forme au milieu des joues de certaines personnes quand elles rient. Le *nœud* de la gorge, appelé populairement le morceau ou la pomme d'Adam. La *gorge*, c'est le cou; et dans les femmes c'est le cou avec le sein. Le *chignon* est le derrière du cou; et chez les femmes, le *tignon* signifie les cheveux qui couvrent le chignon; et le tignon se prend quelquefois pour toute la coiffure. La *nuque* est le creux entre la tête et le chignon; la *carrure* ou la *carre* est la largeur entre les épaules; le *corsage* est la taille du corps depuis les épaules jusqu'aux reins. V. TAILLE. Les *salières* sont certains creux que les femmes maigres ou vieilles ont au haut du sein, semblables au creux de l'estomac. V. MAMELLE, REIN, VENTRE.

Le *bras* est la partie depuis l'épaule au coude; l'*avant-bras*, depuis le coude jusqu'au poignet ou *carpe*; le *méta-carpe* est la partie entre les doigts et le poignet ou carpe; c'est le dos de la main, considéré principalement sous la peau; le *pouce*, et en suivant, l'*index*, le *doigt du milieu*, l'*annulaire*, l'*auriculaire* ou le petit doigt. La *paume* de la main est le dedans, et le creux se forme dans la paume en la fermant; les *nœuds* des doigts en sont les jointures. V. EMPAN, MOIGNON, MITAINE, COUP, MAIN.

L'*estomac* et la *poitrine* se prennent extérieurement souvent l'un pour l'autre. L'*aisselle* ou le *gousset* est le creux sous le bras. V. AISSELLE. Le nombril s'appelle aussi l'*ombilic*. L'*aîne* f. est la partie entre la cuisse et le bas-ventre. Le *mollet*, appelé aussi le gras de la jambe; le *croupion* est l'extrémité du bas de l'échine ou épine du dos. Le *jarret* est la partie derrière le genou, le pli du jarret, du bras, etc. La *cheville du pied* appelée aussi la *malléole extérieure* et *intérieure*. Le *cou-de-pied* ou *tarle*, c'est le haut du pied. Tous les bons auteurs disent le cou-de-pied, et non pas le *cou-du-pied*. L'*avant-pied* ou *métatarse*, c'est le dessus du pied. La *plante* est tout le dessous du pied ; mais il se prend plus particulièrement pour la partie du pied entre les doigts et le talon. Marcher sur la pointe des pieds, c'est marcher sur le bout de la plante du pied. Le *gros* du pied est la partie la plus large près des doigts du pied , qu'on appelle encore quelquefois les *orteils*.

Le *péricrâne* , membrane qui couvre le crâne. Au fond du gosier, il y a l'orifice de deux canaux. Le premier canal conduit l'air dans les poumons, et s'appelle la *trachée-artère* , ou simplement la trachée, et familièrement le sifflet. Le second canal conduit les aliments dans l'estomac, et s'appelle l'*œsophage*, m. Les aliments passent sur l'ouverture de la trachée-artère, sans cependant y tomber, parce que cette ouverture est couverte par la *glotte*, petite languette qui a une fente qui se dilate ou se resserre à volonté, pour varier les tons de la voix ; et cette fente est bouchée par la *luette*, appelée aussi l'*épiglotte* f. qui est un petit morceau de chair, comme le bout du doigt d'un enfant. On appelle encore le *larynx* la partie supérieure de la trachée-artère , et le *pharynx*, la partie supérieure de l'œsophage. Le *gosier* signifie l'un et l'autre canal. Il s'est arrêté un morceau dans le gosier.

L'*omoplate* , f. est l'os de l'épaule plat et large ; le *périoste* est la membrane qui couvre les os ; l'*épine* ou l'*échine* du dos a des *vertèbres* qui sont des espèces de côtes de chaque côté. L'*estomac* est la poche où se fait la digestion ; il se décharge dans les intestins par le *pylore* , et la poitrine est l'organe de la respiration, qui comprend le *cœur* et les *poumons.* Le *péritoine* ou seconde peau contient les *entrailles*, ou *intestins*, ou *boyaux ;* il enveloppe tout le bas-ventre. Le *coffre* est l'espace ou capacité renfermée sous les côtes. Les *lombes*, m. sont la partie inférieure du dos, composés de cinq vertèbres et des chairs qui y sont attachées. Le *mésenterre* est ce qui est connu dans le veau sous le nom de fraise de veau ; la *rate* est ce que le peuple appelle la *mice.* Le *poumon*, en parlant d'un veau, d'un agneau, s'appelle aussi le *mou* ; les parties nobles sont le *foie*, le *cœur*, le *cerveau*, etc. Le foie est ce que le peuple appelle le *dur.* Le *rectum* ou gros *intestin*, appelé aussi le *boyau culier*, se termine à l'*anus* ou *fondement.* **Le** muscle qui le serre, ainsi que le col de la vessie, s'appelle le *sphincter.* La *rotule* est l'os plat et rond au bout du genou. La *noix du genou* est l'os qui le traverse, et qui paraît en dedans et en dehors. Le gros os de la jambe est le *tibia* ; l'os derrière la jambe, le *péroné.* ; le gros os de la cuisse, le *fémur*, etc.

HORLOGE, f. ; les principales parties au-dehors sont les *poids* et *contre-poids* qu'on *remonte* ou qu'on *monte;* le *marteau* frappe le *timbre* pour le faire sonner ; l'*aiguille* marque les heures sur le *cadran* ; la *cage* renferme le tout ; la *lentille* est au bout du *pendule* que porte la *verge* où sont les *palettes* de l'échappement, etc.

Les principales parties du mouvement sont la *poulie* qui fait tourner la grande roue ; cette grande roue *engrène* dans le *pignon* de la *roue moyenne ;* la roue moyenne engrène dans le pignon de la *roue de champ ;* la roue de champ engrène dans le pignon de la *roue de rencontre* ou d'*échap-*

pement que font tourner les palettes de la verge du pendule , etc. La *vibration* ou *oscillation* est le mouvement du pendule ou du *balancier*. Dans la *sonnerie* , ainsi que dans le mouvement, sont les *montants* dans lesquels s'emboîtent les *pivots* des roues; la *poulie* qui fait tourner la *roue de cheville*, et la *roue de l'étoquiau*; l'étoquiau est un arrêt qui empêche la roue de reculer; on l'appelle plus souvent le *cliquet*; le *chaperon* ou la *roue de compte* est une plaque ronde où sont les *crans* pour faire sonner le nombre d'heures convenable; la *roue du volant*; la *bascule* que lève la roue de cheville ; la *détente*, etc. Les outils des horlogers en gros volumes, sont la plupart nommés comme ceux du forgeron. V. Forgeron.

Les autres sortes d'horloges communes sont : *l'horloge à sable*, appelée aussi un *sable*, un *sablier*, une *ampoulette*; *l'horloge à eau* se nomme un *clepsydre*. V. Montre. *Horloge solaire*, ou *horloge à soleil*, ou *cadran solaire*; la science de les construire est la *gnomonique* ou *l'horographie*.

HOTTE, f. (l'*h* s'aspire); le *hotteur* ou la *hotteuse* porte la hotte sur son dos avec des bretelles. V. Cheminée. La hotte est composée de trois *maques*, deux à chaque coin ; et la troisième , appelée la maque plate , est plantée sur le fond , et le *collet* les unit par le haut ; les *côtes* avec les maques sont entrelacées d'osier pour construire la hotte. Une hotte bien serrée s'appelle un *batais* ; le *dossier* de la hotte est le côté plat qui s'appuie contre le dos du hotteur. La hotte est l'ouvrage du *vannier*.

HOUILLE , f. (l'*h* s'aspire), sorte de charbon de terre.

HOUSSER, v. a. une tapisserie , (l'*h* s'aspire), c'est

en ôter la poussière en frappant avec une *houssine* ou *verge*. V. Époudrer, Poudre.

HOUSSOIR, m. (l'*h* s'aspire), balais de branches de houx ou d'autre arbre, ou de plume. *Plumail* est plus propre pour exprimer un balai de plume. V. Plume.

HUCHER, v. a. (l'*h* s'aspire), appeler à haute voix, ou en sifflant : il est vieux, mais nous n'avons point d'autre mot pour le remplacer parfaitement. On dit en terme de mer *heuler* ou *héler* un vaisseau qu'on apperçoit de loin, l'appeler à haute voix; et *houper* son compagnon à la chasse, c'est l'appeler à haute voix.

HUMER, v. a. (l'*h* s'aspire), avaler en retirant son haleine. Humer un œuf frais. V. Gober.

ILOT, m. petite île. Une presqu'ile ou péninsule, est une terre environnée d'eau, excepté d'un côté, un *javeau* est une ile formée de limon par un débordement. V. Alluvion.

IMBIBER, v. a. emboire ; la terre est embue, imbibée d'eau.

INCLÉMENCE, f. du temps, de l'air; la rigueur, l'intempérie, le déréglement des saisons.

INSECTE, m. Il y a plus de différentes espèces d'insectes que de poissons, d'oiseaux et de quadrupèdes. Noms de quelques insectes communs. V. Abeille.

Les *scarabées* m. sont les insectes à quatre ailes, dont celles du dessous sont blanches et transparentes, et celles de dessus appelées les *fourreaux* ressemblent à une gousse sèche de pois.

Le *hanneton* est un scarabée de la couleur et de la grosseur d'une noisette allongée; il paraît quand les arbres commencent à pousser la feuille, et la dévore; il commence à voler à l'entrée de la nuit, et fait du bruit par le bourdonnement de ses ailes.

Le *cerf-volant* est un scarabée gros comme le pouce, et noir : il a de longues cornes branchues, comme celles du cerf. On le trouve sur des cerisiers.

L'*escarbot*, autre scarabée plus petit, d'un noir luisant; il se fourre dans le fumier et dans d'autres ordures; il est de la grosseur à peu près du hanneton : on l'appelle aussi un *fouille-merde*.

La *cantharide* est un scarabée de la grandeur du hanneton, mais plus aplati; ses ailes sont d'un vert doré et brillantes. On en voit beaucoup dans l'herbe en traversant des sentiers. L'espèce dont on se sert le plus se trouve souvent sur les feuilles de certains arbres.

La *demoiselle*; il y en a de plusieurs espèces : elle a quatre longues ailes, le corps fort allongé, et voltige souvent sur les marais.

Le *grillon*, et non pas le *grillot* ni *grillet*, est d'un noir brun, loge dans les murs de cheminée, et dans les coteaux au midi; il crie une partie du jour et de la nuit; il a de la ressemblance avec le bourdon.

Le *perce-oreille* est un insecte allongé, de la grosseur de deux lignes, de couleur brune, la queue fourchue. Il est dangereux pour entrer dans les oreilles.

La *cloporte* a plusieurs pieds; elle est de la grosseur de trois ou quatre lignes, de la longueur de six, d'un gris blanc, et ronde sur le dos, plate sous le ventre; elle a quelque ressemblance pour la forme avec un petit cochon; elle se loge sous l'écorce du bois pourri.

Le *puceron* est de la forme de la puce, saute comme elle, se tient sur les feuilles d'arbres dont il prend la couleur.

La *teigne* est le vermisseau qui ronge les étoffes de laine, la pelleterie : on l'appelle aussi *artison*; mais le mot d'artison s'applique aussi à la *gerce*, ou ver qui ronge le bois et le papier. Le vermisseau qui se loge dans le bois, dans les boiseries des chambres, et y excite un bruit comme celui d'une montre de poche, est un artison, que quelques auteurs appellent une *vrille*, une *vrillette*.

La *mite* est le vermisseau qui se forme dans le fromage.

La *tique* est un insecte noirâtre, assez semblable à l'araignée à gros ventre ; elle s'attache aux oreilles des chiens, des bœufs, etc.

INSTRUMENT, m. Noms de quelques instruments communs de musique.

Épinette, f. instrument de percussion, c'est-à-dire qu'on joue en frappant, garni de cordes de fil d'archal qu'on tend en tournant les chevilles avec la clé, appelée aussi un accordoir; l'épinette est plus petite que le clavecin, et a un *clavier* et des *sautereaux*.

Le *tympanon* a la forme d'une herse ou d'un triangle tronqué : il est aussi garni de cordes de fil d'archal ; mais au lieu d'un clavier avec des touches et sautereaux, il se joue en frappant avec deux baguettes : on l'appelle aussi un *psaltérion*.

La *poche* est un petit violon qu'on porte pour donner des leçons en ville.

La *vielle* et non pas *vieille* ; est un instrument à clavier, à touche et à manivelle, fort connu. *Vieller*, jouer de la vielle. *Vielleur*, qui en joue.

La *cymbale* est un instrument fait d'une verge de fer , pliée en triangle avec des anneaux de fer qui y sont passés.

La *timbale* est une espèce de tambour dont la caisse est de cuivre , de la figure d'une chaudière.

Le *tambour de basque* est fait en forme de sas ou de crible. Il est garni de grelots et de petites plaques de cuivre. On en joue en le tenant d'une main , et en frappant de l'autre en cadence.

La *viole* est de la forme du violon , mais beaucoup plus grande , et se joue avec l'archet comme le violon. V. Vio-lon. Il y a la *basse* de viole qui a sept cordes , et le *dessus* de viole et le *par-dessus* de viole qui en ont six , etc.

Cor de chasse. V. Cor , Cornet , Trompette.

Le *claque-bois* ou l'*échelette* , f. est un instrument de percussion fort simple ; il est composé de plusieurs morceaux de bois sec et sonore , ou si on veut de sabots suspendus par des ficelles , et ajustés aux tons de la gamme comme un carillon de cloches : on les frappe avec une ou deux baguettes pour en tirer des tons et former des airs.

Sifflet. V. Sifflet de pan , Cornet de vacher , Serpent, Trompette marine , Orgue , Flageolet.

La *cornemuse* , la *musette* , le *clavecin* , le *forte-piano*, le *fifre* , le *haut-bois* , la *clarinette* , le *luth* , la *flûte* , la *harpe* , etc. V. l'Encyclopédie.

Le *ton* est une espèce de sifflet propre à monter un instrument au ton que l'on désire. Un tampon qu'on enfonce plus ou moins , donne les différents tons qu'on cherche. On dit *jouer de l'orgue* ou *toucher de l'orgue. Jouer* de la guitarre , de la harpe , du luth , ou *pincer* la guitarre , la harpe, le luth ; *toucher* le clavecin ; *jouer* du clavecin ;

donner ou *sonner* du cor , *sonner* de la trompette, *battre* la caisse , le tambour.

ISSUES , f. les extrémités et les entrailles de quelques animaux , comme les pieds , la tête , la queue, le cœur, le foie , le poumon , la rate , les feuillets , etc. V. Fressure, Farine. Les issues s'appellent aussi les *abatis* ; le sang et les parties qui ne valent rien que pour jeter à la voirie , s'appellent aussi des *voiries*.

JALE , f. espèce de grande jatte ou de baquet pour les liquides ; elle est tout d'une pièce comme une sebile. Elle contient quatre pintes de Paris.

JALON , m. piquet planté en terre pour prendre des alignements; quand les jalons sont plantés, on *bornoie* pour voir s'ils sont alignés. *Jalonner*, planter des jalons. *Jalonner une allée*, la dresser avec des jalons.

JAMBONNEAU , petit jambon.

JARDINIER, ÈRE. Le jardinier au printemps *effondre* la terre avec la pelle ou la fourche de fer , appelée aussi le trident. V. Effondrer. Il couvre les couches de fumier ou d'engrais dans la *fosse* ou la *raie*, avec la pioche. Les jardiniers appellent les matières fécales pour l'engrais, de la *poudrette*. Il unit les *planches* avec le *rateau*, *pèle* les *allées* avec la *houe* qui est une large pioche, trace les *rayons* avec le *cordeau* pour planter les choux, *rechausse* les choux, et *gratte la terre* avec la *serfouette*, qui est une petite bèche à deux fourchons d'un côté, que quelques-uns appellent aussi une *binette*. Ce labour s'appelle *serfouetter* ou *serfouir*. V. Plantoir. Il *sarcle* avec les doigts ou avec un *sarcloir*. V. Effioler. Il arrose les couches avec l'arrosoir, il enlève la *sarclure* avec la *brouette*, ou avec la *civière*, ou avec un *panier*. V. Brouette, Bard, Panier. Il *émonde*, il *élague* les *espaliers* (V. Arbre) avec la *serpette* ou le *faucillon*, ou avec un *croissant*, qui est une espèce de faucillon emmanché à un long manche, ou avec la *vouge*, espèce de serpe à long manche; il *fait la tonte* ou *la taille* des haies, ou il les *ébarbe* avec les grands ciseaux ou avec la vouge ou le croissant, etc. Il unit les allées avec la *ratissoire*. Quand la ratissoire est faite avec une planche en *demi-rond*, c'est-à-dire qui a la figure d'une moitié de fond de seau, on l'appelle encore un *rabot*. Il bat les allées pour les unir avec *la batte*, qui est une sorte de maillet semblable à la *hie* ou *demoiselle* des paveurs. V. Paveur. Il divise son jardin en plusieurs *compartiments*, appelés des *planches*, des *couches*, des *carrés*; elles sont séparées par des sentiers qui rentrent dans les allées; la *contre-allée* est une allée collatérale à côté de la grande.

Les *couches sourdes* sont celles qui ne sont pas plus élevées que la superficie de la terre; et la partie du jardin où sont les couches basses, s'appelle l'*hortolage*. *Mouver la terre*, c'est la remuer, lui donner un petit labour dans une caisse, la *béquiller*, on dit encore la *béchotter*. *Enchausser des légumes*, les couvrir de paille ou de fumier pour les faire blanchir ou les préserver de la gelée. *Palisser*, c'est attacher des espaliers au treillage contre un mur. V. Treillage, Couverture, Rigole. *Argot*, extrémité d'une branche qu'on a oublié de couper en taillant un arbre. *Argotter*, couper une branche morte.

La partie du jardin où sont les herbes potagères, les légumes, s'appelle *le potager*; et l'on dit, l'oseille, la salade ont bien *tassé*, c'est-à-dire, ont bien crû, bien multiplié. La partie où sont les fleurs, c'est le *parterre*; et celle où sont les arbres, c'est le *jardin fruitier*, le *verger*. Les arbres sont quelquefois plantés en *quinconce*, c'est-à-dire, disposés comme les points d'un cinq de carte. Un *jardinet* est un petit jardin; *jardiner*, c'est travailler au jardin.

Les plantes potagères les plus communes, qu'on appelle aussi légumes, sont : l'*ail*, l'*anis*, l'*arroche* ou *bonne-dame*, l'*artichaut*, l'*asperge*, la *bette-rave*, la *bette-blanche*, la *bette-jaune*, appelée aussi *poirée*, la *capucine*, la *carotte-jaune* et la *carotte-rouge*, le *celeri* ou *persil de Macédoine*, le *cerfeuil*, le *cercifi* ou *salsifis*, le *chervis*, la *chicorée*, le *chou*, la *citrouille* ou *passèque*, la *cive* et la *civette*, les *échalottes*, l'*endive*, l'*épinard*, le *fenouil*, le *houblon*, la *joubarbe*, la *laitue*, la *livèche* ou *ache*, le *melon*, le *millet* ou *mil*, le *navet*, l'*oignon*, l'*oseille*, le *panais*, ou *pastenade*, la *patience* des jardins ou *parelle* ou l'*apathum*, le *persil*, le *poireau* ou *porreau*, le *pourpier*, le *raifort* ou *radis*, la *raiponse*, la *roquette*, la *sarriette*.

Les *plates-bandes* sont de longues planches étroites qui bordent le parterre, ou qui sont souvent adossées contre un mur. Quand elles sont relevées en talus, pour être plus exposées au soleil, on les appelle des *ados*, ou des *côtières* f. V. BOULINGRIN. Une *serre* est un lieu couvert où l'on serre l'hiver les orangers, les plantes exotiques ou étrangères, les jasmins, etc. On l'appelle aussi une *orangerie*; mais orangerie signifie aussi le parterre où l'on place les orangers en été dans des caisses. V. ROND D'EAU. La *verrière* est une petite serre couverte et fermée de châssis de verre pour chauffer les plantes par le moyen du soleil. Enserrer des orangers, les mettre dans la serre.

JAUGER , v. a. ou velter un tonneau ; une jauge ou une velte ; jaugeage , veltage.

JECTISSE, adj. *terres jectisses* , remuées , rapportées, *terres de rapport* , sur lesquelles il est dangereux de bâtir. V. Déblai , Croulier.

JEU, m. Les jeux et les amusements des enfants les plus communs.

Barres ; jouer aux barres ; jeu de course où l'un tâche d'attraper les autres dans de certaines limites déterminées.

Cheval fondu , jeu où plusieurs enfants sautent l'un après l'autre sur le dos de l'un deux qui se tient courbé en forme de cheval.

Chèvre , jouer à la chèvre ; on dresse une branche de bois à trois jambes , comme la machine à lever des fardeaux, qui s'appelle chèvre. Un enfant garde la chèvre avec une longue verge, les autres tâchent d'abattre la chèvre en jetant leurs bâtons depuis une borne ou un but fixé ; dans le cas où les joueurs sont en défaut , celui qui garde la chèvre , pique du bout de sa verge celui qui est en défaut, abat la chèvre , et met l'autre à sa place pour garder sa chèvre.

La *cligne-musette* ; un enfant ferme les yeux auprès d'une borne pendant que les autres vont se cacher ; il les cherche ensuite les yeux ouverts, et celui qu'il trouve il le met à sa place, s'il atteint le but avant celui qui était caché.

Le *colin-maillard* ; le colin-maillard a les yeux bandés , et tâche d'en attraper un autre pour le mettre à sa place. Si le colin-maillard risque de se heurter , on lui crie , pour l'avertir : *gare le pot au noir*.

La *fossette*, jouer à la fossette. Les enfants ayant mis des noisettes ou des noix dans un petit creux, tâchent de les faire sortir en jetant une autre noix, la plus grosse qu'on peut se procurer, et celles qui sortent sont gagnées.

Gribouillette, jeter quelque chose à la gribouillette, la jeter au milieu d'une troupe d'enfants qui tâchent de s'en saisir.

Escarpolette, siége suspendu pour se balancer.

Pirouette, f. morceau de bois rond comme un champignon, ou comme un gros moule de bouton, qui a un pivot et une queue, et qu'on fait pirouetter ou toupiller en la mettant en mouvement avec le pouce et l'index.

La *toupie* tourne ou *toupille* sur son pied : elle a la figure d'une poire ou d'un gros champignon, et se met en mouvement avec une ficelle qui entortille le pied de la toupie, placée dans une sorte de clef de bois ; on tire tout-à-coup la ficelle, et la toupie tourne sur sa jambe.

Le *sabot*, qui ressemble beaucoup à la toupie, est plus massif, et se tient en mouvement par l'enfant qui le fouette avec une *lanière* ou fouet, qui le fait *saboter*.

Pierrette, jouer à la pierrette, c'est jeter de petites pierres en haut, et les recevoir dans la main ou dessus d'une certaine façon difficile.

Le *volant* est une petite boule dans laquelle on plante des plumes, on le jette ou on le renvoie avec une *raquette*, qui est une sorte de pelle de cordes de boyau tendues. Il y a un volant plus simple, qui n'est qu'un petit piquet de bois garni ou *empenné* de deux plumes, que les enfants jettent en haut pour s'amuser. V. FLÈCHE.

Le jeu de la *main-chaude* consiste à frapper dans la

main d'un des joueurs, qui la tient ouverte sur le dos, les yeux bandés ; quand le patient a deviné celui qui l'a frappé, il le met à sa place.

Le *corbillon* est un jeu où l'on est obligé de répondre par un mot qui rime en *on*. Je te vends mon corbillon, qu'y met-on? Un bouillon, etc.

Il y a encore quantité de jeux de boule et autres qu'on invente ou qu'on joue différemment, qui n'entrent point dans le plan de cet ouvrage.

Pour les jeux de cartes et autres de cette espèce, on a des traités complets sur ces matières, qu'on peut voir dans l'Encyclopédie.

JONCHER, v. a. une rue, une église, y répandre du jonc, du feuillage, des herbes odorantes, ce qui s'appelle de la *jonchée*.

JUMELLES, f. p. deux pièces de bois semblables et semblablement posées. Les jumelles d'un tour à tourner.

LABOUREUR, m. Avant que de *labourer* un champ, on y met souvent de l'engrais. V. Fumer. Le laboureur tient sa charrue par les deux *mancherons* qu'on appelle le *manche* ou la *queue*. V. Charrue et Araire. *Enrayer*, c'est commencer à faire le premier *sillon*. V. Sillon. Le *soc* lève les sillons et creuse la raie. Le *piocheur* suit avec la *pioche*, ou la *tranche*, ou la *bêche*, pour piocher les sillons rompus, ainsi que le *dessus* des sillons, pour faciliter le hersage. V. Herse. Le champ labouré s'appelle le *guéret* ou champ labouré, ou *en labour*; le premier coup de charrue, ou premier labour, ou première façon, soit avant, soit après pâques, s'appelle la *cassaille*; *faire la cassaille* d'un champ ou d'un pré. Le second labour ou se conde façon, c'est *biner*; le troisième, *rebiner* ou *tiercer;* on dit encore *terser*; ensuite le quatrième, cinquième labour ou coup de charrue, etc. Labourer *à demeure*, c'est donner le dernier labour. Labourer *à vive-jauge*, c'est labourer profondément. *Ameublir* la terre, c'est la remuer, la rendre meuble, facile à diviser. *Alterner* les terres, c'est se servir des mêmes terres, tantôt en champs, tantôt en prés. On fait l'alternative des terres dans les montagnes ; on ouvre souvent le pré en automne. La *dérayure* est la dernière raie d'un champ, qui le sépare du champ voisin, et qui est commune à tous les deux. *Façonner une terre*, une vigne, la labourer. *Semailles*, action de semer ou saison de semer, et quelquefois les grains semés. *Les oiseaux ont mangé les semailles*. Le *labourage* signifie l'art de labourer, et l'ouvrage du laboureur. *Labourer en enrue*, ou *faire des enrues* f., c'est élever en talus ou en dos-d'âne plusieurs sillons en laissant de chaque côté une raie ou fossé pour l'écoulement des eaux ; mais dans les montagnes ou dans les terres sèches et légères, on ne fait point d'enrues ; et l'on dit : *labourer à l'uni*. V. Attelage.

La *jachère*; *des terres en jachère*, ce sont des champs labourés qu'on laisse reposer ou *chômer* un an dans une *sole*. On appelle *sole* une certaine étendue de champs qu'on laisse reposer une année, et qu'on sème à son tour. Il y a ordinairement trois soles dans un *finage*, dans un territoire. *Assoler des terres*, les partager par soles. *Jachérer*, ou lever la jachère, c'est labourer la jachère ; les troupeaux paissent sur les jachères, qu'on appelait autrefois des *sombres*, et on disait *sombrer* pour jachérer. V. Novale, Dessaisonner, Dessoler. Assolement. Une pièce d'orge, d'avoine, etc., c'en est un champ.

Rabattre un champ, c'est y rouler un cylindre appelé le *rouleau*, trainé par un cheval pour unir le champ hersé. Le bout du champ, quand il y a une palissade, un mur, s'appelle le *tournant;* et les bords du champ non labourés, les bordures ou *bords*. Quand il y a une élévation le long des bordures d'un champ, qui sépare un champ d'un autre, ou le long du bord d'un fossé, on l'appelle une *crête*, et non pas un *rang*. V. Enclave.

Sur le champ labouré ou *guéret*, avant de semer, on marque les sillons pour les espacer avec des piquets ou des rameaux d'arbres. Un espacement de sillons à semer en comprend environ une vingtaine. Semer *à claire voie,* c'est l'opposé de *semer épais* ou *dru*. On sème le blé avec la main ou avec un *semoir,* et l'on couvre le blé avec la *herse*. V. Blé. On appelle aussi *semoir* le sac où l'on met la semence pour la semer. V. Dru.

Effriter une terre, c'est l'épuiser sans y mettre d'engrais. *Affricher une terre*, la laisser en friches, négliger de lui donner les labours convenables. *Amender une terre*, la rendre meilleure, en augmenter le produit. V. Assolement, Assoler. *Déchaumer une terre,* c'est labourer ou piocher une terre qui n'a point encore été cultivée. *Écobuer une terre,* c'est la peler avec la *houe*, et la brûler en faisant des fourneaux, pour y semer. Un auteur moderne appelle la houe de l'écobueur, une *écobue;* et la terre brûlée, du *brûlis. Houer, piocher, bêcher la terre* avec la houe, le *hoyau*, petite houe, avec la pioche, la bêche, le *pic*, le *louchet* qui, étant emmanché, ressemble à une pelle. *Rotisser une terre*, c'est remettre en labour une terre qui était en friche, faire un rotis.

Après les semailles, quand les blés sont encore en herbe, on *épierre* les champs, on décombre les prés et les pâturages. V. Paturage. On *épand* les *taupinières* avec le *trident*, la *ratissoire* ou le *rabot*, la pioche, etc. V. Jardinier. Quelques-uns disent aussi répandre pour épandre les taupinières. V. Taupe, Épandre. On *répare* les clôtures. V. Cloture. On *façonne* le bois de chauffage. V. Bucheron. Quand la *pampe*, ou *fane*, ou feuille des blés est un peu levée, on sarcle les blés et les jardins. *Affermer* une terre, en céder la culture et le produit moyennant une certaine somme. V. Effioler, Jardinier, Blé, Moissonneur, Herbe.

LAINE, f. V. Carde. La plus fine laine cardée s'appelle de l'*étaim*; *laineux*, qui a beaucoup de laine. *Lainier*, marchand de laine. V. Suinter.

LAITERIE, f. lieu où l'on met le lait de vache, de chèvre, où l'on fait le beurre, la crême, le fromage, etc. V. Fromager. Le beurre se fait ordinairement dans une *baratte* en remuant la crême avec une *batte* dont le manche entre dans un bois rond percé de plusieurs trous, qui s'appelle le *bat-beurre*. *Barratte*, faire du beurre. La *baratte flamande* est de la forme d'une grande meule à émoudre les couteaux; on la tourne avec une manivelle pour faire le beurre. Un *coin de beurre* est un morceau en forme de coin, qu'on sert à table. La *babeurre* ou lait de beurre est le lait resté au fond de la baratte quand le beurre est fait. On transporte le lait dans des *banneaux* derrière le dos avec des bretelles, comme une hotte. V. Fromager. Quand les banneaux sont plus gros qu'une hotte ordinaire, on les appelle des *bannes* ou *tinettes*. *Butireux*, qui tient de la qualité du beurre. *Beurrier, beurrière,* celui ou celle qui vend du beurre. V. Coquetier. *Beurrer du gâteau,* du *pain,* étendre du beurre dessus. Une *beurrée,* tranche de pain beurrée.

LAITIÈRE, f. femme qui vend du lait ; on appelle aussi une laitière une vache ou une nourrice qui a du lait : *c'est une bonne laitière. Crémière,* femme qui vend de la crême. V. Vache.

LAMPE, f. ; le *lamperon* est la languette où se met la mèche. Le *lampion,* c'est le vase de verre suspendu dans la couronne d'une lampe d'église , entre le *panache,* partie de dessus, et le *culot ,* partie de dessous ; la lampe de Cardan est faite de telle façon que , de quelque côté qu'on la tourne , l'huile ne se répand pas. On en fait encore de plusieurs autres façons.

LAPER ; v. a. boire comme le chien, le loup, le renard , etc.

LAPIN , m. (on a dit *conil*), animal domestique ressemblant au lièvre. Une *garenne* est un lieu où l'on tient des lapins ; le *garennier* est celui qui en a soin. Cet animal *se terre,* et le trou où il se met , ou se *blottit,* ou se *tapit,* ou se *clapit,* s'appelle un *terrier,* un *halot,* une *rabouillère.* La femelle du lapin s'appelle une *hase,* (l'*h* s'aspire), ou une *lapine,* et le mâle porte aussi le nom de *bouquin.* Un *lapereau* est un petit lapin. *Clapir,* c'est crier comme le lapin. Un *clapier* signifie une cage de bois où l'on enferme les lapins. Un *clapier* est aussi un lapin de clapier , nourri dans un clapier. *Clapier* signifie encore un terrier dans une garenne. V. Trappe, Lièvre.

LARD, m. ; une *flèche de lard* est la moitié d'un cochon ; un *quartier* de lard est la moitié de la flèche. La *couenne* de lard est la partie de la peau qui est dure et attachée au lard. *Larder*, mettre des lardons de lard à un rôti avec la *lardoire* qui est une sorte d'aiguille pour larder , pour piquer la viande de lard. Un *caron* est une pièce de lard dont on a ôté tout le maigre , et qui est propre à larder. Le *paleron* est le jambon de devant avec l'épaule. *Barder de lard un chapon* , c'est l'entourer avec des bardes ou fines tranches de lard pour le rôtir. La *panne* est la graisse non fondue du cochon et de quelque autre animal, dont la peau est garnie, surtout sous le ventre. Quand la panne est fondue , elle donne le *sain-doux* ; et le *vieux-oing* dont on se sert pour graisser les essieux des chariots, est une graisse du cochon tirée des reins de cet animal. Du lard *rance* est celui qui est *ranci*, qui sent mauvais. V. Bajoue , Cochon.

LATTE, f. V. Charpente. Un *lattis* est l'arrangement des lattes sur les chevrons. On pose les tuiles sur le *lattis*.

LAVE, f. à couvrir une maison ; on la connaît mieux sous le nom de *dalle* , f. pierre plate , tablette de pierre dure. Le *schiste* est cette pierre qui se sépare par lames et par feuilles, comme l'ardoise.

LAYER, v. faire une *laie* ou chemin dans une forêt V. Maçon.

LÉGUME, m. Les *pois*, la *vesce*, les *haricots* (l'*h* s'aspire), les *féves*, *faséoles*, *féveroles*, *lentilles*, etc. sont des légumes. On appelle aussi légume toutes sortes d'herbes potagères et de racines bonnes à manger. La *gousse* de *cosse*, qu'on appelle encore la *silique*, est l'enveloppe où les grains sont enfermés dans de petits creux appelés *alvéoles*, m. Les grains tiennent dans l'alvéole par un *pédicule* ou pied. L'enveloppe des grains de pois, de lentille, etc., quand on les cuit, s'appelle une *écale*; les écales de pois restent dans la *passoire* quand on fait de la *purée*; les coffes encore tendres quand les pois viennent d'être défleuris, s'appellent des *plateaux*. *Écosser des pois*, tirer le grain de la cosse. *Effiler* des pois, des haricots, ôter le fil des bords de la cosse. *Ramer* des pois, planter des rames ou verges pour les soutenir : *des pois ramés*. Le pois sans cosse ou *pois goulu* est celui dont la cosse se mange. Pois en *cosse* ou en *gousse*, pois qui sont encore dans la cosse. Pois bien *cossus*, bien gros, qui ont de belles cosses.

LESSIVE, f. La *laveuse* ou *lavandière*, qu'on appelle encore *buandière*, ayant placé son cuvier (et non pas *cuveau*) sur un trépied, y met une *cannelle* garnie de son *piston*, comme à un tonneau, V. Cave, ou se contente d'y mettre un *bouchon*. Plusieurs laveuses font tremper et lavent dans l'eau claire le linge sale avant que de l'*encuver*, ce qui s'appelle *effanger le linge*. Sur le linge encuvé on met le *charrier* qui est fait de grosse toile; dans le charrier on met les cendres, et ces cendres lessivées s'appellent de la *charrée*. Pour *couler la lessive*, on verse sur les cendres de l'eau chaude qu'on puise dans la chaudière avec un *seau* ou avec un *puisoir*. Quelques auteurs disent *voyer la lessive*, pour la couler, en versant de l'eau chaude sur le linge. On porte les linges au *lavoir* ou dans une *auge*; on les frotte et on les bat avec les mains ou avec un *battoir* sur des tablettes de bois. On les met tremper dans de l'eau claire avant que de les tordre, ce qui s'appelle *ai-gayer* le linge ; on dit encore *guéer le linge.* On porte les linges tordus dans l'*essui* qui est un lieu propre à sécher, ou essorer, ou essuyer, ou éventer, ou mettre à l'évent. *Accoupler* des serviettes, du linge, c'est en faire des paquets pour les mettre à la lessive ; les désaccoupler, les séparer.

La blanchisseuse *repasse* le linge sur une table ou sur une platine ronde de cuivre, avec un *carreau.* Il y en a de plusieurs façons ; le carreau ou fer à repasser de la blanchisseuse est moins pointu que celui du tailleur. Il y a des carreaux à boîte, où l'on renferme une plaque de fer chaud ; on l'appelle aussi un fer à repasser en cage. On serre le linge dans la *lingerie.* On paie tant pour le lavage, et tant pour le blanchissage. *Détirer* le linge, c'est l'étendre en tirant ; l'*évider*, c'est en faire sortir l'empois qui est de trop, en le frottant ; le *désempeser*, c'est en faire sortir l'empois en le trempant dans l'eau. On donne le nom de *lessive* au linge sale qu'on veut blanchir, et à l'eau de cendre qui blanchit. *Lessiver*, faire la lessive. La *buanderie* est un bâtiment ou autre lieu propre à faire la lessive. L'eau de lessive, ou simplement de la lessive, s'appelle aussi du *lessieu :* mais ce mot nous semble plutôt patois que français.

LEVIER, m. barre de bois ou de fer pour lever un poids. V. Abatage.

LÉZARD, m. reptile : celui qui est jaune, marqué de taches noires, s'appelle un *mouron.* Il vit souvent dans l'eau ; c'est une espèce de salamandre aquatique ; mais la *salamandre* commune a la queue plus grosse, et est plus variée pour les couleurs. Une *lézarde* est une crevasse dans un mur.

LIAISONNER, v. a. arranger des pierres, des bardeaux l'un sur l'autre, de façon que le joint des uns porte sur le milieu des autres. V. Bardeau.

LIE, f. des *effondrilles* f., des *fèces* f., de la fécule, du *sédiment*, du *marc*, du *dépôt*.

LIÈVRE, m. Le mâle s'appelle un *bouquin*, et selon quelques auteurs, un *rouquet*; le petit, un *levraut*; et la femelle une *hase* (*h* s'aspire); les bouquins *bouquinent les hases*; la *muette* est le gite où la hase met bas ses petits, ou *levrète*. V. Gite, Lapin.

LIMAÇON, m. On donne ce nom aux *limas* qui ont des coquilles, et qui sont une sorte de petits *escargots*. Le limas ou la *limace* est une espèce d'escargot sans coquille : il y en a de différentes couleurs et grosseurs.

LIMITROPHE, adj. pays limitrophe, voisin d'un autre état; ville frontière, limitrophe, qui est sur les limites. V. Confin.

LIN, m. V. Chanvre. *Dréger* le lin, c'est le passer par un peigne appelé la drége, pour en ôter la *graine*. On met le lin ou le chanvre en *chaîne* pour le sécher; c'est-à-dire, on dresse en chevron les poignées liées les unes contre les autres, ou à terre, ou appuyées sur une perche. *Linière*, champ de lin.

LINGER, ÈRE, qui fait ou vend du linge. Marchand linger, boutique lingère.

LINOT, m. le mâle de la linotte, petit oiseau de chant, qui apprend des airs, comme le *pivoine*. V. Oiseau.

LIT, m. Le bois de lit s'appelle aussi un *châlit*, mais il vieillit : on l'appelle aussi une *couche* ou un *bois de lit*, qui comprend l'*impériale* ou le *ciel* : on dit au pluriel des *ciels* de lit ; les *quenouilles* ou *piliers*, ou *colonnes*, les pieds. Le *dossier*, ce sont les planches de la tête du lit, ou l'étoffe qui les couvre. Entre le dossier et le *chevet*, on met quelquefois une pièce de bois bien travaillée, ou couverte d'étoffe, souvent brodée ; on l'appelle un *chantourné*. Les *goberges* sont les planches qui forment le fond du lit, qu'on appelle aussi l'*enfonçure*, sur quoi se met la *paillasse* ; quand elle est de crin, on l'appelle le *sommier*.

Le *matelas* ; on en fait quelquefois avec de la balle d'avoine. V. Avoine. Les draps ; la *couverture* et non pas *couverte*. Le lit de plume est une couverture remplie de duvet. Un *lodier*, et selon d'autres, un *loudier*, est une couverture de laine entre deux toiles piquées. La *mante* est une couverture de laine grossière. Le *chevet*, ou *traversin*, ou *oreiller*, ou *coussin* rembourré de plume. V. Coussin. La *taie* de l'oreiller est la toile qui l'enveloppe. Le *couvre-pied* est une couverture qu'on met sur les pieds ; la *courte-pointe* est la couverture qui couvre le dessus du lit pour le parer ; la *housse* est une espèce de courte-pointe légère qui est soutenue par des bâtons ou barres de bois, et qui traîne jusqu'à terre. Les *rideaux* étant tirés, on dit, *le lit est en housse*, c'est-à-dire paré de sa housse. Le *soubassement* est une espèce de pente qu'on met au bas du lit, et qui descend jusqu'à terre. Les *pentes* sont des bandes d'étoffe autour des rideaux et du ciel ; les pentes de dedans

s'appellent les *petites pentes*, et ces pentes s'appellent aussi
un tour de lit. Les pentes sont souvent bordées de *crépine*
qui est une sorte de frange de soie, d'argent, etc. V. Bouffette. Les rideaux sont soutenus par des *tringles* ou *ba-*
guettes de fer avec des *anneaux*, lesquelles tringles sont
arrêtées par des clous dont la tête forme un anneau : on les
appelle des *pitons*. V. Piton. La *bonne-grace* est le demi-
rideau devant le chevet du lit, et les *cantonnières* sont les
rideaux qui entourent les pieds du lit.

On fait des *lits à tombeau*, des *lits à la turque*, adossés
contre une cloison; des *lits d'ange*, qui n'ont point de
quenouilles; des *lits de veille*, petits lits placés dans la
chambre d'un malade, etc. Une *couchette* est une sorte
de petit lit sans piliers et sans rideaux. Pour empêcher la
couverture de tomber, on met une *barre* devant le lit,
faite quelquefois en forme d'échelette. Un *grabat* est un
petit lit bas, de pauvres gens. Un *lit de repos*, ou *sofa*, ou
canapé, pour se reposer de jour. V. Chaise. Une *roulette*,
lit bas qui se met de jour sous un autre lit. On place des
lits dans des *alcoves* f., qui sont des enfonçures dans la
cloison d'une chambre, pour que le lit ne soit point dans
la chambre. La *ruelle du lit* est un espace entre le lit et
la muraille. Le *hamac*, appelé aussi un *estrapontin*, consiste dans une seule couverture suspendue avec des cordes.
Une *table de nuit* est une petite table placée à côté du lit,
sur laquelle on met les choses dont on peut avoir besoin la
nuit. Un *bourdalou* est une sorte de pot de chambre
oblong, un peu ovale.

LITEAU, m. V. Loup. C'est aussi une tringle de bois
sur laquelle pose une pièce, ou posée sur une pièce couchée.

LITEAUX, m. p. raies bleues ou rouges qu'on fait aux nappes, aux serviettes. Une *vivelle* est une espèce de dentelle faite à l'aiguille pour boucher un trou, au lieu d'y mettre une pièce.

LOQUET, m. sorte de fermeture de porte fort simple : il y en a de plusieurs sortes. Le *loquet à poucier* est le plus simple de tous. Pour ouvrir une porte fermée au loquet à poucier, celui qui entre, prend la porte d'une main par la poignée, il presse avec le pouce sur le *poucier* qui est une bascule ; la tige du poucier, qui passe à travers la porte, fait hausser le *battant* du loquet qui est derrière la porte ; le battant en se haussant quitte le *cran* du *mantonnet* planté dans le jambage, et la porte est défermée. Le battant qui se hausse et se baisse est arrêté à la queue par un clou, et la tête bat dans le *cramponnet* planté dans la porte.

Dans le *loquet à bouton,* on tord le bouton qui tient lieu de poucier, et sa tige fait hausser le battant qui se décroche du mentonnet, et la porte est ouverte. Dans le *loquet à coquille*, on presse sur la coquille, qui fait de même hausser le battant à ressort ou non à ressort, on fait avancer ou retirer un *péne*, V. Serrure, et la porte s'ouvre. Ces sortes de loquets à coquille ou à bouton s'appellent aussi des *cadoles* f. On en construit de plusieurs façons. Il y a aussi une sorte de loquet appelé un *clinche*, qui se met au-dessus de la serrure d'une grande porte qu'on ouvre avec une petite clé pour éviter de porter la grande.

Le *loqueteau* est un petit loquet pour les fenêtres. Comme on les ouvre du même côté qu'on les ferme, il n'y a pas besoin de poucier ; le *battant* assujéti sur une platine de fer avec un petit ressort, s'accroche au mentonnet planté dans le *châssis dormant*, pour fermer la fenêtre. Quand on place un loqueteau au haut d'une croisée, le mentonnet est renversé, et au moyen d'une ficelle qu'on tire, on fait décrocher le battant du mentonnet, et la fenêtre se trouve défermée. Il y a encore plusieurs autres sortes de loquets, dont les principales pièces portent les mêmes noms que dans les précédents. V. SERRURE, FENÊTRE.

LOUP, m. le mâle de la louve. *Louveteau*, petit loup. *Liteau*, retraite, repaire m. du loup. On appelle aussi *déchaussières* ou *déchaussures* f. , le lieu où le loup a gratté pour se retirer, où le loup s'est déchaussé. *Louveter*, faire des loups. *Loup-garou*, *lycantrope*. La lycantropie est une maladie qui fait croire qu'on est changé en loup, en bête. Le loup *ligne* la louve, la couvre.

LUNETTES, f. p. ou une *paire* de lunettes, deux verres assemblés dans une même *enchâssure* ou *châsse* pour soulager la vue, mais les *bésicles*, proprement dites, sont des lunettes attachées à un bandeau autour de la tête pour préserver les yeux de la poussière ou du vent. L'entre-deux des verres, qui est arqué pour s'ajuster sur le nez, s'appelle l'*arcade* f. La *lorgnette* ou le *monocle* n'a qu'un verre enchâssé ; les myopes, c'est-à-dire, les gens à courte vue s'en servent pour regarder à quelques pas d'eux. V. MYOPE. Le *binocle* est un télescope à deux tubes qui ont chacun leurs verres pour voir des deux yeux à la fois le même objet. Le *polyscope*, ou le verre à facettes, multiplie les objets.

La *lentille* est un verre convexe des deux côtés ; son *foyer* brûle le bois au soleil. Celle dont les horlogers se servent, s'appelle une *loupe*. Le *microscope*, appelé aussi un *engyscope*, grossit beaucoup les petits objets. Les *lunettes d'approche* ou *de longue vue* ou *à longue vue*, et les *télescopes* rapprochent les objets. Le verre du côté de l'œil est l'*oculaire*; celui du gros bout est l'*objectif*. Les morceaux ronds de carton qui tiennent les verres, sont les *diaphragmes* m. Les *hélioscopes* ont les verres colorés pour observer le soleil. La lentille concave d'un côté et convexe de l'autre s'appelle aussi un *ménisque*. Le *prisme* est un verre massif, triangulaire, bien poli, qui représente tous les objets colorés des plus vives couleurs, comme un arc-en-ciel. Les *conserves* sont des lunettes de nez qui grossissent peu ou point les objets et conservent la vue. Le *lunettier* est un faiseur de lunettes, ou un marchand de lunettes. Un *opticien* fait toutes sortes de lunettes, de télescopes, etc. Il étudie l'optique ou la science de la vision. V. OEil.

MACHINE, f. à lever des fardeaux. On a dit un *engin*, et on dit encore des *engins* de guerre pour des machines à battre des places. Les machines les plus connues sont la *grue*, le *gruau*. V. Grue. La *sonnette*. V. Sonnette. Le cric. V. Charretier.

Le *vindas*, qui a le treuil horizontal (l'académie dit que l'*s* se prononce), le cabestan, dont le treuil est perpendiculaire, qui s'appelle aussi un *virevaut*, servent à tirer à bord des vaisseaux, à lever des poids, des cordages, des ancres, etc.

La *chèvre* est une machine de figure triangulaire, composée de trois pièces, dont deux s'appellent les *bras*, et la troisième le *bicoq*. Le treuil est horizontal, il se tourne avec des leviers; et les *poulies* ou *moufles* sont au haut : au moyen de la corde qui s'enveloppe autour du treuil ou

rouleau, on lève de très-gros fardeaux. V. Poulie, Abatage.

La *chevrette* est une sorte de petite chèvre sans poulie
ni treuil; elle est composée de deux fortes planches larges
d'environ huit pouces, hautes de six à sept pieds, assemblées
perpendiculairement l'une contre l'autre à la distance d'environ un pouce, et appuyées par un bicoq ou pied-de-
chèvre. Ces deux planches sont trouées le long de chaque
bord; deux chevilles de fer ou *boulons* servent d'appui à
un levier de fer, placé par le bout d'en-bas entre les deux
planches; on change de trous ces boulons en montant,
chaque fois qu'on lève et qu'on abat le levier, dont le crochet près des appuis tient la charge attachée au crochet,
au moyen de quoi un homme d'une médiocre force charge
seul sur un train de chariot un gros tronc d'arbre. Les
bûcherons en font grand usage; on s'en sert dans l'artillerie.

Le *verin* est une machine en manière de presse, composée de deux fortes pièces de bois posées horizontalement,
et de deux grosses vis qui font élever un pointal enté sur
le milieu de la pièce de dessus. Cette machine sert à charger
de grosses pierres sur les charettes, à reculer des pans de
bois, etc.

MAÇON, m. Il est ordinairement maçon, *tailleur de
pierre* et *carrier*, c'est-à-dire, tireur de pierre dans la
carrière, qu'on appelle dans quelques provinces une *per-
rière*. Il ouvre la carrière avec la *pioche*, la *pelle*, etc. Il
arrache et lève les pierres avec la *pince* ou *levier*, appelé
aussi la *barre*, en faisant des *pesées*. V. Abatage. *Abatis*,
pierres extraites dans une carrière. Il en lève ou en arrache
avec le *pic*, le *picot*; il *ébousine* la pierre, c'est-à-dire,

en ôte le *bousin* ou la croûte, avec un marteau un peu fendu à chaque bout, appelé un *épinçoir*; il *pique* ou *smille* la pierre avec la *smille* ou *pioche*, marteau à deux têtes pointues, ce qui s'appelle aussi *rustiquer* une pierre; il *dresse les angles* de la pierre rustiquée avec le *ciseau*, le *maillet*, la *règle* et l'*équerre*; il unit la surface ou le *parement* avec la *laie*, qui est un marteau *brettelé*, ou *bretté*, c'est-à-dire, dont les bouts plats ont des dents peu élevées, ce qui s'appelle *layer* ou *bretteler* la pierre; il l'unit en la grattant et frottant avec une espèce de truelle brettelée, appelée une *ripe*; *riper* la pierre, c'est la ratisser, l'unir avec la ripe; la *rondelle*, espèce de ciseau rond pour achever de polir dans les cannelures des piliers. Il fend les grosses pierres avec un gros marteau à long manche, appelé le *têtu*, ou la *masse*; il perce la pierre avec une aiguille brettelée. Les sculpteurs en marbre ont aussi une espèce d'aiguille brettelée pour faire des trous; ils l'appellent une *boucharde*. Le *décintroir* est un marteau de maçon qui a deux tranchants tournés en divers sens. Une *épaufrure* est un éclat qui s'emporte mal-à-propos dans le parement d'une pierre; et une *encornure* est un éclat emporté dans une arête ou angle. V. Recoupe, Déblai.

L'aide-maçon, ou manœuvre, *gâche*, ou *pétrit*, ou *corroie* le mortier dans un bassin, ou dans une auge, avec une *houe*, ou avec un *rabot* en forme de ratissoire; le *goujat* porte le mortier avec *l'oiseau* sur ses épaules; le maçon *taille* ou coupe la pierre pour *murer*, avec le *petit têtu*, ou avec la *hachette*, prend le mortier avec sa *truelle*, remplit le milieu des murs avec du *blocage*, ou de la *blocaille*, ou des *moëlons*, ou du *cailloutage*, ou autre pierre de *remplage* entre les parements. Les pierres assez grosses pour faire parement des deux côtés, s'appellent des *par-paings. Cette pierre fait parpaing dans le mur*; il met du mortier dans les joints des pierres, ce qui s'appelle *gobeter*. V. Liaisonner. *Jointoyer* les pierres, c'est y mettre du mortier pour les lier et les faire joindre. La *platée* est le massif qui forme le fondement de tout le bâtiment; et les grosses pierres brutes des fondements s'appellent du *libage*. Le *plâtras* est un morceau de plâtre qui a déjà été mis en usage. Le *plâtrier* est celui qui fait ou vend du plâtre, lequel plâtre s'appelle aussi du *gyp,* ou *gypse*. Le *torchis* est un mortier fait avec de la terre grasse et de la paille ou du foin; on l'appelle aussi de la *bauge,* ou du *bousillage;* et *bou-siller,* c'est maçonner ainsi avec du torchis; c'est aussi faire un ouvrage grossièrement. Le *coulis* est un mortier clair pour remplir les joints des pierres; le *repous* est du mortier fait avec du plâtre rebattu, de la poudre de brique, etc. *Enduire un mur,* c'est y faire un enduit, ou *crépi,* ou *couche* f. avec la truelle. *Renformir* une muraille, c'est y faire un *renformis,* c'est-à-dire, la recrépir, pour la faire paraître neuve; la *grisailler,* c'est lui donner une couleur grise avec du mortier gris. *Épigeonner,* c'est employer le plâtre un peu épais avec la main ou la truelle, sans le jeter ni le plaquer. *Hérisser* ou *hérissonner* un mur, le re-couvrir, le recrépir. V. Ragréer, Regratter.

Les *boulins* ou trous des boulins, appelés aussi des *opes* m., sont les trous où entrent les bois qui portent les ponts ou échaffauds des maçons, qui lient leur bois avec des cordes ou avec des bois sarmenteux, tels que le troène. V. Arbre. Les *bois de brin,* qui servent à la construction des échaffauds, s'appellent des *échasses*, des *baliveaux*, ou des *écoperches* f. Les bois qui entrent dans les boulins, et ceux qui les supportent, forment des *chevalets*, ou *triquets*, sur lesquels on pose les planches. L'*appareilleur* est l'ouvrier qui trace ou marque les pierres pour être taillées et dressées. *Hourder*, c'est maçonner grossièrement; une cloison hourdée. *Abreuvoirs*, petites ouvertures pratiquées entre les joints des pierres pour y couler un mortier liquide qui, devenu sec, fait corps avec la pierre. V. Cloison, Mur, Araser, Hourdage. Les *assises* sont les rangs de pierres de taille; chaque assise a tant de pouces de haut.

MAI, m. arbre planté devant une porte; c'est un *houpier*, c'est-à-dire, ébranché jusqu'à la tête. *Mai*, pétrin. V. Four.

MAILLOCHE, f. gros maillet de bois. V. Bucheron. La *massue* est une sorte de gros bâton noueux, qui va en grossissant.

MAISON. V. Avant-corps, Avant-toit, Auvent, Charpente, Grange, Chartil, Poêle, Cloison, Écurie, Guérite, Fenêtre, Porte, Façade.

MAMELLE, f. ou téton; le *mamelon* est au bout de la mamelle; l'*aréole* f. est le petit cercle coloré qui entoure le mamelon. Mamelle et mamelon est pour les femmes; le *pis* et le *trayon* est pour les vaches, les chèvres; la *tétine* ne se dit que quand le pis est regardé comme viande à manger. Au lieu de trayon pour les truies, les chattes, et autres bêtes qu'on ne trait pas, on dit les *tettes* f. Les *tétins* se disent aussi pour l'homme et pour la femme, et se prennent pour le bout de la mamelle; le *sein* est la partie depuis le bas du cou jusqu'au creux de l'estomac, et se prend souvent pour les mamelles. On lui a coupé le sein droit, la mamelle droite ; la *gorge* c'est le cou, et dans les femmes c'est le cou avec le sein.

MANÉGE, m. V. CHEVAL, ÉQUITATION.

MANGEAILLE, f. nourriture pour les animaux, et surtout pour les oiseaux. V. VICTUAILLE, PATÉE.

MANOUVRIER, m. homme de journée. *Manœuvrier*, qui entend bien la manœuvre d'un vaisseau. Manœuvre, aide à maçon.

MARÉCHAL FERRANT, m. Il *pare* la *sole* du sabot, c'est-à-dire, le dessous du pied, la *fourchette*, avec le *boutoir*, ou *paroir*, qu'on appelle encore une *butte*, principalement dans le blason ; il *rénette*, c'est-à-dire, il coupe le sabot quelquefois par sillons avec la *rénette* qui sert aussi à chercher une enclouure dans le pied du cheval ; il *rogne* l'ongle avec une sorte de couteau appelé le *rogne-pied* ; il *plante* les cloux avec le marteau appelé le *brochoir*; et pour les river, il coupe le bout qui sort avec les *tricoises* ; c'est ainsi qu'on appelle les tenailles dont les mâchoires sont tranchantes ; le bout du clou rivé s'appelle le *rivet* ; et une pointe restée dans l'ongle est une *retraite*. L'enclouure est le mal d'un cheval encloué, c'est-à-dire piqué dans le vif. *Étamper* un fer, c'est y faire les huit trous avec le poinçon appelé une *étampe*, et l'*étampure* sont les huit trous faits. Le bout du fer en devant s'appelle la *pince*, et les extrémités des branches refoulées qui couvrent les talons sont les *éponges*. Quand on *ferre à glace*, c'est aux éponges que se mettent les *crampons*. V. CRAMPON. On dit le fer

du cheval *loche*, pour dire il bat ; losque le cheval est difficile à ferrer, on lui met au nez une machine appelée les
morailles, ou seulement un *torche-nez*, qui se fait avec
une ficelle et un bâton qu'on tord pour faire serrer la ficelle. On assujétit encore le cheval dans un petit bâtiment
appelé le *travail*, et au pluriel les *travails*. Le *pas d'âne*
est un instrument pour tenir la bouche du cheval ouverte,
afin de la visiter. V. Forgeron, Cheval, Équitation,
Selle, Bride, Collier, etc.

MARTELET, m. petit marteau propre à marteler de la
vaisselle sur l'enclume.

MASCARON, m. tête grotesque qu'on met aux fontaines,
aux portes, etc. V. Terme.

MATELASSER, v. piquer en façon de matelas. V. Rembourer. Le matelassier *fait* ou *rebat* les matelas.

MATINEUX ou matinal, qui se lève matin ; et *matinier*,
qui appartient au matin ; étoile matinière.

MÉDAILLE, f. on voit sur une médaille, ou sur un écu,
trois légendes ou inscriptions ; la légende de l'*écu* ou de
l'*écusson*. La légende de l'*effigie*, etc. La légende de la
tranche ou *circonférence*, etc. L'*exergue* m. sur une médaille est un petit espace ordinairement au bas de l'effigie,
où l'on met la *date* ou *millésime ;* le *grenetis* est un petit
cordonnet relevé en bosse autour de la monnaie ; le *revers*
est le côté opposé à l'effigie ou empreinte ; la *pile* est le côté
où sont les armes du prince.

MESSIER, m. paysan commis pour garder les fruits de
la terre.

MÉTAIRIE, f. *grange, cense, ferme* tenue par un

fermier, par un *métayer* (et non pas *granger*). V. Cens,
Bail.

MEULE, f. à repasser les couteaux. Le dépôt qui se
trouve au fond de l'auge sous la meule s'appelle de la *moulée*,
ou matière *cimolie*. Un *rabateau* est un morceau de cuir
ou de chapeau, placé devant la meule, pour empêcher l'eau
de jaillir contre l'émouleur. Une *meulière*, on dit encore
une *molière*, est une carrière où l'on tire la meulière, ou
pierre de meulière, dont on fait les meules des moulins.
V. Moulin, Touret.

MIROIR, m. Le *tain* est la feuille d'étaim appliquée
derrière le miroir. Le *valet* du miroir est la petite étaie
qui le tient dressé sur une table pour se mirer. V. Fenêtre.

MITAINE, f.; elle diffère du gant en ce que dans la
mitaine les doigts sont tous ensemble, excepté le pouce.
Les mitaines de femme ne couvrent quelquefois que le dessus
des doigts; le *miton* ne couvre que l'avant-bras. La *moufle*
est une grosse mitaine fourrée. Le *brasselet* est un ornement que les femmes portent au bras; le *doigtier* est une
enveloppe pour couvrir un doig blessé; le *poucier* est ce
qui couvre le pouce dans certains métiers. V. Doigts.

MOINEAU, m. la plus petite espèce s'appelle un *friquet*.
Pepier, c'est crier comme un moineau. On appelle quelquefois un moineau un *passereau*, et la femelle une *passe*.

MOISSONNEUR, m. Il coupe le blé avec la *faucille*,
ce qui s'appelle *scier le blé*; ou avec la *faulx*, ce qui s'appelle faucher. V. Faucheur. Les *javeleurs* mettent le blé
en *javelles* pour le sécher; ce qui s'appelle *javeler*. On dit
aussi, *laisser javeler les avoines*, pour dire les laisser

mouiller et sécher sur le champ, pour qu'elles s'égrènent mieux. On forme les *gerbes* avec les javelles, ce qui s'appelle *enjaveler*, *engerber*, ou *gerber*. Le *lieur* lie les gerbes en serrant le lien avec une cheville de bois, ou *garrot*. L'avoine est le menu grain, au lieu d'être mis en gerbes, on le met en *chaînes* pour les ramasser, et charger sur le chariot. On charge les gerbes avec la *fouine* ou *fourche-fière* sur le chariot. V. Chariot à échelles. On les engrange dans la grange (V. Grange), et on les serre dans le *gerbier*. Le tuyau resté après la faucille s'appelle le *chaume*. V. Chaume. On coupe le chaume avec une petite faucille appelée une *étrape*, ce qui s'appelle *étraper du chaume*, ou *chaumer*. On nomme *scieur* celui qui scie le blé avec la faucille ; les ablais sont les blés sciés encore sur les champs.

Ramasser du blé coupé avec la fourche, le râteau, en faire des tas pour être mis en gerbes ; les *glaneurs* et *glaneuses glanent* les épis et se nourrissent de leurs glanures. Quelquefois on ne permet pas le *glanage*. On appelle aussi des moissonneurs, des *aoûterons* (prononcez *oûtrons*). V. Aout, Blé, Faucheur. *Affanures* f., blé qu'on donne aux moissonneurs, aux batteurs en grange, au lieu d'argent pour les payer.

MOLLET, m. frange qu'on met aux chaises garnies, aux lits : *mollet d'or*, *mollet de soie*. Le *mollet* ou le gras de la jambe.

MONTAGNE, f.; le sommet s'appelle aussi le *coupeau*, la *croupe*, la *cime*; et le *coteau* s'appelle encore la *pente*, le *penchant*, la *côte*. V. Colline. Un espace plat et uni dans le coteau s'appelle un *plateau*. V. Plate forme,

Tertre. Un pays *montagneux* ou *montueux*, pays de montagnes ; les peuples *montagnards*, ou simplement les *montagnards*, (et non pas *montagnons*), sont les peuples des montagnes. Animaux montagnards. On donne le nom de *pic* à quelques montagnes fort élevées, ou à leur sommet ; le pic d'Adam, le pic du Ténériffe. V. Beurre, Gorge.

MONTRE, f. ouvrage d'horloger en petit volume. Les principales parties sont, les deux *platines* qui forment la cage, au moyen des *piliers* arrêtés par des *goupilles* ; le *barillet*, appelé quelquefois le *tambour*, qui renferme le grand ressort ; la *fusée*, autour de laquelle est roulée la chaine ; la *rosette*, espèce de petit cadran dont l'aiguille fait avancer ou reculer le *râteau* qui se meut dans la coulisse pour alonger à volonté le ressort *spiral*, ou simplement le spiral, et au pluriel *spiraux*, et non pas la *spirale* ; lequel spiral fait mouvoir le *balancier*, dont la *verge* porte les *palettes* de l'*échappement* ; le *coq*, percé à jour, couvre le balancier, etc. Pour les roues, V. Horloge, Établi.

Le couvercle de la boîte s'appelle aussi la *lunette*, et la *cuvette* est la boîte qui renferme le mouvement ; la *bâte* est la partie de la cuvette où pose le cadran et où est fixée la *charnière*. Le *pendant* est le bouton avec sa boucle, où l'on attache la *gance* ou la *chaînette* ; et dans la montre à répétition, on l'appelle le *pouçoir*.

Pour les outils d'horloger, comme ils varient à l'infini, et qu'un grand nombre d'ouvriers qui ont chacun leur partie, et des outils qui y sont relatifs, concourent tous au même ouvrage, ce détail ne peut pas entrer dans le plan de ce dictionnaire. Quoique les outils du forgeron soient bien différents de ceux de l'horloger , un grand nombre ayant à peu près la même forme , porte les mêmes noms. V. Forgeron , Horloger.

MOREAU , m. cheval moreau, extrêmement noir.

MOTTER , v. pron. : la perdrix se *motte ,* se cache derrière une motte.

MOU , m. V. Veule.

MOUCHE , f. ; celles dont on parle le plus sont : l'*abeille,* le *frelon* (V. ces mots), la *guêpe ,* le *bourdon.* Les mouches qui incommodent pendant l'été , en piquant et suçant le sang avec leur trompe , sont les *taons ,* (on prononce *tons*): il y en a de plusieurs espèces. La mouche qui se cache sous la queue des chevaux , des bœufs , etc. est la mouche *arai-gnée ,* ou *mouche à chien ;* le *cousin* fait un petit sifflement aigu en volant , et incommode les gens au lit , surtout dans les pays chauds ; le *moucheron* est la petite mouche. V. In-secte , et surtout Abeille.

MOUFLETTES , f. deux bois creux pour empoigner un soudoir chaud , un fer chaud ; on dit aussi des *attelles.*

MOUILLURE, f. et non pas *mouille,* action de mouiller, ou état de ce qui est mouillé ; le papier craint la mouillure.

MOULIN , m. Ses principales pièces sont la *grande roue ;* quand elle est sur une rivière, elle tourne en-dessous au moyen des *palettes* appelées aussi des *aubes* f. ou *aile-rons* m., placées autour de la circonférence ; la petite roue que fait tourner l'arbre de la grande roue s'appelle le *rouet.* Les dents du rouet s'appellent des *alluchons ;* ces alluchons engrènent dans les *fuseaux* de la lanterne qui fait tourner la *meule.* Les roues qui ont les dents plantées sur la circonférence s'appellent des *hérissons*. Le pivot de l'arbre de la lanterne tourne dans une *crapaudine*. V. CRAPAUDINE. Le gros fer, qui est une espèce de pieu de fer, entre dans la *nille* qui est un fer à trois branches, qui supporte la meule supérieure ; la nille s'appelle aussi une *ancre*, ou le fer de moulin, ou, selon quelques-uns, une *anille*. La meule inférieure, qui est immobile, s'appelle le *gîte*. V. MEULE. La boîte ronde de bois qui renferme les meules, s'appelle *archures* ou *archure*, f. La *trempure* ou *tempure* est le levier qui sert à hausser la meule à volonté. La *trémie*, est cette espèce d'entonnoir carré où l'on engrène le blé pour être moulu ; elle est supportée par les *trémions*. Le *claquet* ou *traquet*, appelé encore par quelques-uns le *cliquet*, est le morceau de bois qui fait un bruit continuel, et par sa secousse fait tomber le blé dans l'*auget*, et de là entre les deux meules. L'*anche* est un conduit carré par où passe la farine dans le *bluteau* ou *blutoir*, et de là dans la *huche* où on la puise avec une *écope* ou pelle creuse. V. FARINE, BARQUE.

La rangée de pieux devant les roues du moulin, s'appelle la *palée*. Le meunier de temps en temps lève les meules pour les battre ou piquer avec la *smille* qui est un marteau pointu à chaque bout. Le meunier prend la *mouture* dans la trémie avec sa coupe.

Quand la roue tourne par le moyen d'un ruisseau, au lieu d'aubes, la roue a des auges appelées plutôt des pots, dans lesquels tombe l'eau pour faire tourner la roue en-dessus. Les ais cloués autour des jantes de la roue, V. ROUE, s'appellent *jantilles*. *Jantiller* une roue de moulin c'est y mettre des jantilles f. pour lâcher l'eau de l'étang. V. ÉTANG.

On lève la *vanne* ou *bonde*, qu'on appelle encore *pale*, *lançoir*. L'assemblage de charpente qui tient la vanne s'appelle *venteau*, et la vanne s'appelle encore *écluse* ou *écluses*; lever, baisser l'écluse ou les écluses. Le canal de bois qui conduit l'eau, s'appelle *biez* ou *buse*; et quand l'eau coule avant d'être enfermée dans la buze, le canal s'appelle *coursier*, *courant*. Le *déversoir* est l'endroit de la buse où se perd l'eau qui est de trop; au bout de la buse est une gouttière très-inclinée, qui conduit l'eau dans les pots de la roue.

On appelle un *écoute s'il pleut*, un moulin qui ne va que par des écluses. Il y a des moulins à étang, des moulins à vent, à ruisseau, à tan pour les tanneries, etc., V. un plus grand détail dans l'Encyclopédie, et V. AQUEDUC. Un *bocard* est un moulin à pilon pour écraser ou bocarder la mine dans une auge. Le *chardeur* est celui qui bocarde la mine à bras.

MOULIN à scie ou *scierie*. Il y a une grande roue à aubes ou à pots, comme au moulin à blé. Une forte *manivelle* au bout de l'arbre, fait jouer la scie, dont le *châssis* se hausse et se baisse en *coulisse* dans des *montants*, et scie en long le *bois de sciage* (V. BOIS), lequel est assujéti sur le *chariot* qui avance avec le tronc de sciage, par le moyen d'un *cliquet* qui pousse deux ou trois dents de la roue de fer appelée le *rochet*; et quand la scie est au bout, un *index* accroche un *déclic* qui lâche la corde de la *bascule*, laquelle fait écarter le bout de la gouttière qui alors porte l'eau à côté de la roue, ou fait tomber la vanne de l'étang, et la scie est arrêtée, ou bien la bascule empêche le cliquet de tomber dans les dents du rochet, et le chariot avec le bois de sciage sont arrêtés.

MOULIN *à foulon.* V. Vendangeur.

MOUSQUET, m. V. Fusil.

MOUTON, m. bélier châtré. On dit aussi un troupeau de moutons, y compris les brebis, les agneaux, etc. Les moutons *cossent* ou *se cossent*, ou *se doguent*, quand ils se battent en se heurtant la tête l'un contre l'autre. Le *tac* qui est une fièvre mêlée de toux, et la *clavelée*, ou *clavée*, ou le *claveau*, qui est une maladie en forme de bouton avec toux, sont les maladies ordinaires des moutons. On fait la *tonte*, ou *tondaille*, ou *toison* des moutons avec des *forces*. V. Forces, Carde. Un *bisquain* est une peau de mouton préparée, qui a encore de la laine ; on en fait des couvertures de colliers de cheval. Les brebis *agnèlent* ou mettent bas leurs agneaux. *Agnelet*, petit agneau ; ce mot vieillit. *Agnelin*, laine de peau d'agneau. *Mouton* a plusieurs significations. V. Cloche, Vendange, Sonnette, Déclic, Patre, Toison, Éclanche.

MUE, f. Mettre des chapons en *mue*, des oisons, etc., c'est les mettre dans un lieu étroit et obscur pour les engraisser.

MUFLE, m. le museau du bœuf, du lion, du léopard, du tigre. Les ornements d'architecture qui représentent des mufles d'animaux, s'appellent des *mufles*.

MUR, m. muraille. Mur de *refend* est celui qui, dans une maison, sépare les pièces d'un bâtiment. Le mur de *clôture* est celui qui ferme une cour, un héritage, etc. Mur de *face*, le devant, le *frontispice*, la *façade* d'un bâtiment. Mur *orbe*, mur où il n'y a ni porte ni fenêtre. Mur *sec*, muraille sèche, faite sans mortier. Le *pignon* est le mur en pointe qui porte le faitage. Le *chaperon* d'un mur de clôture est un petit toit sur le mur pour le préserver contre la pluie. Une *balèvre* est la partie d'une pierre qui s'avance hors de la face du mur. *Donner du fruit à un mur*, c'est le diminuer d'épaisseur à mesure qu'on l'élève. Un mur *fait retraite*, on lui a donné du *fruit*, ou *frit*. Les *pierres d'attente* ou les *harpes* sont celles qui avancent en forme de dents de distance en distance au bord d'un mur, pour faire liaison avec un autre mur qu'on doit construire. L'*embasement*, ou le *soubassement*, ou l'*empatement* est un piédestal, ou base continue en saillie, qui forme une espèce de ceinture autour du pied d'un mur ; il est ordinairement de grosses pierres taillées. Une *barbacane* est un trou au pied du mur, pour laisser passer les eaux. Un *haha* est une ouverture faite au mur d'un jardin avec fossé au dehors, afin de laisser la vue libre. Il y a un haha au bout de cette allée. V. Créneau, Maçon, Regratter, Araser, Fenêtre, Ragréer, Ravaler. On dit que les murailles sont le papier des fous, pour dire que les fous y écrivent leurs noms.

MURE, f. fruit du mûrier. La mûre est noire, et ressemble beaucoup d'ailleurs à la framboise qui est rouge.

MUSELIÈRE, f. ce qu'on met au museau de certains animaux pour les empêcher de mordre, de paître, de téter. V. Emmuseler.

NAGEOIRE, f. ce qu'on met sous les bras pour apprendre à nager. Une *lanquerre* est un gros bourrelet mis autour des reins pour soutenir sur l'eau celui qui apprend à nager. On appelle encore nageoire une sorte d'assiette de bois que les porteurs d'eau mettent sur les seaux, ou dans leurs banneaux, pour empêcher que l'eau ne se répande.

Le *scaphandre* est aussi un corcet garni de lames de liége pour nager sans enfoncer.

NATTE , f. ouvrage du nattier, fait de paille , d'osier, de corde, etc. On l'appelle aussi une clisse. V. Clisse , Porte , Bouteille. Natter , tresser en natte, c'est aussi corder à trois cordons. *Natter des cheveux* ; les dénatter, défaire la tresse.

NEIGE , f. *pelote* de neige , boule que les enfants se jettent. *Flocon de neige* , petite touffe de neige qui tombe. *Il neigeait à gros flocons.* Une *avalanche* est une grande quantité de neige qui tombe tout-à-coup du haut d'une montagne. Une *raquette* est une espèce de petite échelle qu'on met sous ses pieds pour marcher sur la neige. *Neigeux*, sujet à la neige. Temps neigeux.

NEZ , m. Les *ailes* du nez sont les deux bosses de chaque côté du nez , près de l'ouverture. La *cloison* du nez , c'est la séparation des narines : on l'appelle aussi le *diaphragme* ; et l'os du nez s'appelle le *vomer*. Le bout du nez est composé de cartilage. *Nez aquilin* , celui qui descend en pointe comme un bec d'aigle. *Nez épaté* , dont les ailes sont larges. *Nez évasé*, fort ouvert. *Nez camus* , ou *camard* , *écaché* , *écrasé*. *Nez bourgeonné* , chargé de boutons, comme celui d'un ivrogne. *Nez retroussé*, en *pied de marmite,* dont le bout est un peu relevé, etc. *Roupieux,* qui a la roupie, la goutte au bout du nez.

NICHOIR , m. grande cage pour faire nicher des serins. On l'appelle aussi une *cabane*. Le dessus d'une cage porte le nom d'un *rabat* ; et le bas a souvent une *coulisse* qu'on tire pour la nettoyer. Il y a dans la cage des *augets*, un *abreuvoir*, des *juchoirs* , etc. V. Volière, Mangeaille.

NOIX, f. *angleuse*, dont le noyau ne se développe pas, et non pas *noix grièche*. La noix est enfermée dans du *brout* ou *écale* f. *Écaler* des noix, des noisettes, les tirer de l'écale. *Coque* ou *coquille* de noix. Le *zeste* d'une noix est ce qui est dans le noyeau, et qui le sépare en quatre. Le *cerneau* est la moitié d'un noyau de noix encore verte.

NOVALE, f. et non pas *novaux*, terre nouvellement défrichée et mise en labour. V. Laboureur.

OEIL, m. L'*orbite* f. est la cavité de l'œil, c'est-à-dire, le creux dans lequel le globe de l'œil est placé. Un *dragon*, ou une *maille*, est une tache sur l'œil; la taie est une espèce de cataracte ou de toile qui rend aveugle. Des yeux *chassieux*, pleins de *chassie*, qui est une humeur gluante. *Dégluer* des yeux chassieux, en ôter la chassie. Des yeux *cernés*, abattus. Des yeux *éperonnés*, qui ont certaines rides, appelées des éperons, au coin de l'œil, comme on voit aux vieilles gens. *Clignoter* les yeux, c'est les ciller, ou cligner fréquemment. *Bornoyer*, regarder d'un seul œil pour aligner ou viser ; *œil vairon*, dont la prunelle est entourée d'un cercle blanc, ou *vicié* d'une autre façon; il se dit de l'homme, mais principalement du cheval. Les yeux lui *papillottent*, c'est-à-dire que, par un mouvement involontaire, il a peine à regarder fixément un objet. La *cornée* est la première tunique de l'œil, ensuite la *choroïde*, la *rétine*, etc. L'*iris*, m. est la partie colorée qui entoure la *prunelle*. La prunelle s'appelle aussi la *pupille*. Le *canthus* est le coin de l'œil. Le coin ou angle du côté du nez s'appelle le *grand canthus*, et celui du côté des tempes, le *petit canthus*. Le *strabisme* est le regard louche, ou qui fait loucher. Un *collyre* est un remède extérieur pour les yeux. Le *trichiasis* est un mal causé par le poil des paupières qui rentre en dedans. La *berlue* est un éblouissement passager. Un *orgelet* est un petit bouton qui croît sur la paupière de l'œil.

OEIL d'un marteau et de plusieurs autres outils, c'est le trou où se met le manche. L'œil d'une *penture* reçoit le mamelon du gond. V. Penture, Couteau.

OEUF, m. (l'*f* ne se prononce pas au pluriel, non plus que dans bœuf). Le jaune de l'œuf s'appelle aussi le *moyeu*, et le blanc, la *glaire* quand l'œuf n'est pas cuit. OEuf *couvi*, pourri, qui n'a pu éclore et reste dans le nid. OEuf *bisché*, qui est couvé, et où l'on commence à voir quelques fractures par où le petit va sortir. OEuf *nain*, qui n'a point de jaune, et parconséquent stérile. Le *nichet*, œuf qu'on laisse dans le nid pour engager la poule à y retourner. OEufs *pochés*, cuits sans être mêlés. *Coque* ou *coquille* d'œuf. Le temps de la *ponte* des œufs. L'*incubation* est l'action de couver. V. Vivipare.

OIE, f. ; son mâle s'appelle un *jars*, les petits, des *oisons*. La *petite-oie*, c'est le cou, les ailes, le foie et autres petites choses d'un oiseau de rivière. On appelle aussi ces dépouilles *abatis* dans une volaille quelconque.

OISEAU, m. On voit dans l'oiseau *granivore*, c'est-à-dire, qui vit de grains, le *jabot*, appelé aussi la poche, qui reçoit la première nourriture, qui passe delà dans le *gésier*, second ventricule, pour y être digérée. Le gésier, dans les oiseaux de proie, s'appelle aussi la *mulette*. Les grosses plumes des oiseaux de proie se nomment des *pennes*, ou *vannes*, f. Leurs ongles et doigts, des *serres*, f. Leurs nids , des *aires*, f. *Aileron*, c'est le bout des ailes. V. PLUME. Les mâles *cochent* les femelles , les couvrent. On dit des pigeons , des tourterelles , des perdrix , et de quelques autres oiseaux , qu'ils s'*accouplent*.

La plus grande espèce d'oiseau est le *condor* ; il a dix-sept à dix-huit pieds d'envergure. La plus petite espèce est l'*oiseau-mouche* , qui est gros comme un bourdon , et encore plus petit que le *colibri*.

NOMS DE QUELQUES OISEAUX COMMUNS.

Le *milan* , ou *royal-milan* , a cinq pieds d'envergure , ou de vol. C'est un oiseau de proie , de couleur fauve , qu'on voit planer bien haut dans les airs. On le connaît aisément par sa queue fourchue , comme celle de l'hirondelle , caractère particulier au milan parmi les oiseaux de proie. L'*écoufle*, m. est une espèce de milan qui prend aussi les poules ; mais le milan n'est pas l'aigle , dont on distingue plusieurs espèces , comme *aigle-royal* , *orfraie* , *huard* , *aigle à queue blanche* , etc. Le petit *aigle noir* ; son plumage est d'un brun noir , le bec fort crochu. V. AIGLE.

La *buse* a quatre pieds d'envergure ; elle est un peu moins fauve que le milan , et n'a point la queue fourchue : quand la *chouette* est vue de loin en l'air , on la confond souvent avec la buse ; mais de près , la chouette , plus hérissée, a la tête du chat. La *bondrée*, qui est blanchâtre sous le ventre , et le *busard*, ressemblent à la buse ; mais Buffon en fait deux autres espèces.

Le *duc* a cinq pieds d'envergure ; il ressemble à la chouette, mais il est environ du triple plus gros. Cet oiseau de nuit paraît rarement de jour. On l'entend crier le soir ; il a la voix grosse et effrayante. Le petit duc ou *hibou*, qui ressemble au grand par sa figure, n'est pas seulement si gros que le pigeon.

Le *corbeau*, que bien des gens confondent avec la corneille, est d'un tiers plus gros que la corneille même de la grosse espèce, et pousse un cri bien différent. Les corneilles vont souvent par troupe, et les corbeaux ne s'assemblent pas en grand nombre. Le corbeau a près de quatre pieds d'envergure ; il *croasse*.

La *corneille* ordinaire n'a que deux pieds d'envergure ; mais la grosse, appelée le *freux*, en a près de trois. La corneille *emmantelée*, ou *émantelée*, ou *mantelée*, comme dit Buffon, a dix-neuf pouces d'envergure. Son cri est fort aigu. Ces sortes de corneilles passent en troupes nombreuses ; au lieu d'être noires partout, comme les corneilles ordinaires, elles ont les ailes noires, et le corps cendré.

L'*épervier*, qui prend souvent les poules, est de la grosseur du pigeon, et d'une grande rapidité de vol. Il a deux pieds d'envergure, la queue fort longue, les plumes brunes, mêlées de blanc. Le *mouchet* passe pour le mâle de l'épervier.

Le *tiercelet* est le nom du mâle de plusieurs oiseaux de proie, ainsi appelé parce qu'il est d'un tiers plus petit que sa femelle qu'on appelle une *forme*. Un tiercelet d'autour, un tiercelet de faucon, de lanier.

Le *pigeon*. V. COLOMBIER.

La *cresserelle* ou *crécerelle*, comme dit l'académie, que d'autres appellent encore *cercerelle*, *quercerelle*. Cet oiseau, fort connu, a deux pieds quatre pouces d'envergure ;

il a la forme et la grosseur d'un coucou, fauvé sur le dos
et les ailes; la partie inférieure blanchâtre, parsemée de
taches noires. Un caractère aisé à saisir, c'est qu'il plane
dans les airs, et y bat des ailes en s'arrêtant de temps en
temps, comme un vanneur de blé; mais ce n'est pas le
vanneau, qui est un oiseau aquatique, vert sur le dos, et
blanc sous le ventre, une longue huppe derrière la tête :
il est de la grosseur du pigeon. La cresserelle n'est pas non
plus l'*émerillon*, le plus petit des oiseaux de fauconnerie,
et plus petit que la cresserelle. L'*émerillon*, qui ressemble
pour la figure au jeune faucon, est d'un brun-noir sur le
dos et les ailes, et la partie inférieure blanchâtre, tachetée
d'un brun-noir.

L'*étourneau* ou *sansonnet* est assez semblable au merle,
il va par troupe en automne, et se plaît autour du bétail qui
paît; il apprend à parler.

La *pie*, fort connue, s'appelle aussi une *agace*. La *pie*,
le geai, le perroquet *jasent ;* ils apprennent à parler.

La *pie-grièche* est presque de la couleur de la pie ordinaire, mais plus petite et plus courte, à peu près de la
figure et grosseur du merle, le bec crochu ; elle est tachetée
de noir et de blanc comme la pie ; on l'appelle encore une
matagasse

La *grive*, il y en a de quatre espèces communes. La
drenne, ou *draine*, et non pas *traine*, est la glus grosse
de toutes. Ses œufs sont d'un fond blanc sale, tachetés de
noir; son nid de mousse blanche, entrelacé de buchettes au
dehors, et le dedans fait de petites herbes sèches, mêlées
de quelque peu de crin.

La grive commune est plus petite que la draine. Ses œufs

sont bleus, et son nid fait de bois pourri, gàché et durci, ressemble à une écuelle de bois et contient l'eau quelque temps.

La *litourne* et le *mauvis* sont des oiseaux de passage qui paraissent en automne, trop longs à décrire ; je dirai seulement que la litourne est plus grande que la grive commune, et que le mauvis est la plus petite de toutes.

Les *pics*. Il y en a de plusieurs espèces et grosseurs, des *pics-verts*, des *pics-noirs*, des *pics-gris*, rouges sur la tête, appelés des pics variés, ou *épeiches* f., etc. Ils font des trous dans les bois gâtés pour y chercher des vermisseaux et pour y nicher ; ils grimpent sur les arbres comme des rats, ou comme le *grimpereau*, qui est de la grosseur de l'alouette, qui a le bec long, pointu, noir ; la naissance de l'aile est rouge-cramoisi, la gorge blanche, le ventre gris, les pattes et la queue noires. On l'appelle aussi *torche-pot*, et *pic-cendré*.

Le *martin-pécheur*, appelé encore le *merle d'eau*, *drapier*, *pécheur* ; il est de la grosseur à peu près du merle, suit les eaux et les marais. La partie supérieure est verte, le ventre rouge-jaune, le bec fort long, les jambes et les pattes rouges. Des marchands drapiers en pendent dans leurs boutiques pour prétendre en écarter la teigne, insecte qui ronge les étoffes de laine et la pelleterie. Ils l'appellent un *gercier*, parce que la gerce ronge aussi les habits et les livres.

Le *gros-bec* est de la grosseur de la petite grive tout au plus, le corps alongé, et le bec extraordinairement gros, relativement au corps ; il ressemble beaucoup au pivoine, mais il est plus gros. V. Pivoine plus bas. Il est cendré sur le dos, le ventre couleur de vin pâle, la gorge noire.

Le *crapaud-volant*, ou *téte-chèvre*, ou grande hirondelle, oiseau de nuit qui a beaucoup de ressemblance avec le coucou : il a le bec petit, noir et un peu courbe; toute la partie inférieure est variée de petites bandes noires et de bandes blanches mêlées de roux ; la partie supérieure cendrée ; la queue a quatre pouces et demi de longueur ; les ongles noirs. On l'appelle téte chèvre, parce qu'on prétend qu'il téte les chèvres.

L'*alouette* des bois ou le *turli* est d'un quart plus petite que l'alouette des champs ; elle en a à peu près la couleur et la forme. Elle s'élève en l'air, y chante, s'abat subitement nt et souvent se perche sur un arbre, au lieu que l'alouette des champs ne se perche point.

Le *cul-blanc*, que Buffon apppelle aussi le *motteux*, ou *vitrec*, est au moins de la grosseur du moineau ; il a le croupion blanc, ainsi que le ventre, avec une teinte de rouge pâle, le reste gris ; la femelle est un peu plus fauve : il se pose sur les mottes, suit les vieux murs, les tas de pierres, les palissades, et vole peu haut. C'est dans ces lieux - là qu'il trouve des insectes et qu'il niche.

Le *pivoine* ou le *bouvreuil* est un oiseau facile à apprivoiser; il est un peu plus gros que le moineau. Le mâle est d'un beau rouge sous la gorge et le ventre, le reste cendré, le bec noir et camus.

Le *pinson* femelle ressemble au pivoine femelle, mais un peu plus petit, de couleur grise, et blanche dans les ailes. Le mâle a du rouge de vin sous la gorge, et brun châtaigne sur le dos ; il y en a de plusieurs espèces. Le pinson de montagne est bigaré de noir, de jaune , de roux, de blanc sale sous le ventre , et la tête noire.

Le *bruant*, de la grosseur du moineau, mais plus long de corps, a la tête, la gorge et le ventre jaunes , le dos fauve. Son nom de bruant, et selon d'autres, *bruyant*, n'a rien de commun avec bruire ; c'est un oiseau très-tranquille et fort commun : il est connu sous le nom de *verdière*, qu'on lui donne en quelques provinces ; mais ce nom *verdière* n'est pas français. Le bruant de France ou le *proyer* est d'un tiers plus gros que le bruant commun : tout le corps d'un blanc sale et tacheté de noir , on en voit peu de cette espèce. Le bruant des prés a la partie inférieure rouge sale , le dos roux , les ailes et la queue noires et blanches : il est de la grosseur et de la forme du bruant ordinaire, et l'on en voit rarement. Le *bruant de haie* est rouge sale sous le ventre, le dos brun-jaune, le collier et le tonr des yeux jaunes ; il est de même de la forme et grosseur du bruant commun , et est fort rare. Les œufs du bruant ont le fond blanc-jaune , tachetés de noir.

La *lavandière* est un oiseau bien connu, un peu plus petit que le bruant ; elle est blanche sous le ventre , grise sur le dos , blanche sous les yeux , noire sur la tête. Elle paraît au printemps , ne vit que d'insectes , branle toujours la queue ; on la voit souvent sur les toits, où elle niche ; elle suit les charrues au printemps pour ramasser des insectes , et passe pour annoncer la fin de l'hiver. Le peuple l'appelle *branle-queue*; mais le *hoche-queue*, appelé communément *bergeronnette*, ou *bergeronnette du printemps*, est un autre oiseau de la même famille que la lavandière ; le dessous de son corps est jaune, le dos vert, les ailes noires et blanches, la queue longue et noire : elle se plaît au bord des eaux qu'elle suit toujours. Il y a une autre espèce de bergeronnette, dont le ventre est cendré et les ailes noirâtres ; on l'appelle la bergeronnette jaune, quoiqu'elle n'ait rien de jaune que le dessous de la queue ; sa gorge est blanche, et le gosier rouge sale.

Le *verdier* est un oiseau de passage, qui a un gros bec : il est à peu près de la grosseur du bruant, mais il a une teinte de vert par tout le corps, excepté le bout des ailes et de la queue qui est d'un noir-blanc. Ses œufs sont d'un rouge-brun au gros bout, et le fond blanc-verdâtre, les pattes rouges et pâles. Cet oiseau est peu connu dans notre pays.

Le *chardonneret*, fort connu, de la grosseur du serin de Canarie, ou *canari*, a les côtés de la tête blancs, le dessus rouge, les ailes mêlées d'un beau jaune : il chante agréablement son chant naturel, mais il n'apprend point d'air, comme le pivoine ou la linotte. Il recherche la graine de chardon, d'où lui vient son nom.

La *linotte*, dont le mâle est appelé par quelques auteurs un *linot*, est de la grosseur et figure à peu près du chardonneret. Cet oiseau, fort commun, a la tête d'un cendré-brun, le dos mêlé de brun-roux, la poitrine blanchâtre, et dans le mâle rouge-cramoisi, le ventre blanchâtre, la queue un peu fourchue, d'un blanc-roux : cet oiseau aime la graine de lin, d'où lui vient son nom. Il y a deux autres espèces de linottes appelées linottes rouges ; l'une grande et l'autre petite. La grande a le sommet de la tête rouge, de même que la poitrine ; et la petite linotte rouge a le devant de la tête d'un beau rouge. Ces deux espèces de linottes sont peu communes.

La *mouette* est un oiseau de la figure d'un pigeon, qui voltige sur les lacs et sur la mer. Il y en a de blanches, de noires, de cendrées.

Le *traquet* ou *tarier* est un peu plus gros que la linotte; il a le dessus de la tête d'un noir-brun, la gorge rouge pâle, le ventre blanc sale, une tache blanche près des yeux, un peu de blanc aux ailes. Il se pose sur les têtes de chardon dans les champs, et fait un cri qui imite un peu celui d'un petit marteau qui frappe vite. De là son nom en patois : *martelet*, *martelot*, *craque-martelot*.

Le *rouge-gorge* ou *gorge-rouge* est à peu près de la grosseur de la linotte, mais moins long. Sa gorge et le croupion sont d'un rouge pâle, et le reste d'un noir-brun, excepté le ventre qui est d'un blanc sale. Il ne vit que d'insectes, et disparaît à l'approche des gelées, comme tous les oiseaux qui vivent d'insectes; mais il ne faut pas le confondre avec le *rossignol de muraille*, appelé aussi *rouge-queue*, qui est un peu plus gros; le rouge-gorge appartient à la famille du rossignol de muraille, qui a la gorge et tout le ventre d'un rouge pâle, et la partie supérieure d'un brun-gris; ensorte que le rouge-gorge n'est qu'une espèce de rossignol de muraille. Le mâle du rossignol de muraille a le ventre plus rouge que sa femelle, dont les œufs sont bleus; son chant est agréable et imite beaucoup celui du rossignol.

Le *moutardier* ou *grand-martinet* ressemble parfaitement à l'hirondelle pour la forme et la couleur, mais il est d'un tiers plus gros; il voltige autour des clochers où il se retire; mais il ne faut pas le confondre avec le martinet ordinaire, qui est de moitié plus petit, le croupion, qui a le ventre et la poitrine fort blancs, le reste d'un noir-luisant, la queue fourchue comme l'hirondelle ; il fait un nid mastiqué, comme l'hirondelle, sous des entablements de maison, sous des rochers, etc. On l'appelle aussi *martelet*, mais quelques-uns l'appellent mal-à-propos un cul-blanc ou motteux, décrit plus haut.

Mésange. La grosse mésange, ou *mésange-nonnette*, que Buffon appelle mésange *charbonnière*, est de la grosseur du chardonneret, jaune sous le ventre, verdâtre sur le dos, les ailes mêlées de blanc et de noir, blanche sous les yeux, un collier et une raie sous la gorge, noirs. La *petite charbonnière* ou nonnette cendrée est plus petite, blanchâtre sous le ventre, noire sur la tête, blanche sous les yeux, bleuâtre sur le dos, les ailes noires, chargées de quelques points blancs. Les autres mésanges sont la *mésange huppée*, qui a une huppe sur la tête ; la *mésange bleue*, la mésange à *longue queue*, la mésange à *ceinture blanche*, etc.

La *fauvette* tient un milieu, pour la grosseur et pour la forme, entre le bruant et la linotte ; sa couleur dominante est le fauve, comme l'indique son nom. Son bec est mince, alongé et noir, sa langue fourchue, la tête et le cou cendrés, le dos roux, le croupion jaunâtre un peu vert, les grandes plumes des ailes brunes, la queue brune longue de deux pouces, le dessous de l'oiseau cendré un peu blanchâtre, les jambes et les pattes d'un rouge-jaune, les ongles bruns, le doigt de derrière est le plus gros et le plus long. Buffon en compte d'un grand nombre d'espèces qui varient pour les couleurs du plumage et pour celle des œufs. Il y en a de plus ou moins rousses, plus ou moins grises, plus ou moins brunes, etc. La fauvette à tête noire est plus petite ; cet oiseau, fort commun, niche dans les haies, dans les petits buissons; ses œufs sont bleus, ou à peu près bleus pour la plupart, quelquefois d'un bleu-blanc ou jaunâtre, tachetés de raies noires. La fauvette chante agréablement.

Le *roitelet* est le plus petit oiseau qui se trouve en France; il voltige le long des haies presque toujours en sautillant. Il y en a de deux espèces : celui qui a le dessus de la tête d'un rouge d'arc-en-ciel, le dessus du corps vert, le dessous blanc sale, les ailes bigarrées de noir et de blanc, est le *troglodite*; et celui qui ressemble si bien à la bécasse, que Buffon dit être une bécasse en miniature, est le roitelet, que quelques auteurs appellent encore *petit roi*.

Les autres oiseaux, comme l'alouette, le rossignol, dont la femelle est appelée la *rossignolette*, l'*hirondelle*, la *bécasse*, la *bécassine*, le *chat-huant* qui hue toute la nuit, quand le ciel est serein, sont assez connus : les autres sont peu communs, ou n'ont pas des couleurs assez tranchantes pour être connus par nos courtes descriptions. Pour ceux qui sont communs, sur lesquels il y a quelques observations à faire, V. Perdrix, Ramier, Caille, Moineau, Bécasse, Colombier.

En fauconnerie on appelle oiseau *branchier*, celui qui n'a encore de force que pour sauter de branche en branche. Oiseau *niais*, celui qui sort du nid. Le *culot* est le plus petit oiseau d'une nichée. Les oiseaux au nid n'ont encore que le *duvet* ou *petite plume*. Les oiseaux *branchent*, *perchent*, ou *se perchent*, *juchent* ou *se juchent* sur une branche ou sur un *juchoir*. *Apercher* un oiseau, regarder l'endroit où il se retire pour y passer la nuit. V. Poule, Plume, Abecquer, Nichoir, Volière.

Les oiseaux *émeutissent* loin du nid; ils fientent. On

donne l'*achée* aux oiseaux, V. ce mot. *Appâter* des oiseaux, c'est les attirer avec des appâts, les amorcer. V. Grin-gotter, Ramager, Voleter.

L'oiseau de bois ou *de carton* au-dessus d'une perche pour tirer à l'arc, à l'arbalète, etc. s'appelle le *papegai*, et non pas *patigaut*; cependant quelques-uns disent *papegaud*, mais seulement dans quelques provinces.

OISELER, v. c'est dresser des oiseaux, et c'est aussi les prendre au *filet*, à la *glu*, au *trébuchet*, etc. Le *serrot* ou *sarot*, est un bâton fendu qui se serre avec une ficelle, pour prendre des oiseaux par les pieds. V. Pantière, Appeau, Frouer, Tirasse, Tonneler, Traineau, Fouée, Trappe, Nichoir. *Argon*, bâton plié en demi-cercle dont on se sert pour prendre les oiseaux.

OISELEUR, m. celui qui prend les oiseaux et les tue. V. Chasse et Fauconnerie.

OISELIER, m. celui qui les prend, les dresse et les vend vivants.

OISELERIE, f. l'art de prendre et d'élever les oiseaux.

ONGLÉE, f. froid au bout des doigts. Je ne peux écrire, parce que j'ai l'onglée.

ONGLET, m. assemblé en onglet, à l'équerre. Les cadres d'image sont joints aux angles en onglet. V. Livre.

OREILLE, f. La *conque*, c'est la cavité; le *lobe* est cette partie molle où se met la boucle à laquelle on pend les *pendants*, les *pendeloques*, etc. V. Pendeloque. Le *tympan* ou tambour est une membrane qui, étant frappée par l'air, cause la sensation de l'ouïe. La cire des oreilles

s'appelle aussi le *cérumen ;* on la tire avec le *cure-oreille*
Tintoin ou bourdonnement d'oreille. L'oreille lui tinte,
lui corne ; il a un tintement d'oreille. *Assourdir*, rendre
sourd, étourdir à force de crier. *Essoriller*, couper les
oreilles. *Bretauder*, couper les oreilles et la queue à un
cheval ; on dit aussi l'*écourter* pour le bretauder. *Monaut*,
qui n'a qu'une oreille ; un chien monaut. *Chauvir* des
oreilles, les dresser comme font le cheval, l'âne, etc. *Otal-
gie*, f. douleur d'oreille. *Orillon*, petite oreille ; on ne le
dit qu'au figuré : prendre une écuelle par les orillons.
Une écuelle à orillons. *Acoustique* ou *phonique*, f. la
science ou la théorie des sons. Remède *acoustique*, propre
pour les oreilles.

ORGE, f. on dit cependant au masculin, de l'orge
mondé, mais ce n'est que dans cette seule phrase, dit l'académie. *Bien faire ses orges*, c'est bien faire ses affaires,
tirer bon parti, bien mettre du foin dans ses bottes, ou de
la paille dans ses souliers. L'orge *carrée* s'appelle autrement, de l'*écourgeon*, de *l'orge d'automne*, de l'*orge de
prime* ; et dans quelques provinces l'orge s'appelle de la
marsèche.

ORGUE, m. s., f. p. Un *bon orgue*, de *bonnes orgues*.
On dit *jouer* de l'orgue, ou *toucher* l'orgue. Le *buffet*,
ou le *cabinet* d'orgues, est l'endroit où elles sont enfermées.
La *montre*, sont les tuyaux qui paraissent en dehors. Les
gros tuyaux qu'on fait jouer avec les pieds, ainsi que les
touches qui les font jouer, s'appellent les *pédales* f. Les
registres sont les bâtons qu'on tire pour faire jouer différents jeux. Le *clavier* est la rangée des touches ; les *sou-
papes* laissent entrer dans les tuyaux placés et arrangés sur

le *sommier*, l'air nécessaire pour les faire siffler. Le *souffleur* presse sur les *bascules* pour faire jouer les soufflets qui, au moyen du *porte-vent*, chassent l'air dans le sommier. *Souffler l'orgue.*

Les jeux de l'orgue sont la *montre*, le *bourdon*, de seize ou huit pieds, bouché ; le *grand cornet*, le *bourdon* de huit ou quatre pieds, bouché ; le *prestant*, sur lequel on régle tous les autres ; la *flûte*, la *double tierce*, le *nazard*, la *doublette*, la *quarte de nazard*, la *tierce*, la *double trompette*, la *trompette*, le *cromorne*, qui est un jeu d'anche ; le *clairon*, la *voix humaine* ; le *larigot*, qui est le plus aigu de tous les jeux, etc. V. l'Encyclopédie.

OVIPARE, m. animal qui ne fait pas ses petits vivants , mais des œufs. V. Vivipare.

OUVRÉ, ÉE , adj. linge ouvré , travaillé par carreaux, à petites fleurs. Serviette ouvrée , à grands ou petits carreaux.

OUVROIR , m. un atelier, lieu où certains ouvriers travaillent ensemble. Quelques-uns disent aussi un laboratoire; mais un laboratoire, à proprement parler , est le lieu où travaillent les chimistes.

PAILLE , f. d'avoine. V. Avoine , Feurre. *Empailler* une chaise, la garnir de paille , la natter en paille. Empailler un oiseau, le remplir de paille pour le conserver après sa mort. Le *glui* est une grosse paille de seigle dont on couvre les maisons. *Pailleux , pailleuse ,* celui ou celle qui vend ou voiture de la paille.

PAIN , m. Le *biseau* ou la *baisure* du pain , c'est le côté où les pains se touchent dans le four. Un *grignon* est le

morceau de l'entamure du pain du côté où il est le plus
cuit. *Entamure*, f., est le premier morceau de pain en-
tamé. Une *croustille*, une croûtelette est un petit croûton
de pain. Une *lèche* est une tranche de pain. Un *quignon*,
une *bribe*, un *chanteau* est un gros morceau ou un *lopin*
de pain. *Émier* ou *émietter* le pain, le mettre en miettes.
Chapeler le pain, c'est en ôter avec le couteau le dessus de
la croûte, qu'on appelle la *chapelure*. L'*écroûter*, c'est
en ôter la croûte. Le pain bien levé a de grands yeux. Pain
pâteux, qui n'est pas assez cuit. *De la cuisson*, ou du pain
de cuisson, c'est un pain cuit à la maison pour l'usage du
ménage, un pain de bourgeois. Une *miche* est un pain
d'une grosseur médiocre, de quelques livres ou de deux
livres. La *panade* est du pain émié, cuit dans du bouillon.
Du pain *azyme*, c'est du pain où il n'y a point de levain,
pour les sacrifices; et quand il est coupé en rond comme
un gros écu, on l'appelle du *pain à chanter*, une *hostie*.
V. Four, Paner, Panetière. Un *pain de brasse* est un
fort grand pain, de vingt ou vingt-cinq livres. Un *chanteau*
absolument dit, ou chanteau du pain bénit, est le morceau
qu'on donne à celui qui doit à son tour faire le pain bénit.

PAIRE, f. : outre paire de bœufs, paire de souliers,
on donne le même nom à un seul meuble composé de deux
choses. Une *paire de ciseaux*, de *tenailles*, de *lunettes*, etc.

PAISSON, m. tout ce que les bestiaux ou bêtes fauves
paissent et broutent, surtout dans les forêts.

PAN, m. V. Empan, Charpente. Une tour à quatre,
à six pans, à quatre, à six faces.

PANAGE, m. droit qu'on paie au propriétaire d'une
forêt, pour avoir droit de mettre des porcs à la glandée.

PANER, v. a. couvrir de pain émié ; *paner des côte-lettes. Eau panée*, où l'on a mis du pain grillé, pour en ôter la crudité.

PANETIÈRE, f. poche, ou petit sac où les pâtres portent du pain.

PANIER, m. ouvrage de jonc, d'osier, etc. Les paniers et les corbeilles ont plusieurs formes à anse ou sans anse. On entend ordinairement par *corbeille*, un panier rond ou ovale, qui sert à porter des fleurs, des fruits, ou quelque chose de léger et d'agréable. Le *corbillon* est une petite corbeille ; on y met le pain bénit. La *manne* ou la *mannette*, f., sont des paniers plus longs que larges, où l'on emballe des marchandises. On y met la vaisselle et le linge pour porter sur la table. Les *mannequins* sont des paniers longs et étroits, dans lesquels on porte des fruits ou de la marrée au marché. V. Charbon. Le *cabas* est un panier rond à claire-voie pour y mettre des figues : un cabas de figues. Le *maniveau* est un petit panier plat, fait d'osier, comme un plateau à petits rebords. Le *cueilloir* est un panier ou autre ustensile propre à cueillir des fruits. Le *panier à ouvrage* est un petit panier où les dames mettent leur fil, leurs fuseaux, etc. Une *panerée* est plein le panier. Un *éventaire* est un plateau d'osier plus long que large, sur lequel les marchands de fruits, d'herbes, portent leurs fruits : on l'appelle un *noguet*. Les laitières y portent sur leur tête des pots de lait ; elles mettent sous le noguet sur leur tête un bourrelet appelé un *tortillon*, fait en rond, d'une étoffe garnie de bourre. Les paniers du four, V. Four. Un *coffin* est un petit panier rond qui a une anse et un couvercle. V. Hotte, Écaffer.

La *bourriche* est une sorte de grand panier à *claire*-voie, de la forme d'une grande bouteille, pour transporter de la volaille en vie. Les paniers sont des ouvrages de vannerie, que font les *vanniers*.

PANTIÈRE, f. espèce de filet pour prendre des oiseaux, surtout des bécasses. L'Encyclopédie dit aussi *panteine*, f. Les *alliers* sont des filets pour prendre des perdrix.

PARAVENT, m. meuble que l'on met dans une chambre autour du feu, pour se garantir du vent : il est composé de plusieurs feuilles unies par des charnières. Quelques auteurs donnent aussi le nom de paravent aux contre-vents des fenêtres. V. Fenêtre.

PARIADE, f. saison où les perdrix s'*apparient*. Il signifie aussi les perdrix appariées : il y a quatre *pariades* dans ce champ, des perdrix appariées ou *adouées*. V. Perdrix.

PARQUET, m. sorte de boiserie contre un manteau de cheminée, ou contre le trumeau d'une chambre pour y placer une glace. V. Plancheyer.

PASSÉE, f. passage : le temps de la passée de la bécasse, du passage. C'est aussi la trace ou les pas de la bête. J'ai vu la *passée* du cerf, ou les *passées*, ou les *foulées*, ou la *voie*, ou la *foulure* pour le serf, la *piste* pour le loup et le renard, et la *trace* pour la bête noire.

PATÉ, m. goutte d'encre tombée sur le papier. V. Pataraffe, Four. De la pâtée est un mélange de farine avec herbes ou mie de pain, pour nourrir la volaille.

PATRE, m. berger. Celui qui garde les moutons, c'est le berger ou la bergère ; on dit encore *pasteur*, et dans les chansonnettes *pastoureau*, *pastourelle*; *pâtre* de bœufs, *bouvier*, *bouvière*; pâtre de vaches, *vacher*, *vachère*; pâtre de chèvres, *chevrier*, *chevrière*; pâtre ou gardeurs de cochons, *porcher*, *porchère*.

PATTE, f. La patte d'un verre, d'un chandelier, en est le pied. Un verre épatté, dont la patte est cassée.

PATURAGE, m. lieu où les bestiaux pâturent, paissent. Le *pâtis* diffère du pâturage en ce que le pâtis ne vaut pas le pâturage. Mettre des moutons au pâtis. Un *parc*, et non pas une *pâture*, est un pâturage entouré de clôtures, de fossés, pour engraisser les bœufs, les moutons, etc. Il est temps de parquer les bœufs pour les mettre à l'engrais; il faut parquer les chevaux, les moutons, etc. Donner tant pour le *parcage* d'une bête, pour le temps qu'elle demeure dans le parc. *Herbage* signifie aussi pâturage. Faire enclôre un herbage, en faire un parc de bœufs, de vaches, de moutons, etc. On appelle encore un pâturage, un *pacage*; et l'on disait autrefois un *pâquis*. *Pacager*, *paître*, *pâturer*: les animaux pacagent, paissent, pâturent. *Pâture* signifie, non pas un parc, mais un herbage, une nourriture de bêtes; la paille est la pâture des bestiaux, son corps a été la pâture des vers. La *vaine pâture* est une terre où il n'y a ni semence ni fruit. Mettre des chevaux en pâture, les mettre dans un pré pour paître ou pâturer. *Pâtureurs* se dit des cavaliers qui mènent les chevaux à l'herbage. V. Clôture, Paisson, Panage.

PAVEUR, m. Ses outils sont la *hie* ou *demoiselle*, sorte de batte pour enfoncer les pierres. *Hier*, enfoncer les pierres avec la hie. L'*épinçoir* et les autres outils. V. Maçon, Cadette, Carreler. On paie tant pour le pavage·

Faire une *recherche dans le pavé*, faire une réparation.
Une *charretée* de pavés, de grès, de cailloux pour paver.

PAYE, f. la solde, le prêt, ce qu'on donne aux troupes pour les soudoyer ou stipendier. *Haute-paye*, solde plus forte. On appelle aussi *haute-paye* celui qui reçoit la haute-paye. Un soldat entretenu dans une garnison en temps de paix, s'appelle, une *morte-paye*. Paye signifie aussi *payeur* : un tel est une mauvaise paye, un mauvais payeur. Un soldat ou officier *appointé*, qui a une plus forte paye.

PÊCHEUR, m. Les instruments du pêcheur, appelés autrefois des *engins*, ainsi que la façon de pêcher, varient à l'infini, selon les rivières, les pays, les poissons, etc. V. L'ENCYCLOPÉDIE.

NOMS DE QUELQUES FILETS DE RIVIÈRE.

La *ligne* garnie d'hameçons, appelés aussi des *hains*, ou des *ains*. Les *achées* ou *laiche*, m. sont des vers de terre pour amorcer le poisson. La *truble* est un petit filet en forme de poche, attaché au bout d'une perche. Un *échiquier* ou une *étiquette* est plus grande ; elle est carrée et se met au bout d'une perche attachée par les coins comme un plateau de balance ; on l'appelle aussi un *ableret*, ou *ablerat*, parce qu'elle sert à prendre le petit poisson, comme l'*able*, le *véron*, etc. Le *tramail* se tend à travers une rivière. Le *verveux* est une sorte de grand sac qui se termine en pointe ; on l'appelle encore un *clivet*, une *rafle*, un *entonnoir*, un *renard*. Le *traîneau* est traîné dans le fond de la rivière. La *nasse* est faite d'osier, de la forme d'une longue hotte étranglée vers le milieu. La *fouane*, ou la *fichure*, ou le *trident*, a un long manche pour percer et embrocher le poisson. La *bouille* est une sorte de longue perche ou de rable pour remuer l'eau et faire sortir le poisson, pour le chasser dans les filets. Le *banneton* est une sorte de réservoir fait en forme de coffre percé tout autour de plusieurs trous. Le *vivier* est une mare d'eau à conserver le poisson. La *boutique* est l'endroit d'un bateau de pêcheur sur le bord d'une rivière, où l'on garde le poisson. Une *béluse* est un tonneau à demi ouvert, pour transporter du poisson vivant. Tous les filets s'appellent aussi des *rets*, composés de mailles de différentes grandeurs. V. Poisson, Réseau. Pêcher un étang, en prendre tout le poisson.

PEIGNE, m. : les dernières grosses dents d'un peigne s'appellent les *oreilles*. V. Lin, Chanvre, Tisserand, Tonnelier.

PEIGNURE, f. cheveux que le peigne emporte ; *peignoir*, linge qu'on met sur ses épaules pour se peigner.

PELAGE, m.; des bœufs, des chevaux du même pelage, de même couleur, de même robe, de même poil ; il y a des bœufs de plusieurs pelages.

PELLE, f. : elle est composée du *manche* et de la *palette* ou *pellâtre* m. *Pelleron*, petite pelle du four ; une *pellée*, ou *pellerée*, ou *pelletée*, ce que contient la pelle.

PELOTE, f., petit coussinet pour y placer, y planter des épingles; peloton, petite pelote. V. Neige, Camion, Pelotonner.

PENDELOQUE, f. sorte de pendant d'oreille ajouté à des boucles d'oreille ; c'est aussi un pendant d'oreille qui n'est que d'une pièce. On met des pendeloques de verre taillées en poire, aux lustres de cristal pour servir d'ornement. Une oreillette est un cercle d'or ou d'argent, dont les dames se servent pour attacher les pendants quand on ne veut pas percer les oreilles.

PENTURE, f. bande de fer pour pendre une porte, une fenêtre, etc. La *penture à gonds :* la plus simple est une bande de fer, dont l'œil reçoit le *mamelon* du gond. Cette penture-là s'appelle aussi une *paumelle.* Les *fiches* sont pour les portes d'armoire ; elles ont la fiche ou le mamelon fort long, et l'œil de même alongé. Les *couplets* ou *briquets* sont des espèces de pentures qui ont des pattes à queue d'*aronde*, et servent pour les tables brisées, pour les volets brisés, etc. Quand la table est ouverte, les nœuds du briquet sont effacés ; l'*aiguille* qui traverse pour unir un briquet, une charnière s'appelle une *rivure.* Il y a des pentures *coudées*, des *flamandes*, des *pentures à nœuds*, etc. V. Crapaudine.

PEPIN, m. V. Pomme.

PÉPINIÈRE, f. La *pepinière* est plantée de petits *plants* venus de pepins ou de noyau ; et la *batardière* est plantée de plants antés ou greffés ; tout prêts à être tranplantés.

PÉPINIÉRISTE, m. jardinier, homme qui élève une pépinière.

PERCÉ-FORÊT, m. V. Chasseur.
PERCE-OREILLE, m. V. Insecte.
PERCER ; v. a. V. Forer.
PERCHER, v. n. V. Poule.
PERCHIS, m. V. Barrière.
PERÇOIR, m. V. Cave.

PERDRIX, f. La *remise* est l'endroit où elle se remet, où elle se rabat après avoir fait son vol ; on appelle aussi remise un petit taillis, un bosquet propre pour la retraite des perdrix ; des lièvres ; on entend la perdrix *bourrir*, c'est-à-dire, le bruit de ses ailes en volant. Le coq d'une compagnie de perdrix ; on ne trouve point *bourdon* pour coq ; mais l'académie et les bons auteurs disent *coq-perdrix*, *coq-faisan* ; *il ne faut tuer que les coqs*. *Guairo* est le cri du chasseur pour avertir que la perdrix part. V. Pariade, Pantière, Motter. Quand on voit le lièvre, le loup ou le sanglier, on crie *vellelà*. *Aveuer*, ou mieux *avuer* la perdrix, la suivre de l'œil jusqu'à la remise. *Avuer* la perdrix, choisir quand les perdrix portent, le moment favorable pour les tuer. On dit la perdrix *cacabe*, pour désigner son chant.

PICOT, m. pointe d'un éclat de bois brisé : il s'est percé la main à un picot. V. Écharde, Piquant, Maçon.

PIED, m. ; *bipède*, qui a deux pieds ; *quadrupède*, qui en a quatre ; *millepède*, qui en a mille. *Solipède*, animal solipède, dont l'ongle n'est point fendue, comme dans le cheval, l'âne.

PIERRÉE, f. conduit fait en terre avec des pierres sèches pour écouler les eaux.

PIÉTER, v. n. tenir le pied à la borne pour jouer. Se *piéter*, prendre bien ses mesures : en ce dernier sens il est familier. V. Boule.

PILASTRE, m. grand pilier carré d'architecture.

PINCETTES, f. ou pincette, et non pas *pinces*, ustensile de cuisine, propre à pincer quelque chose. Un *zig-*

zag est une pincette qui s'alonge et se raccourcit tout d'un coup, par le moyen de tringles croisées en lozange, qui se replient les unes sur les autres. V. Badines, Forgeron.

PIPER, v. contrefaire les oiseaux pour les prendre. V. Appeau. *Pipeur*, celui qui *pipe*, qui triche, qui trompe au jeu, qui fraude ; un tricheur.

PIQUANT, m. pointe qui vient aux arbres, aux chardons. Les piquants d'un hérisson. V. Picot.

PIQUE-NIQUE, m. Faire un repas de pique-nique, où chacun paie son écot. Souper à pique-nique. V. Repas.

PISTON, m. de seringue, de cannelle, le bâton qui entre dans la seringue, la canelle. V. Cave, Seringue, Pompe.

PITON, m. sorte de gros clou dont la tête est formée en anneau. Piton de triangle de rideau.

PLANCHE, f. un ais. Les planches épaisses pour faire des aires de grange à battre le blé s'appellent des *madriers*. Les planches simples, ou *ais*, ont environ un pouce d'épaisseur au moins. Les planches de *lambris* n'ont que sept ou huit lignes d'épaisseur. On s'en sert pour faire des lambris ou boiserie dans les chambres. Lambris signifie toutes sortes de revêtements, soit en bois, soit en plâtre, soit en marbre, etc., contre les murailles, soit à hauteur d'appui, soit autrement. Les *plafonds* sous poutre de planches ou de plâtre sont aussi des lambris. Les *voliges* sont encore plus minces que les planches de lambris. Une *éclisse* est une planche mince et étroite, propre à faire des cercles plats à un seau, à faire de petites boîtes. Les *dosses*, f., sont la première et dernière planche d'un bois rond ; elles se trouvent rondes d'un côté, et plates de l'autre. On dit aussi *dosse-flache*. La *flache* est proprement la trace de l'écorce, V. Écot, Bardeau, Jardin, Poêle. Une *planchette* est une petite planche. Un *trésillon* est une tringle de bois qu'on met entre les planches en pile pour les sécher, et empêcher qu'elles ne se déjettent. *Trésillonner* des planches, y mettre des trésillons. Un *refend* est un bord, une tringle retranchée d'une planche trop large pour ce à quoi on la destine. *Planer* une planche. V. Recaler, Charpentier. *Plancheyer*, faire un plancher ; et quand le plancher du bas est fait de pièces de rapport, par compartiments, c'est un parquet. *Parqueter* une chambre.

PLANTOIR, m. outil en forme de pieu pour faire le trou où l'on doit planter quelque chose en terre.

PLANTUREUX, abondant, fertile. Un pays plantureux.

PLANURE, f. copeau mince que fait le rabot. Se chauffer avec des planures.

PLATRAS, m. morceau de plâtre ou gyps. Il est tombé du plâtras de cette cheminée.

PLUME, f. Les grosses plumes des oiseaux de proie s'appellent *pennes* f. ou *vannes ;* celles du bout des ailes des oiseaux de proie s'appellent aussi des *cerceaux.* La *barbe* d'une plume, ce sont les petits filets autour de la plume. *Ébarber* une plume, en ôter la barbe. *Hollander* une plume, c'est la passer dans la cendre chaude pour la tailler. Les *bouts d'aile* sont les fortes plumes tirées du bout de l'aile pour écrire. Le *duvet* est la petite plume d'un oiseau au nid ; c'est aussi la fine plume d'un gros oiseau. V. Duveteux. Un *plumasseau* est le petit bout d'une grosse plume. Une *plumée d'encre*, c'est plein une plume d'encre. *Plumacier*, marchand de plumes ; un *plumail* ou *plumasseau* est un petit balai de plumes. V. Houssoir, Aigrette, Duvet.

PLUIE, f. Une *lavasse* est une grande pluie subite, une grande nuée de pluie qui fait former des ruisseaux. Une *averse*, une *ondée*, une *guilée* est une grande pluie subite qui ne dure pas longtemps. Une *giboulée* est une grande pluie subite qui ne dure pas, et souvent mêlée de grésil ou petite grêle, comme il arrive quand il grésille au mois de mars, au printemps. Une *brouée* est une petite ondée, une *bruine*, un *brouillard* qui dure peu. Un *orage* est un vent impétueux, souvent accompagné d'éclairs, de grêle, de pluie, qui forment la tempête, le *gros temps*. Une *flaquée* est une quantité d'eau ou d'autres liqueurs jetées contre quelqu'un : le vent lui a jeté une flaquée d'eau par le visage. *Eau pluviale*, eau de pluie. *Bruiner*, tomber de la bruine, pleuvoir doucement, comme font les brouillards. On trouve encore *pluvigner* pour bruiner. V. Eau. On dit une pluie *drue* et *menue* ; il pleut dru et menu. Une *éclaircie*, endroit clair qui paraît au ciel après la pluie. Des *pleurs de terre*, eau de pluie qui coule, qui distille entre les terres. Ce sont les pleurs de terre qui ont fait fondre cette glace.

POCHETER, v. a. des fruits, les porter dans sa poche pour les rendre meilleurs, comme les olives, les marons, etc.

POÊLE, m. drap mortuaire qu'on met à l'église sur le cercueil. V. Ciel. *Poéle* est aussi le voile qui couvre les mariés pendant un temps de la messe de noces.

POÊLE , f. ou *poile* , fourneau pour chauffer une chambre. On l'appelle aussi un *hypocauste* quand c'est pour chauffer une étuve. *Poéle* signifie plus communément la chambre où est le poéle : c'est là que se tient ordinairement toute la famille à la campagne. On y voit des *buffets* où l'on met les chandeliers, la vaisselle , etc. V. Chandelier , Vaisselle. Il y a des *tablettes*, des *chaises*, V. ces mots et Cuisine. Le poéle ou fourneau de fonte, qui a une marmite pour cuire , s'appelle une *huguenotte* ; on donne aussi le nom d'*huguenotte* à la marmite sans pied , qui se met sur le fourneau. Dans les fourneaux de faïence , on pratique une petite *cave* ou *caverne* en dedans du poéle, pour y tenir chauds les plats : on l'appellerait mieux *four*. Les autres meubles , comme *vergette*, *peigne*, *brosse*, etc. sont assez connus, et plusieurs se trouvent dans leur ordre. Le *verrier* est un panier ou buffet où l'on met les verres , les bouteilles. V. Panier , Fenêtre , Chambre.

Les *solives* sont les bois carrés qui posent sur les murailles , et soutiennent le plancher du haut. Les *soliveaux* sont de petites poutres ou *poutrelles*. Quoique l'on confonde souvent les solives avec les poutres , on donne communément le nom de poutres aux plus grosses et aux plus longues pièces carrées , sur lesquelles pose le bout des solives. Les *entrevous* sont les intervalles entre les solives d'un plancher , ou entre les poteaux d'une cloison. V. Cloison. Les *sablières* sont des pièces carrées posées à terre , ou sur une assise ou massif de pierre , pour porter les poteaux et le bout d'en-bas des planches qui forment les cloisons. V. Porte. Les *lambourdes* , f. sont des planches étroites , ou des tringles carrées , clouées le long d'une poutre et le long d'une sablière pour soutenir les bouts des planchers du haut et du bas , quand les planches n'entrent pas en rainure dans les poutres , comme les tasseaux soutiennent les bouts des tablettes dans une bibliothéque ou partout ailleurs où il y a des tablettes. Quelquefois les lambourdes , au lieu d'être clouées contre les poutres , ou contre des murs , sont posées sur des corbeaux, qui sont des pierres avancées pour soutenir des lambourdes. V. Liteau.

POIDS , m : faire bon poids à quelqu'un en pesant , c'est peser jusqu'à ce que la balance fasse le *trait* , jusqu'à ce que la balance *trébuche* du côté de la marchandise. V. Balance. La *pile*, ce sont plusieurs poids de cuivre l'un dans l'autre , comme des gobelets de différente grosseur , qui forment le gros , l'once , le quart , la demie , jusqu'à la livre. Le poids d'une romaine ou peson s'appelle aussi la *poire*.

POIREAU , m. ou porreau, plante potagère V. Verrue.

POIRÉE , f. bette blanche, plante potagère. V. Carde.

POISSON , le petit poisson s'appelle du fretin , ou familièrement de la *poissonaille*, de la *blanchaille* , de la *menuaille*; tels sont le véron, le goujon, la loche, le chabot, l'able ou ablette, etc. Les poissons communs d'eau douce sont : le *brochet*, la *truite*, l'*ombre*, la *brême* , la *perche*, la *rosse* , la *tanche*, la *carpe*, le *carpeau*, petite carpe, le *carpillon*, très-petite carpe, le *barbeau*, la *lote*, la *motelle, etc.* Le *têtard* n'a que la tête de la grosseur d'une noisette, et une longue queue ; cette espèce de poisson fort connu n'est qu'un fœtus qui se change en grenouille en grossissant. L'*alevin* , ou *nourain* , ou du *peuple*, est un petit poisson pour peupler, ou empoissoner, ou alviner un étang. V. Pêcheur.

POISSONNERIE, f. lieu où l'on vend du poisson.

POISSONNIER, ÈRE, celui ou celle qui vend du poisson, rivière ou lac fécond en poisson.

POLISSOIR, m. tout instrument qui sert à polir. La polissoir est une sorte de brosse de jonc ou de prêle pour polir le bois.

POLYMATHE, m. homme savant, rempli de plusieurs belles connaissances.

POMME, f. Le trognon est le cœur de la pomme ou de la poire, après qu'on en a ôté ce qu'il y avait de meilleur. Les pepins sont les grains dans le cœur de la pomme. L'ombilic est cette espèce d'enfoncement du côté opposé à la queue. Des *pommes tapées* sont celles qui ont été applaties et séchées au four. Des pommes *coties* ou *meurtries* surtout par la grêle : *la grêle a coti les pommes et les fruits*. *Cotissure*, meurtrissure de pommes, de poires. Des pommes *ratatinées*, ridées, flétries. Des pommes, des poires *molles*, qui commencent à se gâter. Des pommes *cotonneuses*, devenues molasses et spongieuses ; il se dit aussi des raves et autres fruits, *des radis cotonneux*. Des pommes ou fruits *revéches*, rudes et âpres au goût. Les pommes et autres fruits d'arbres commencent à *se nouer* ou à *nouer* lorsqu'ils passent de la fleur au fruit. Des pommes de bon ou de mauvais *acabit*, de bonne ou de mauvaise qualité. La pulpe des pommes, des fruits, c'en est la chaire. Des pommes *entichées*, qui commencent à se gâter, qui sont molles. Des poires *graveleuses*, ou *pierreuses*, ou *sablon-*

neuses, pleines d'une espèce de sable ; on dit plus communément pierreuses que graveleuses. Des pommes grumeleuses, qui ont de petites inégalités dures au-dedans ou au-dehors. Les *zestes* sont ces espèces d'écailles dans le *cœur* ou *trognon* de la pomme, de la poire, comme les zestes des noix. Pomme véreuse. V. Vermoulu. Pommeraie, lieu planté de pomiers. V. Fruiterie.

POMMÉ, m. jus tiré des pommes écrasées et pressurées ; le poiré est le jus aussi tiré de la poire ; le *verjus* n'est pas du pommé, mais c'est le suc tiré du raisin qui n'est pas encore mûr, lequel raisin non encore mûr s'appelle aussi du verjus. V. Vendange, Pressis.

POMMELER, v. pron. Le ciel s'est *pommelé*, quand il y paraît de petits nuages blancs en forme de petites boules.

POMPE, f. machine pour élever l'eau, faite en forme de seringue, elle est composée d'un tuyau ou *cylindre* creux, appelé le *canon*, qui forme le corps de la pompe, dans lequel joue le *piston* qui s'élève et s'abaisse, en remuant la *brimbale* appelée encore la *bringue bale* ou *brinquebale* ; et la *soupape*, ou *valvule*, ou *clapet*, est au fond pour faire entrer l'eau que le piston aspire dans la pompe. Une *bâtonnée d'eau* est la quantité qui coule à chaque coup de brimbale quand on pompe.

PONCEAU, m. petit pont d'une seule arche sur un ruisseau.

PONT, m. On voit dans un pont de pierre, les *arches* qui sont les voûtes pour laisser passer l'eau : les arches sont supportées par les *piles*, et devant les piles sont de hautes masses ou massifs en pointe, appelés les *éperons*, ou *avant-*

becs, pour rompre le cours de l'eau ; les *parapets* sont des murs à hauteur d'appui , qui bordent le pont de chaque côté; les pierres taillées qui couvrent les parapets, s'appellent les *tablettes*. V. GARDE-FOU. Quand elles sont taillées en rond pour que les eaux coulent de chaque côté , on les appelle des pierres en *bâhus*. La *culée*, appelée aussi la *butée*, se compose des massifs de pierre qui sont à chaque bout du pont pour appuyer et soutenir les dernières et premières arches. Les ponts sont fondés sur des *pilotis* qu'on appelle aussi des *pilots*, sur lesquels on fait un plancher avec des madriers, appelé une *plate-forme*. V. PLANCHE. La pièce de bois qui garnit le devant des fondements des pilotis s'appelle la *palplanche*. Le *couchis* est le sable , la terre , etc., qu'on met sur un pont de bois pour asseoir le pavé. *Pontonnier*, celui qui a soin d'un passage où il y a un pont ou un bac. Le *pont-levis* se lève avec une *bascule*, V. BASCULE, et le pont dormant est celui qui est fixe ; le *radeau* est un assemblage de grosses planches à travers une rivière pour la traverser. V. BARQUE, CHAUSSÉE, TRAIN DE BOIS.

PORTANT, m. sorte d'anse ou de crochet attaché à un coffre, à une chaise à porteur, etc. pour la porter.

PORTE, f. *d'assemblage*. On y remarque les deux montants de chaque bord , dans lesquels entrent ou s'emboîtent les traverses appeleés les *emboîtures*. Il y a souvent plusieurs emboîtures à une porte. Les *pannaux* garnissent la porte ; une porte à *placard*, celle qui est ornée de diverses pièces de placage, plaquées sur les pannaux ; toutes les pièces qui composent la porte s'appellent *l'huisserie*. La porte se ferme au *verrou*, au *loquet*, V. ces mots, ou à la clé, V. SERRURE; elle est pendue avec des *pentures*,

V. Penture; elle se ferme encore avec une *barre* par derrière, V. Bacler, qui entre dans les deux jambages en
travers. On appelle aussi barre, une traverse en coulisse à
travers la porte pour tenir les planches assemblées et jointes
ensemble. Le *valet* est un poids pendu derrière la porte
pour qu'elle se referme d'elle-même. La barre de fer qui a un
crochet pour tenir un battant de la porte fermée par derrière, porte aussi le nom de *valet*. Le *fléau* est une barre
de fer derrière une porte-cochère qu'on tourne à demi
pour ouvrir ou fermer les deux battants ou vantaux. L'ouverture faite pour entrer s'appelle aussi la *porte*; mais on
l'appelle sans équivoque, la *baie* de la porte. V. Chambranle.
Les *tableaux* de la baie sont les deux côtés dans l'épaisseur
du mur, qui posent sur le seuil; la pièce sur la baie posée
sur les jambages pour fermer la baie, ou sur les pieds droits,
porte le nom de *linteau*, ou *plate-bande*. V. Fenêtre, Huis,
Poterne. Quand la plate-bande a beaucoup de portée, on
fait dessus un arc, ou un chevron appelé une décharge,
pour l'empêcher de se briser. Le *battant* ou *vantail* de la
porte est chaque partie d'une porte qui s'ouvre en deux.
Battant de loquet. V. Loquet. *Porte battante* est celle qui
se ferme d'elle-même. Une *porte-cochère* est à deux battants
pour passer les carosses, et la porte *charretière* est pour
passer les chariots. *Entrebailler* une porte, c'est l'entrou-
vrir. Le *heurtoir* d'une porte en est le marteau pour heurter. L'*allée* est une espèce de corridor entre deux cloisons,
à l'entrée de plusieurs maisons de la campagne. Une *portière*
est une espèce de rideau attaché contre la baie de la porte pour
empêcher le vent. Une *contre-porte* est une seconde porte
au-devant de la première pour mieux préserver la chambre du

froid. Quand elle est couverte d'une étoffe verte, on l'appelle aussi la *porte verte*. Une *coulisse* est un guichet qui va et vient dans une rainure qu'on appelle aussi coulisse pour fermer et pour ouvrir. Une porte *vitrée* est celle qui est garnie de vitres dans la partie supérieure. Le *pas* d'une porte diffère du seuil, en ce qu'il avance au-delà du nu du mur, en manière de marche. Une porte *coupée* est brisée en travers, à hauteur d'appui, comme sont les portes de boutique. Un *couloir* est un passage de dégagement d'un appartement à l'autre, comme un corridor qu'on appelle aussi une galerie. On met à l'entrée d'une chambre propre une *natte* de paille, à terre, pour y frotter le dessous des souliers. Le *tambour* est une avance de menuiserie, avec une porte au-devant pour détourner le vent et la pluie. Une *sortie* ou *issue* est une porte pour sortir : il y a trois issues, trois sorties dans cette chambre. Quand c'est une issue secrète, on l'appelle un *dégagement*, une porte, un degré de dégagement ; une porte secrète, dégagée ; une *porte*, un *escalier dérobés*. V. Calfeutrer, Herse, Barrière. Une *fausse-porte* est une porte feinte, et aussi une porte où l'on ne passe pas ordinairement, ou une porte cachée, secrète.

PORTE-MANTEAU, m. sorte de crochet pour suspendre un habit. Quand c'est une cheville faite au tour, qui a une boule pour retenir l'habit, on l'appelle une *rose*, une *rosette* ; porte-manteau. V. Valise.

PORTE-VOIX, m. V. Trompette parlante.

POTÉE, f. plein un pot.

POTENCE, f. sorte de bras triangulaire, tournant sur un pivot de bois ou de fer, pour pendre des enseignes, des lanternes, une marmite sur le feu. V. Cuisine. La *potence* ou *béquille* est un bâton qui a une traverse au-dessus, à l'usage des boiteux et estropiés.

POTERNE, f. fausse-porte.

POULE, f. V. Coq, OEuf. Les poules dans le *poulailler* perchent, ou se *perchent*, ou se *juchent* sur le *juc*, ou *juchoir*, ou *perchoir*. *Táter* les poules pour connaître si elles doivent bientôt pondre. *Poulailler*, celui qui vend ou achète de la volaille. V. Coquetier. Le *déjuc* est le temps du lever des poules, des oiseaux. Le cri des poules prêtes à pondre, se nomme *caquet*, de là *caqueter* ; mais le cri ordinaire de la poule s'appelle *clossement* ; elle closse. On dit aussi le *gloussement*, que la poule glousse, pour désigner le cri par lequel elle appelle ses poussins.

POULIE, f. sorte de roue qui a une *rainure* autour de sa circonférence. Cette roue est traversée par une cheville appelée un *boulon*, ou *goujon*, V. Roue, qui la retient dans un bois ou fer appelé la *chape*, ou l'*écharpe*, ou la *main* ; plusieurs poulies enchâssées dans une chape s'appellent une *moufle*. On moufle les poulies pour augmenter la force.

POUSSIER, m. c'est de la poussière qui reste au fond d'un sac à charbon, ou après les débris d'un mur, etc.

PRÉ, m. ; un pré qui ne peut être arrosé que par la pluie, situé dans un lieu sec, s'appelle un *sécheron*.

PRÉAU, m. petit pré ; espace découvert au milieu d'un cloître, d'une maison religieuse, d'une prison. Le cloître est la galerie qui entoure le préau : il se prend aussi pour tout le monastère ; on se promène sous le cloître, ou dans les corridors.   30

PRÉCOCE, m. hâtif, mûr avant la saison : fruit *précoce*, prématuré, esprit précoce, ou hâtif.

PRESSE, f. tout instrument qui sert à serrer, à éteindre : telle est la presse du relieur de livres.

PRESSIS, m. jus, suc tiré de la viande, d'une herbe en la pressant. V. Pommé.

PRESSOIR, m. pressurer. V. Vendange.

PROVENDE, f. provision de vivres, *victuaille*. *Provende* est aussi un mélange de pois, d'avoine, de vesces, etc. qu'on donne aux moutons.

PUISARD, m. creux pour faire perdre l'eau, un puits perdu. V. Fontis, Engouffrer.

PUITS, m. La pierre percée qui borde le puits, s'appelle la *margelle*, ou la *mardelle*. V. Curage. Le crochet de fer au bout de la chaine où s'accroche l'anse du seau, s'appelle la *main*.

PURIFIER, v. a. une liqueur, la déféquer, la dépurer, la passer, la couler par la chausse, la filtrer, la passer par le filtre. L'eau filtre à travers le bois, et s'infiltre dans le bois. V. Lie, Colature.

QUILLER, v. n. jeter une quille vers une boule pour savoir à qui c'est de jouer, ou ceux qui sont ensemble. V. Abuter.

QUILLIER, m. le carré où sont dressées les quilles.

RABOUGRI, IE, adj. homme, arbre resté petit, personne petite et mal faite. V. Nain, Trapu.

RABOUTIR, v. a. mettre des morceaux au bout l'un de l'autre. Ce mot est populaire.

RACHAT , m. *réméré* ; vendre à faculté de rachat, de réméré, de reprendre la chose vendue après un temps fixé.

RACLOIR , m. instrument pour racler un pétrin , un canon, une allée.

RACLOIRE , f. planchette pour racler le dessus d'une mesure de blé pour la rendre rase au lieu d'être comble , pour en ôter le comble.

RACORNIR, v. a. rendre dur et coriace. Le feu a racorni cette viande, il a grésillé ce parchemin. V. RécroQUEVILLER.

RAGRÉER , v. a. finir ; repasser le marteau sur le parement d'un mur pour l'unir après qu'il est fait ; mettre la dernière main à un ouvrage , surtout de menuiserie.

RAINURE , f. raie où entre la languette d'une planche pour se joindre avec une autre. V. CHARPENTIER.

RAISIN , m. V. VENDANGE. Une *moissine* est un faisceau de branches de vigne avec les grappes , pendu à un plancher. Le raisin qui n'est pas encore bien mûr s'appelle du *verjus* , ainsi que le suc qu'on en tire. V. POMMÉ.

RAMAGER , v. n. les oiseaux ramagent. V. GRINGOTTER.

RAMIER , m. sorte de pigeon sauvage. *Ramereau* , jeune ramier. Le ramier s'appelle encore un *coulon*. *Roucouler*, crier comme le ramier. Le *biset*, appelé aussi *croiseau*, est plus petit que le ramier. V. COLOMBIER, BOULER.

RANGÉE , f. une rangée d'arbres, de maisons, de siéges mis sur la même ligne. Un rang, une file, une ligne.

RAPPORT , m. V. ROT.

RAS , ASE , adj. sans poil, ras de poil, d'un poil uni comme le velours. *Ras*, *rase* ; une mesure rase qui n'est pas comble ; on la racle avec la racloire pour la rendre rase.

RASER , v. a. Le lièvre, la perdrix se *rasent* quand ils se tapissent le plus près de la terre qu'ils peuvent.

RASOIR , m. V. Couteau. Le manche du rasoir s'appelle aussi une *châsse*. Les *rosettes* du manche sont à la rivure des clous.

RASSÉRÉNER , v. a. rendre serein. Le soleil parut, et rasséréna le temps. Le temps s'est rasséréné, est devenu serein. V. Éclaircie.

RAT , m. On ne dit pas *rate* pour la femelle du rat. Il y a plusieurs espèces de rats. Le commun de la plus grosse espèce a environ sept pouces depuis le bout du museau jusqu'à l'origine de la queue, qui est aussi longue que le corps. Le *mulot*, beaucoup plus petit, habite ordinairement les champs et les jardins. La *souris* est l'espèce qui loge le plus souvent dans les maisons, qui ronge le pain, le grain, etc. La *musaraigne*, plus petite, qui a le museau pointu, pénètre aussi dans les appartements ; les chats la tuent, mais ne la mangent pas. Le *lerot*, plus gros que la musaraigne de plus de moitié, a une longue queue velue : on l'appelle aussi un *rat blanc*. Il demeure engourdi pendant l'hiver, comme le loir et la marmotte, et reprend vie aussitôt qu'il sent la chaleur. Un *raton* est un petit rat ; un *souriceau*, une petite souris. Une *ratière*, une *souricière*, est un piége à prendre les rats, les souris. Un rat *guiorant*, criant comme font les rats et les souris.

RATATINER , v. pron. se ratatiner, se récroqueviller,

se rider, se grésiller. Le parchemin se ratatine, se grésille, se récroqueville au feu. Une vieille personne ratatinée, ridée, flétrie.

RAVALER, v. a. la *genouillère* d'une botte, la mettre plus bas. Ravaler un *mur*, le recrépir du haut en bas pour le finir en commençant par le haut. Ravaler quelqu'un, le mépriser. Il voulait s'élever, mais vous l'avez bien ravalé.

RAVIN, m. lieu cavé par les torrents, appelés des ravines, f. Une ravine signifie aussi le ravin, le lieu cavé par les eaux. V. Cavée.

REBROUSSER, v. a. les cheveux, les relever à contre-poil.

RECALER, v. a. un bois, l'unir avec la varlope après qu'il a été dégrossi, l'aplanir, le planer.

RECHANGE, m. des armes, des cordes de rechange pour reprendre quand les autres manquent. V. Relayer.

RÉCLAMER, v. a., appeler les oiseaux avec le réclame; se *réclamer de quelqu'un*, déclarer qu'on lui appartient par quelque endroit.

RÉCOLTE, f. dépouille. La dépouille de cette année est bonne en vin, en fruit. V. Vinée.

RECOQUILLER, v. a. plier en forme de coquille. Des cheveux, du papier recoquillés. Le ver se recoquille quand on lui marche dessus. Pourquoi avez-vous recoquillé les feuillets de ce livre? V. Récroqueviller, Ratatiner.

RECOUPE, f. débris de pierres taillées, rognure. V. Retaille. On met des recoupes dans les allées. V. Déblai, Farine.

RÉCROQUEVILLER, v. pron. replier. Le parchemin

s'est récroquevillé au feu. La couverture du livre s'est récroquevillée, recoquillée au soleil. V. Racornir, Ratatiner, Recoquiller, Gripper.

RECULADE, f. d'une voiture. Les reculades des voitures sont dangereuses.

REFLET, m. rejaillissement de lumière, tache éclairée à l'ombre par une lumière réfléchie.

REFUITE, f. l'endroit où la bête chassée se retire ; il se dit aussi des renards qu'un homme met pour empêcher de terminer une affaire. V. Rémora, Anicroche.

REGAIN, m. herbe qui repousse dans les prés quelques temps après qu'on les a fauchés.

RÉGALER, v. a. niveler, mettre un terrain de niveau, à l'uni. Le régalement des tailles en est la répartition avec égalité et proportion.

REGARD, m. endroit pratiqué pour visiter un aqueduc, des tuyaux de fontaine. V. Tuyau.

REGNICOLES, m. le *g* se prononce rudement, comme dans le latin *regni*, les habitants d'un royaume, les naturels du pays, les indigènes.

REGRATTER, v. a. un mur, repiquer la pierre pour le faire paraître neuf.

REGRATTIER, m. celui qui vend du sel à petite mesure, ou d'autres menues marchandises.

RELAYER, v. a. relever. *Relayer des ouvriers*, en mettre d'autres en leur place, les relever. On dit aussi *relayer les chevaux*; avoir des chevaux, des chiens de relais, ou simplement des *relais*. V. Rechange.

RELENT, m. odeur de chose renfermée. Cette viande sent le *relent*, ou bien le *remugle*, ou le *renfermé*, ou l'enfermé. La viande sent le *roui*, la *malpropreté* du vase où elle a été cuite.

REMBOURER, v. a. une chaise, un collier, et non pas *bourrer*, le garnir de bourre ; on dit aussi feutrer, et quelquefois embourrer. V. MATELASSER.

REMBUCHER, v. pron. la bête. La bête s'est rembuchée dans le bois, d'où elle avait débuché.

REMONTER, v. n. ou simplement monter une horloge.

RENARD, m. sa femelle s'appelle une *renarde*, et ses petits des *renardeaux*. Le renard *glapit ;* le *glapissement* du renard, son cri ; le renard se *terre* dans des trous appelés terriers, une *tanière*, une *renardière*. Renard est aussi une fente par où l'eau s'échappe d'un tuyau de fontaine. Un renardier est un preneur de renards. V. TRAPPE.

RENDOUBLER, v. a., remplier un habit, y faire des remplis ou plis pour le racourcir ou le rétrécir. V. PINCE.

RENTRAIRE, v. a. un habit, un bas, une déchirure, la reprendre, la recoudre proprement sans y mettre 'de pièces, y faire une rentraiture. C'est aussi coudre deux morceaux bord contre bord, qui n'ont point été déchirés, sans que la couture paraisse. Rentrayeur, euse, celui ou celle qui rentrait.

REPAIRE, m. lieu où se retirent les bêtes malfaisantes. Un *fort*, ce sont des buissons épais où la bête se retire. V. RETRAITE, REFUITE.

RÉSEAU, m. petit filet ; toile de réseau, faite par petite maille en forme de filet ; du *tulle*, du lacis.

RETAILLE , f. morceau retranché d'une chose taillée ; retaille d'étoffe. V. Recoupe.

RETOURNE ou *tourne*, f.; la carte tournée sur le talon quand chacun a les siennes ; la retourne est de pique , ou bien il tourne pique , il tourne trèffe.

REVÊCHE , m. dur , âpre au goût ; du vin, des fruits *revéches*.

REZ-TERRE , m. *rez-pied* , joignant la terre , à fleur de terre ; on a abattu cette maison rez-pied , rez-terre ; on l'a râsée. Le *rez de chaussée* est le niveau du terrain. Habiter le rez de chaussée , l'appartement du bas ; un appartement de rez de chaussée , ou à rez de chaussée. Les murs sont élevés de deux pieds au-dessus du rez de chaussée.

RIFLOIR , m. outil en forme de lime courbée au bout, emmanché comme une lime , à l'usage de plusieurs artisans , en bois et en métal , pour racler, unir les parties , surtout entre des bosses , où la lime droite ne peut servir ; c'est une sorte de grattoir ou de râpe , comme la ripe des maçons. V. Maçon, Ecouanne.

RIGOLE , f. petite fosse pour faire couler des eaux, raie pour planter des bordures de buis, de charmes.

RISSOLER , v. a. rôtir de la viande jusqu'à ce qu'elle prenne la couleur rousse et appétissante.

RIZIÈRE , f. champ de riz.

ROB , m. suc épuré des fruits cuits en consistance comme du miel. Rob de mûres , confiture comme un sirop ; du rob de baies de sureau.

ROGUE , m. fier , arrogant , superbe ; il est familier. V. Fier.

ROIDILLON, m. courte et forte montée dans un chemin.

ROND m. *d'eau*, grand bassin rond dans un jardin, où souvent il y a un jet d'eau.

ROSACE, f. un *roson*, ornement d'architecture en forme de rose, une *rosette*.

ROSERAIE, f. lieu planté de rosiers. V. Arbre.

ROSETTE, f. de mors de bride, rosette de rasoir qui est à la rivure du manche ou châsse.

ROUANE, f. rouanette, sorte de compas dont un membre coupe, pour faire des ronds, former des lettres sur un tonneau, ou ailleurs; *rouaner*, marquer avec la rouane. C'est un outil de tonnelier.

ROUE, f. de chariot. Le *moyeu* est le gros bois percé avec un *esseret* ou *taraud* de charron, pour recevoir l'essieu; le moyeu est garni de frettes ou cordons de fer, ce qui s'appelle *fretter*. On garnit quelquefois le dedans du moyeu avec une boîte de fer. Les *rais* ou *rayons* y sont plantés par un bout dans la partie appelée le *bouge*, et l'autre bout entre dans les *jantes* courbes qui forment le contour ou circonférence de la roue. Les jantes au bout l'une de l'autre sont jointes ensemble par une cheville cachée, appelée un *goujon*. On couvre les jantes avec des *bandes* de fer clouées avec des clous à charettes, ce qui s'appelle *embattre une roue;* et toutes les bandes de fer s'appellent l'*embattage*, ou le *bandage*. Les *ornières* ou *voies* sont les raies que font les jantes des roues d'une voiture roulante; ces ornières s'appellent aussi le *train*. J'ai connu au train de sa voiture par où il avait passé. Les autres roues, comme celles du rouet à filer, au lieu de moyeu creux, ont un arbre appelé aussi un *axe*. Les pivots à chaque bout, quand ils sont gros comme dans une roue de moulin, et qu'ils appartiennent à une porte cochère, s'appellent des *tourillons*. *Rouage*, m. toutes les roues d'une machine. V. Chariot, Moulin, Horloge. *Enrayer une roue*, c'est l'empêcher de tourner avec une *enrayure*, un *sabot*; c'est aussi y mettre les rais. Une *roulette* est une petite roue d'une seule pièce de bois, de fer, etc. Une *rouelle* est une tranche de pomme, de betterave, etc. coupée en rond.

ROULAGE, m. : le roulage des voitures est facile. Le roulement des voitures fait du bruit.

ROULIER, m. charretier public, qui voiture des ballots de ville en ville. V. Charretier, Voiturin.

ROUX-VENTS, m. pl. vents froids et humides d'avril et de mai.

RU, m. canal d'un petit ruisseau. Les pluies ont fait déborder le ru. V. Aqueduc.

RUÉE, f. de la ruée, c'est de la paille, des chenevottes, bruyères, etc., épandues dans la basse-cour, dans un chemin, pour être froissé et faire du fumier.

SABLON, m. espèce de sable fort menu. *Sablonnier*, celui qui en vend. *Sablonnière*, lieu où on le tire. *Sablière*, lieu où l'on tient le sable.

SAC, m. V. Hocher, Ensacher. Sac à blé, sac à charbon, est un sac propre à mettre du blé, du charbon; mais un sac de blé, etc., est un sac plein de blé; une *sachée*, ce que le sac peut tenir. Une *poche* est un grand sac à mettre de l'avoine, du blé, du son, etc. Elle est plus grande que le sac ordinaire. V. Bougette.

SACRISTIE, f. ; on l'a appelée autrefois un *diacanon*, ou un *diaconique*. Meubles et ornements de la sacristie. On couvre le *calice* avec le *purificatoire*, bandelette de toile pour l'essuyer ; sur le purificatoire se met la *patène*, espèce de petite assiette ; sur la patène se met la *pale*, petit carré de carton ; sur la pale se met le *voile* ou *couvre-calice*; et sur le tout la bourse qui renferme le *corporal* pour étendre sous le calice. Cette bourse s'appelle aussi le *corporalier*. L'officiant, ou le célébrant, ou le prêtre, se revêt avec l'*amict*, espèce de mouchoir de cou ; avec une *aube*, longue robe blanche ; avec la ceinture ornée de houppes, appelée communément le *cingulon*; avec le *manipule*, ou *fanon*, ornement au bras gauche ; avec l'*étole*, longue bande autour du cou, qui croise sur l'estomac ; le *tour d'étole* est une petite bande de toile qui garnit l'étole dans la partie qui entoure le cou ; avec la *chasuble*, sorte de manteau pour célébrer. En place de chasuble, le sous-diacre se revêt d'une *tunique*, et le diacre d'une *dalmatique*. La *chape*, appelée aussi le *pluvial*, est un grand manteau pour les processions, dont on distingue le *chaperon*, ornement qui couvre les épaules, et l'*orfroi*, garniture le long des bords du devant et du milieu des chasubles. Tous ces habits s'appellent habits ou ornements *sacerdotaux*; et ceux des évêques, ornements ou habits *pontificaux*. V. ÉGLISE.

Les livres de la sacristie sont les *processionnaux*, ou *processionnels*, les *rituels*, les *bréviaires*, les *diurnaux*, les *cérémoniaux*, l'*obituaire*. Tous les livres à l'usage du service divin s'appellent des *usages*, m. les livres d'église.

SAISON-MORTE, f. ou morte-saison, temps où les

affaires ne vont pas, ne pressent pas. Le temps des vacances est une morte-saison. Les fruits sont chers dans leur primeur, c'est-à-dire dans leur première saison.

SANG, m. *Grumeau, caillot* de sang, masse de sang grumelé, coagulé. *Taché* de sang, *saigneux* ou *ensanglanté*, et non pas *enseigné*. Un mouchoir saigneux, ensanglanté, sanglant, souillé, taché de sang. De la chair saignante, le nez saignant, qui dégoutte du sang.

SANGLIER, m. un porc-sanglier. Le *marcassin* est le jeune sanglier qui suit encore sa mère qu'on appelle une *laie*. Un *ragot* est un sanglier de deux ans; le sanglier à *ses tiers ans* est celui de trois ans ; celui de quatre ans est le *quartanier* ou *quartan*. Les dents s'appellent des *défenses*, f. des *crochets*, ou des *broches*. Les dents de la mâchoire supérieure portent le nom de *grès*, m. Le *boutoir* est le groin ; la tête, la *hure*; le *bourbelier*, la poitrine ; les *luites*, f., les testicules ; la *bauge*, le lieu où il se retire ; la *fouille*, le lieu où il se vautre ; le *boutis*, le lieu où il fouille. Un sanglier *miré* est un vieux sanglier dont les défenses sont recourbées en-dedans. Le sanglier *herbeille*, c'est-à-dire qu'il broute l'herbe. Le sanglier *vermeille* quand il fouille dans la terre pour y chercher des vers. Le sanglier commence à entrer en rut en décembre. La *porchaison* est la saison où il est le plus gras, c'est à la fin de septembre. V. Cochon, Excrément, Bête.

SARCLER, v. a. V. Jardinier. On dit encore *éherber* pour sarcler, ôter la *sarclure* avec le *sarcloir* ou avec les mains.

SAUVAGEON, m. arbre venu sans culture, sur lequel on ente d'autres arbres. L'arbre *franc* porte de bons fruits, sans être enté.

SAUVAGIN, INE, adj. qui a un goût de bête sauvage. Ces oiseaux sentent le sauvagin ou la sauvagine.

SCIE, f. La plus grande scie, qui a un manche perpendiculaire à chaque bout, pour couper en travers des bois de sciage, s'appelle le *passe-partout*. Elle est à *dents de loup* quand deux dents sont jointes ensemble, et *à dents de souris* quand elles sont séparées. Les autres scies communes sont : la scie *à refendre*, ou *à scier en long* ; elle est dans un châssis, comme celle des moulins à scie. V. Moulin a scie. La scie ordinaire ou scie à débiter, qui se tend en tordant une corde avec une languette appelée un *gareau*, ou mieux *garot*, V. Garot, qui s'arrête sur la monture ; ou bien l'on tend le *feuillet*, ou la *feuille*, ou la *lame* avec un *écrou* au lieu du garot. V. Vis. La scie à *couteau*, appelée aussi une *sciote*, une *égoïne*, ou *égohine*, qui a la forme d'un couteau dentelé ; elle est propre à scier dans un trou fait dans une planche, pour y faire une ouverture à volonté. La scie *à raser*, ou scie *à main*, est une lame dentée de six ou sept pouces de longueur, emmanchée dans un bois dont la poignée va en relevant, pour ne pas se frotter les doigts en faisant une *voie de scie* sur le plat d'une planche. La scie *en archet* est montée comme un archet de violon qui serait beaucoup recourbé ou arqué. Le *trait* de la scie, appelé aussi la *voie*, est l'ouverture qu'elle fait en sciant ; et la *sciure* est ce qui tombe du bois qu'on scie.

Les scieurs de longs scient en long les bois de sciage, et les refendent sur un *tréteau*, ou *chevalet*, ou *baudet*. La *chèvre* est une espèce de banc formé en croix de S. André, pour y arrêter le bois que le bûcheron scie en travers. Les artisans appellent un *boquefil* une petite scié à main, propre à couper le métal en sciant. V. Moulin a scie.

SEAU, m. vaisseau et mesure de contenance , propre à puiser, à porter de l'eau. Il y a longtemps qu'on ne dit plus seille pour seau : une *seille* signifie une tinette plus large au fond qu'au-dessus , qui contient plusieurs seaux. Le bâton à travers les oreilles de la seille pour la porter , s'appelle le *tinet*. Celui qui fait les seaux est un *boisselier*. On donne, sur mer, le nom de *seilleau* ou *seau*, surtout à celui qui est propre à éteindre l'incendie. Rien n'empêche qu'on n'appelle *seilleau* un petit seau. Une *baille*, sur mer, est un baquet de la forme d'un tonneau qui serait coupé en travers par le milieu. V. Bourrelet.

SEL , m. On le met souvent en pain appelé aussi un *salignon*. On met douze pains de sels ou salignons pour former une *bénate*. Celui qui fait les bénates d'osiér , ou de *tille* de tilleul , est un *bénatier*. Le *saloir* est un vaisseau où l'on sale la viande. Quand le saloir est grand, il porte aussi le nom de *pressoir*. La *saumure* est la liqueur que font le sel fondu et la viande salée. La *salure* est la qualité que le sel communique. Il y a trop de salure dans cette viande. La *saline* est de la chair de bête ou de poisson salé. Le *salé* est du cochon salé , et le petit salé est la chair d'un jeune cochon nouvellement salé. Manger quelque chose à la *croque au sel*, assaisonné avec du sel seul. Le *salage* est l'action ou l'effet de saler : le salage de porc coûte cher. *Salaison*, le temps de saler. *Salière, saunière, égrugeoir*. V. Cuisine, Regrattier. *Sauner* , c'est faire du sel. Une *salorge* est un lieu où l'on tient un amas de sel en réserve.

SELLE, f. sorte de siége rembourré pour seller un cheval.

Le *siége* est la partie où le cavalier est assis. Le *trousse-quin* est la pièce de bois cintrée qui s'élève derrière la selle, comme les arçons cintrés s'élèvent devant ; il porte aussi le nom d'*arçons* de derrière. Les *battes* sont de petits morceaux de bois, couverts et garnis de clous de chaque côté du pommeau de la selle, pour mieux affermir le cavalier. On les appelle encore le *liége*, parce qu'on les a faits de liége. Les *panneaux* sont les coussinets ou rembourrures de chaque côté, pour empêcher que le cheval ne se blesse. Les *quartiers* de la selle sont les parties sur lesquelles posent les cuisses. Le *contre-sanglon* ou la *contre-sangle* est la courroie qui porte la boucle dans laquelle entre le bout de la sangle pour sangler un cheval. Le *surfaix* est une sangle grossière non fourchue, qui se met quelquefois sur les autres sangles, pour mieux affermir la selle. Les *porte-étrivières* m. sont les anneaux de fer carrés, qui portent les *étrivières*, auxquelles sont attachés et suspendus les *étriers*. L'*étrière* ou *porte-étrier* est une petite courroie attachée à la selle pour retrousser les étriers quand on n'est pas à cheval.

On appelle un *chapelet*, une paire d'étrivières garnies d'étriers, ajustés au point du cavalier. Ce chapelet s'ajuste au pommeau d'une selle avec une boucle de cuir ; cela dispense de ralonger ou de raccourcir les étrivières quand on change de cheval. Le *trousse-queue* est une sorte de petit sac pour y envelopper le haut de la queue, et on retrousse le reste.

L'*étrier* est composé de l'*œil* ou est attaché l'étrivière ; du *corps de l'étrier* qui comprend les parties jointes à l'œil, et de la *planche* où est la *grille*, sur laquelle pose le pied du cavalier. Ce sont les *éperonniers* qui font les étriers. V. Montoir, Éperon.

Les *fourreaux* de pistolet sont de chaque côté du pommeau de l'arçon, attachés aux *crampons*, qui sont des anneaux de cuir. Le *chaperon*, qu'on appelle encore quelquefois la *custode*, est l'étoffe qui couvre les pistolets dans leurs fourreaux. Les *faux-fourreaux*, faits d'étoffes ou de cuir mince, contiennent immédiatement les pistolets, et entrent dans les fourreaux de la selle, appelés aussi les fontes f. Croupière, culeron. V. Collier. Bride. V. Bride. L'*émouchette* f., appelée aussi un *émouchoir*, est une couverture à réseau pour chasser les mouches; les petites cordes qui pendent sont les *volettes*. Il y a des auteurs qui appellent l'émouchette un *caparaçon d'été*, et les volettes des *pennes*, parce qu'elles ressemblent aux pennes qui pendent au bout d'une chaine de toile; mais ces termes ne sont pas usités partout. V. Caparaçon. Il y a des selles de plusieurs façons, comme *selle royale*, *selle de postillon*, etc. Monter un cheval *à nu*, à *dos nu*, à *cru*, à *poil*, sans selle. La *housse* est une sorte de couverture brodée sur la croupe, derrière la selle. Il y a des housses trainantes dans les cérémonies de deuil; elles descendent jusqu'à terre. Le *porte-manteau*, les *sacoches*. V. Valise, Montoir. La *sellerie* est le lieu où l'on serre les selles et autres harnais de chevaux. Le *sellier* est l'ouvrier qui fait les selles. V. Cordonnier.

SERINGUE, f. Elle est composée du *canon*, du *piston* et de la *canule*, qui est au bout du canon. La seringue propre à injecter des liqueurs dans l'oreille, s'appelle un *otenchyte*. V. Pompe.

SERPENT , m. On comprend sous ce nom la *vipère* ,
la *couleuvre* , l'*aspic* , etc. La vipère est vivipare , au lieu
que la plupart des autres serpents sont ovipares. V. Vivipare. Le serpent qu'on appelle serpent aveugle et qu'on
trouve en fauchant, se nomme un *orvet, orvert, Serpen-
teau*, jeune serpent ; *vipereau*, petite vipère. Une *guivre*
ou *givre* est une grosse couleuvre représentée à queue tor-
tillée.

SERPENT , m. instrument à vent , qui a à peu près la
figure d'un serpent.

SERRURE , f. fermeture de porte qui a une clé. Elle
est composée du *pêne* que la clé fait avancer ou reculer .
en accrochant avec son *panneton* denté la barbe de ce pêne,
appelé autrefois le *péle*. Le pêne entre dans la *gâche* scellée
dans le jambage de la porte. V. Clé. Il y a un ressort qui
fait agir ce pêne , appelé le *ressort du pêne* ; le *foncet* ou
le *coq* couvre le pêne et le ressort. Le pêne *dormant* est
celui qui ne se meut qu'avec la clé ; et le ressort sous le
pêne qui lui sert d'arrêt s'appelle la *gâchette*. Le *palâtre*,
ou *palastre* (l'académie dit palastre), est la boite qui contient toutes ces choses , dont on peut voir un plus grand
détail dans l'Encyclopédie.

La *platine* ou l'*écusson* est la plaque de fer , ou d'autre
métal , clouée au-devant de la porte où entre la clé. Le
cache-entrée est une pièce qu'on met quelquefois sur le
trou de l'écusson pour le cacher.

L'*auberon* est le morceau de fer percé, attaché au couvercle d'un coffre ; cet auberon entre dans la serrure , et le
pêne de la serrure entre dans l'auberon pour fermer le coffre.
L'*auberonnier* est la bande de fer où est attaché l'auberon,

appelé aussi le *moraillon*. Cette sorte de serrure de coffre s'appelle une *serrure à houssette*. Le *râteau* ou les *gardes* sont les dents en forme de râteau qui entrent dans les crans du panneton de la clé; et l'on dit : il faut changer les gardes de cette serrure, parce qu'on a perdu la clé. La serrure *bénarde*, ou simplement une *bénarde*, est celle qui s'ouvre des deux côtés. La serrure *tréfilière* est celle qui ne s'ouvre que d'un côté. Il y a encore un grand nombre d'autres serrures qui portent différents noms. Les *cadenas* sont pour fermer ou *cadenasser* les malles. L'*anse* du cadenas entre dans un anneau appelé la *passe*; on pousse l'anse, et le cadenas est fermé. V. Loquet, Fenêtre, Verrou.

SÈVE, f. Du bois en sève, qui a de la verdeur, dont l'écorce se lève.

SIESTE, f. mot tiré de l'Espagnol, le temps qu'on donne au sommeil pendant la chaleur du jour. Faire la sieste, c'est faire la méridienne, dormir d'abord après diner.

SIFFLET *de Pan*, m. sorte de sifflet de chaudronnier, composé des tons de la gamme, l'un après l'autre. Quelques-uns l'appelle flûte de Pan, d'autre *syringe*. V. Flageolet.

SIGNET, m. on prononce *sinet*, c'est un tourne-feuillet d'un livre.

SILLON, m. bande de terre que lève le soc de la charrue en creusant la raie. C'est ainsi que les auteurs un peu anciens le définissent; mais un grand nombre des modernes confondent tellement le sillon avec la raie, que le sillon chez eux n'a plus de nom; et ils entendent par sillon une *enrue*, c'est-à-dire, plusieurs sillons élevés en dos-d'âne,

avec une raie ou fossé de chaque côté pour écouler les eaux.
Le *rayon* est la raie entre les sillons d'un champ labouré.
V. Laboureur. *Sillonner*, faire des sillons. *Un champ
bien sillonné.*

SINGLEAU, ou plutôt *cimbleau*, m. sorte de grand compas fait avec une corde ou une longue perche pour tracer de grands ronds qu'on ne peut pas former avec le compas ordinaire. On l'appelle aussi un compas à verge.

SOCLE, m. c'est la partie carrée qui sert de base à la colonne; c'est aussi un piédestal sur lequel on pose une statue. V. Console. Le socle s'appelle aussi un *piédouche :* on y pose une statue ou autre figure.

SONNETTE, f. ou *grelot*, boule ronde et creuse qui sonne, qu'on attache aux attelles des colliers des chevaux, aux colliers des petits chiens, etc. Les clochettes qu'on attache au cou des bêtes qui pâturent, s'appellent des *clarines* f., des *sonnailles* f., et l'animal qui porte une sonnaille se nomme le *sonnailler*. Le *drelin* d'une clochette, c'en est le son.

SONNETTE, f. sorte de machine pour planter des pilotis, avec un mouton qui frappe sur le *pilotis* ou *pilot* pour l'enfoncer, au moyen d'une corde qu'on tire et qu'on lâche tout-à-coup, à peu près comme si l'on sonnait une cloche. Un *clairan* est une sorte de soulier de corde, de crin, de laine, de chanvre, qui ressemble à la bamboche.

SOUFFLET, m. L'*âme* ou la *soupape* d'un soufflet est le morceau de cuir dans le soufflet, qui laisse entrer l'air quand on écarte les deux palettes par les poignées. Le *bec* ou le *tuyau*, ou la *tuyère* est le bout du soufflet. V. Éventoir,

Forgeron. Un soufflet est aussi une espèce de chaise roulante à deux roues, qui a une ou deux places tout au plus. Le dessus et le dedans sont de cuir, ou de toile cirée, qui se lèvent et se plient comme un soufflet pendant le beau temps, et s'étendent de toutes parts pour se garantir de la pluie.

SOULIER, m. On y voit l'*empeigne* f. appelée aussi l'*avant-pied*; la première et dernière *semelle*, une *dresse*, qui est un morceau de cuir entre les deux semelles, pour redresser le soulier quand il tourne d'un côté; le *talon*, les *quartiers*, les *oreilles*, et les *courroies* pour le boucler. Le *paton* est un morceau de cuir pour renforcer en-dedans le bout du soulier. Le *passe-talon* est un morceau de veau noir pour couvrir le talon de bois : on met dessous un morceau de cuir appelé un *cambrillon*. Les *ailettes* sont des bandes de cuir mince au-dedans du soulier, qui se cousent avec l'empeigne et la semelle. La *trépointe* est une autre bande qui se coud en-dehors autour du soulier. La couture de cette bande porte le nom de *rivet*. La *claque* est une espèce de pantoufle ou de mule à talon, dans laquelle on met un escarpin ou soulier léger, pour préserver le pied de la crotte et de l'humidité : on l'appelle aussi une *galoche*. *Bamboches*, sorte de grandes galoches de crin, de corde, etc., dans lesquelles on met les souliers pour tenir les pieds chaudement l'hiver. Le *brodequin* est une sorte de soulier qui monte jusqu'au gras de la jambe. Les *patins* rehaussent la taille; d'autres sont faits pour aller patiner sur la glace ou sur la neige. La *babouche* est une mule à talon pour la chambre; une paire de babouches jaunes. V. Neige. Des *chaussons* sont encore des souliers légers à semelle de feutre pour jouer à la paume, pour faire des armes, etc., et tout ce qui sert à couvrir le pied est une chaussure. On dit *ressemeller* ou *carreler* des souliers ; un *carreleur*, une *carrelure*, une *ressemellure* de souliers. Un soulier *éculé*, dont le quartier est replié en-dedans ; une *savate* est un vieux soulier. Un *chausse-pied* est une sorte de meuble pour aider à chausser un soulier. V. Cordonnier, Botte. Etre dans la prison de S. Crépin, avoir des souliers trop étroits.

STALACTITE, f. pierre qui ressemble à un glaçon, et qui se forme dans une grotte.

STUCATEUR, m. ouvrier qui travaille en stuc, sorte de plâtre dont on fait des ouvrages d'architecture, des figures, etc. V. Statuaire.

SUCRIN, m. qui a le goût du sucre ; un melon sucrin.

SUR, URE, adj. qui a un goût aigre, aigret, aigrelet. Cette pomme est sure ; suret, aigrelet.

SURMENER, v. a. des chevaux, les excéder de fatigue.

SURSEMER, v. a. semer un grain sur un autre.

SURVIDER, v. a. ôter une partie de ce qui est dans un sac ou dans un seau trop pleins : il faut survider ce sac, il est trop plein.

TAILLEUR, m. d'habit. Ses outils sont les ciseaux grands et petits ; ciseaux à boutonnière. La *craquette*, morceau de bois ou de fer qui a une rainure où s'introduit la boutonnière pendant qu'on passe le carreau à l'envers. Le *passe-carreau*, bois long que l'on introduit dans la manche sous la couture pour la presser à l'envers avec le carreau.

Le *dé* à coudre, le carreau à repasser. V. Lessive. Le *patira* est un petit tapis carré, fait ordinairement avec des lisières de drap qu'on met sur la table, sous l'étoffe, pour la repasser. Le *billot* est un bois cubique sur lequel on repasse certaines parties de l'habit. Les mesures, etc. V. Aiguille. Faufiler. La *cassette* est une boîte divisée en quatre rayons pour y placer les pelotons, la cire, etc. *Rabattre* une couture, c'est l'unir avec le carreau. Une *retaille* est un morceau d'étoffe resté après la taille de l'habit. Un *chanteau* est un morceau d'étoffe coupé d'une plus grande pièce. Le chanteau d'une robe est plus grand qu'une retaille. Le *tire-bouton* est une sorte de crochet de fer pour aider à boutonner. Un *surjet* est une couture ronde qu'il faut rabattre. V. Rentraire, Raccoutrer, Étoffe, Habit, Échancrer, Remplir, Rendoubler, Pince, Rentoiler, Froncer, Fraiser, Glacer, Levée, Rencorcer, Culotte. La *tailleuse* ou *couturière* travaille communément pour les femmes et les enfants.

TALON, m. Ce qui forme le talon des animaux s'appelle l'éponge, f. ou le talon.

TALUTER, v. a. mettre en talus. Taluter un fossé, un mur, les faire incliner un peu : on dit aussi taluder.

TANIÈRE, f. V. Renard.

TANNEUR, m. Il met tremper la peau, V. Carbatine, dans une cuve appelée un *plain*, où il y a de l'eau mêlée avec de la chaux ; il tire la peau du plain, la pose sur le *chevalet* pour la *plamer* ou *peler* avec un grand couteau à deux manches, appelé le *couteau de rivière* ; il en ôte la chair, ce qui s'appelle *écharner*, avec le couteau à *écharner*. Après l'avoir nettoyé, il la fait *égoutter* sur le bord du plain , appelé la *traite* ; il *quiosse* la peau avec la *quiosse* , c'est-à-dire qu'il la frotte avec une sorte de pierre à aiguiser, pour en faire sortir les ordures ; il la poudre avec le *tan* qui est de l'écorce pilée dans le moulin *à tan*. L'*écorcier* est le lieu où il serre les écorces. Quand le tan ne peut plus servir , on le met en masses pour faire du feu comme avec de la tourbe ; et l'on appelle ces masses des *mottes à brûler*: ensuite il met la peau dans la *fosse*. Le tanneur a de grandes tenailles , de grandes forces , de grands ciseaux. Le tan mêlé avec la chaux s'appelle de la *tannée*. On tanne en *coudrement*, à l'*alun* , etc.

Hongroyeur, tanneur qui prépare les cuirs appelés cuirs de Hongrie. Le *mégissier* prépare les peaux de mouton , de veau , d'agneau , pour faire des culottes , des gants, et aussi les peaux qui conservent leur poil et leur laine. Le *corroyeur* prépare les cuirs tannés, en les broyant, en les frottant , etc. pour les rendre souples , afin d'en faire des ceinturons , des selles , etc. V. Peaussier. Le *chamoiseur* prépare les peaux de chamois et autres pour les culottes.

TAPABOR , m. bonnet de campagne , dont les bords se rabattent pour garantir du mauvais temps.

TAPE , f. V. Coup. Taper les cheveux , les arranger avec le peigne.

TASSER , v. a. entasser , mettre en tas. Une *tassée* , ce qui peut entrer dans un tas. On dit aussi : cette oseille a bien tassé , a bien crû , a bien multiplié.

TAVAIOLE, f. V. Enfant. La tavaiole est un fin linge garni de dentelles tout autour ; on en met sur les berceaux des enfants qu'on porte baptiser, sur les pains bénits à l'église, etc.

TAVELER , v. a. bigarrer, moucheter, tacheter. Serpent tavelé , tigré , marqueté , tiqueté , diapré. V. BARIOLER.

TAUPE , f. ; elle fait sa *taupinière* : l'académie dit aussi une *taupinée* ou une *taupinière*. V. LABOUREUR. Un *taupier* est un preneur de taupes , et la *taupière* est le piége pour prendre les taupes.

TEIGNE , f. insecte qui ronge les étoffes. V. INSECTES. *Teigne* des enfants, ou gale plate à la tête ; elle s'appelle plus communément *croute-de-lait*.

TEMPS , m. Le temps ou le ciel se *couvre*, *s'obscurcit*, se *brouille* , se *noircit* , se *charge*. Le temps *s'éclaircit* , se *rassérène*, se remet au beau. Temps *nébuleux*, *sombre*, *couvert*. Le temps se *hausse* , commence à s'éclaircir. V. BROUILLARD , PLUIE , POMMELER , RELACHER.

TENTURE , f. bande d'étoffe qu'on met dans une église pour marque de deuil , ou dans une chambre pour tapisserie. Une tenture de deuil. Tendre ou détendre une chambre , une église , y mettre ou en ôter la tenture.

TERREAU , m. fumier pourri et réduit en terre.

TERREUX , EUSE , adj. main terreuse , salie , couverte de terre. V. ENCUIRASSER.

TERTRE , m. petite montagne, monticule, une motte, une butte, un lieu élevé. V. MONTAGNE. Un rideau est une petite élévation un peu longue , derrière laquelle on peut se cacher sans être vu.

TÊT , m. morceau de pot cassé ; ramasser des têts ; on dit aussi tesson.

TIERCER , v. n. ou *terser*, donner un troisième labour aux champs ou à la vigne ; tiercer , c'est aussi faire une enchère d'un tiers , faire un tiercement sur un bien fonds.

TIRANT , m. toute pièce qui assujétit et qui empêche d'autres de s'écarter. On en met dans des bâtiments pour empêcher les voûtes de s'écarter. Ce sont de longues barres de fer qui ont un œil à chaque bout , dans lesquels on passe une *ancre* faite en forme d's en-dehors et contre le mur du bâtiment. V. Violon, Botte.

TIRASSE , f. sorte de filet pour prendre des cailles , des alouettes , etc.

TIRE-BOUCHON , m. Il a une mèche spirale de fer , et un manche comme une vrille , pour déboucher une bouteille , ou tirer le tampon d'un tonneau tamponné. V. Bou-teille.

TISSERAND , m. on trouve encore *tisseur*, *tissier*. Le métier du tisserand est composé d'un grand châssis ou *bâtis* de bois, où sont plantés en mortaise quatre *montants*, ou *poteaux*, ou *piliers*, qui sont affermis sur le châssis par des *jambes de force*, etc. Le rouleau de derrière, autour duquel est roulée la chaine, s'appelle l'*ensouple* ou *ensuple*, f. *de derrière*; et le rouleau de devant, autour duquel s'enveloppe la toile, s'appelle le *déchargeoir*, ou l'*ensouple de devant*. Ces deux rouleaux ont un *rochet*, qui est une petite roue de fer dentée, que le cliquet empêche de dérouler. Le *tendoir* est une cheville ou espèce de levier au bout du déchargeoir, pour tendre la *chaîne*. La *poitri-*

nière est le bois sur lequel passe la chaîne, et contre lequel le tisserand appuie sa poitrine. La *chasse* ou *battant* suspendu au porte-chasse, frappe pour serrer les fils de la trame à mesure que le tisserand fait jouer les *marches* avec le pied. L'*ourdissage* passe à travers les peignes, qu'on appelle aussi des *rots*. Les *poulies* sont suspendues par les *pouliots*. Les verges sont entrelassées à travers la chaîne, derrière le battant; et le *temple* devant le battant tient la toile tendue sur le métier, ayant à chaque bout une *griffe*, et au milieu une *crémaillère* pour s'alonger ou se raccourcir à volonté. L'anneau de cuir qui tient cette crémaillère s'appelle le *cuiret*. *Monter le métier*, y ajuster, y tendre la chaîne. Une *levée* est la quantité de toile faite avant de tourner l'ensouple.

Les *lisses* sont une espèce de ficelles qui tiennent suspendus les fils de la chaîne; ces lisses sont suspendues à de longues tringles appelées les *liais*, et ces liais avec les lisses portent le nom de *lames*.

La *navette* a une poche appelée aussi la *boîte*, dans laquelle on place la *canette*, qui est une petite bobine ou fuseau de roseau contenant la trame. Cette trame, qui est sur la canette, se nomme *espoulin* ou *espolin*, et l'on prend communément l'espoulin pour la canette; quelques auteurs appellent aussi un espoulin, une *volue*; c'est-à-dire, une canette garnie de trame. La *fuserolle* est la brochette qui traverse l'espoulin dans la navette. Le *chas* est la colle avec laquelle le tisserand frotte la chaîne sur le métier.

Les *pennes*, f. sont les fils non tissus qui restent au bout de la toile comme des franges. Une *lienne* est un fil dans la chaîne, qui ne se trouve point tissu, parce que la trame n'y a pas passé.

L'*ourdissoir* est le métier sur lequel l'ourdisseuse ourdit, et la *banque* est une machine où l'on place les bobines, qu'on appelle aussi des *rochets* quand elles sont plus grosses que les bobines ordinaires : ces rochets sont enfilés par des broches sur la banque. V. Fileuse, Toile. Les tisserands de plusieurs cantons appellent cette banque un *bobinier*.

TISSER, v. faire un tissu de toile, de lin, etc.

TISSUTIER, m. rubannier, ou simplement tissutier, celui qui fait toutes sortes de rubans, de gances, etc.

TISSURE, f. ouvrage tissu; cette tissure ou ce tissu sont bien faits.

TOILE, f. La *serpilière* est une toile grossière et claire pour emballer les marchandises. V. Auvent. Le *treillis* est une toile grossière et croisée, faite avec du chanvre cru, dont on fait des sacs, des habits pour les manœuvres. Une blaude de treillis. La *rapatelle* est une toile de crin pour faire des tamis. La *solamire* est aussi une toile de crin, de soie, ou d'autre chose à voie claire, pour faire des tamis, ou sas, ou sassets. Une *étamine* est une toile peu serrée, d'un tissu clair, pour faire des bluteaux de moulin, pour passer des liqueurs. La *croisure* ou le *croisé* est une toile ou autre étoffe faite avec quatre marches. V. Réseau. L'*asbeste*, m. est une pierre de la nature de l'amiante, m. dont on fait de la toile qui résiste au feu. La pierre d'amiante s'appelle aussi de l'*alun de plume*. Le *canevas* est une toile grossière pour faire des tapisseries.

TOISON, f. la tonte, la toudaille des moutons. V. Tonture, Tonsure.

TOIT, m. V. Charpente, Tuile, Bardeau, Cochon,

Avant-toit. Il a plu, l'eau dégoutte encore du toit. Les toits sont ordinairement à deux *pentes*. Faire une *recherche de couverture*, c'est y faire une réparation, y mettre des tuiles, des bardeaux, des laves ou dalles où il en manque, pour y boucher un trou. V. Lave.

TONNELER, v. n. prendre des oiseaux avec la tonnelle; et figurément, attraper quelqu'un.

TONNELIER, m. Ses principaux outils sont la *jabloire* pour faire le jable, qui est la rainure dans laquelle entre le fond du tonneau; la *plane plate*, ou *courbe*, ou *ronde*, qui est un couteau à deux manches pour travailler les *douves* sur un banc appelé l'*âne*. La *doloire* est une large hache à main, plus petite, mais de la même forme que l'*épaule-de-mouton* du charpentier. V. Charpentier. Le *barroir* est une longue *tarrière* pour faire les trous aux *peignes*, qui sont les extrémités des douves, pour retenir le fond avec des barres. Plusieurs auteurs appellent le peigne du tonneau, le *jable;* mais ils confondent le jable avec le peigne. La *tiretoire*, ou *traitoire*, ou *chienne*, que quelques-uns appellent encore un *davier*, est une espèce de tenailles pour mettre de force les derniers *cercles* ou *cerceaux*. La *colombe* est une grosse varlope renversée pour dresser les joints des douves; le *paroir* est fait en anneau avec un long manche, pour unir en-dedans les douves quand la futaille est montée. L'*utinet* est un long maillet de bois pour chasser le fond dans le jable; le *bâtissoir* est un cercle de fer dans lequel on met les douves pour les assembler; le *tire-fond* est une espèce de tarrière en vis, pour retirer une pièce du fond dans le jable; la *bondonnière* est une grande tarrière dont la mèche est creusée en cuiller, et pointue comme l'*esseret* du charron, pour faire le trou du *bondon* dans la partie du tonneau la plus bombée, appelée le *bouge*; l'*aissette* ou *aisseau*, petite hache qui sert à couper les faux-fonds des tonneaux, à mettre et ôter les bondons. *Anchiflure*, trou que fait un ver à une douve à l'endroit où elle est couverte par le cerceau. Le *chassoir* est un bois sur lequel on frappe pour faire descendre les cercles. Le *clouet* est une espèce de ciseau obtus, pour enfoncer dans les fentes du tonneau la *neille*, qui est du chanvre, de la filasse, pour l'empêcher de suinter ou de couler. Pour les autres instruments, V. Charpentier, Cave, Futaille, Douvain, Bourdillon, Seau. La *tonnellerie* est la profession du tonnelier, ou le lieu où il travaille.

TONTURE, f. ce qu'on coupe à une haie, ou à un drap qu'on tond; la tonte. V. Toison.

TOUR, m. à tourner: on voit dans le tour commun les deux *jambages*, plantés en mortaises dans des pieds appelés les *semelles*. Les deux *jumelles*, posées horizontalement, s'emboîtent à chaque bout dans les jambages. Les deux *poupées*, dont la queue entre et glisse dans les jumelles; elles ont des pointes à la tête, qui entrent dans les bouts du bois qu'on tourne. Le *support*, ou appui, ou la barre sur quoi le tourneur appuie le fer tranchant, ou ciseau, a deux bras qui sont serrés par des *clavettes*. La *lunette* est une troisième poupée sans pointe, pour appuyer les pièces à tourner qui ont une longue portée. Les *mandrins*, de plusieurs façons, sont des alonges pour tourner les pièces trop courtes, pour être ajustées dans les pointes des poupées. Il y a des trous à *archet* qu'on manie d'une main , comme un archet de violon, pour tourner de petites pièces ; des *tours à perche*, qui tournent au moyen d'une planche pliante arrêtée au plancher sur la tête du tourneur, qu'on fait jouer avec le pied posé sur une marche ; des tours à *roue*, *à vis*, et de plusieurs autres espèces.

Les outils de tourneur sont des ciseaux à biseau ou sans biseau, des *gouges*, des ciseaux plats, des fers à *grain d'orge*, dont le tranchant se termine en losange ; des fers crochus et de plusieurs autres façons, que chaque tourneur souvent invente à sa façon, suivant les ouvrages unis ou creux qu'on a à faire. Le biseau du tourneur est un ciseau plat, ébizelé, ou taillé en chanfrein, c'est-à-dire, dont un bec du tranchant avance plus que l'autre.

TOURELLE , f. on a dit tournelle , petite tour autour d'un château , ou ailleurs.

TOURET , m. c'est une espèce de clou qui a une grosse tête , qu'on met au bout d'une chaîne ; dans la jambe du touret , tourne le dernier chaînon, afin que la chaîne ne se torde pas. On en met aux branches de brides , aux liens de fer des vaches , etc. Un *touret* est encore une sorte de petite meule de fer , qu'on tourne avec le pied pour graver des cachets, aiguiser certains outils, etc. , et un instrument de cordier avec lequel il fait le bitord. V. Corde.

TOURNANT , m. le coude , le tournant d'une rue , d'un chemin au bout d'un champ , etc. , où l'on tourne les voitures.

TOURNE-BROCHE , m. Le commun est composé de trois roues , d'un *rouleau*, d'une *cage* et d'un *volant*. La première roue s'appelle la *grande roue* ; son *arbre* est revêtu d'un rouleau de bois où s'enveloppe la corde. La seconde roue est un *rochet* ou *roue dentée*, que le *cliquet*, sorte d'arrêt qui entre dans les dents du rochet, empêche de reculer ou de dérouler. La troisième roue est la roue de *champ*, qui engrène dans le *pignon* du volant ; il y a des tourne-broches où la roue de champ engrène dans la *vis sans fin* du volant, au lieu d'un pignon. Les arbres des roues ont des pivots qui tournent, emboîtés dans les montants du tourne‑broche. On en fait encore qui tournent par le moyen d'un *ressort spiral* enfermé dans un *barillet*, comme on voit dans les pendules, et de plusieurs autres façons. V. Horloge.

La *brochette* est liée à la broche que fait tourner la roue de la poulie, et la broche tourne dans les oreilles du *hâtier*. V. Cuisine. On remonte souvent avec une *manivelle* le tourne-broche. Une *brochée* de grives, c'est la broche garnie de grives.

TRAILLE, f. sorte de bac pour passer les grandes rivières ; la traille est attachée à une corde pour passer la rivière. On s'en sert aussi pour faire un *pont-volant*, en mettant des madriers sur plusieurs trailles, pour passer des troupes, comme on en met sur des pontons de cuivre, qui sont des espèces de barques de cuivre, pour former des *ponts-volants*. V. Barque, Pont.

TRAIN, m. de bois, assemblage de planches ou de bois que l'on conduit sur l'eau, pour les transporter : on l'appelle aussi un *radeau*. V. Pont.

TRAIN, m. d'un animal. Le train de devant d'un cheval, c'est la partie de devant, et le train de derrière, est la partie de derrière , comme on le dit d'un chariot. V. Chariot.

TRAINEAU , m. sorte de voiture sans roue, pour aller principalement sur la neige ; il est composé de deux *semelles* ou *patins* , quelques auteurs les appellent des *glissoires* , f, qui ont des cornes sur le devant, sur quoi sont plantées en mortaise des jambes affermies par des traverses ou entretoises de bois , sur lesquelles on assujétit un *charti*, une *caisse*, un *brancard*, etc. Les limons de traineau sont souvent arrêtés contre la jambe avec un cordon de bois de *clématite* ou de *viorne* , etc. V. Arbre.

Le *poulain* est une sorte de traineau fort, et sans jambes, pour trainer de grosses charges sur le pavé , ou sur la neige. On se sert d'un poulain à peu près semblablement construit, pour descendre des pièces de vin dans une cave. Quand les glissoires des traineaux sont usées , on les *ressemèle* avec une mince semelle de bois , à peu près comme on ressemèle un soulier. Le *traineau* est encore une sorte de grand filet pour prendre des oiseaux ou des poissons. V. Ramasser.

TRANSVASER , v. a. ou soutirer une liqueur, la mettre dans un autre tonneau.

TRAPPE , f. porte couchée au-dessus d'un escalier qui affleure au niveau du plancher.

TRAPPE, f. piége à prendre des bétes.

Le *traquenard* est fait de planches, en forme de cercueil ; il s'ouvre à chaque bout ; et dès que la bête met le pied sur la marchette , elle fait échapper la *languette* qui tenait à un cran de la *marchette*, et elle se trouve prise et enfermée vivante. Un cliquet à chaque bout tombe sur les couvercles, et la bête ne peut plus sortir.

La *chausse-trappe* est une machine de fer qui a deux demi-cercles à ressort, qui se ferment l'un contre l'autre ; on la place à terre ; elle se détend dès que la bête prend l'amorce attachée au *déclic* ou à la *détente*. On fait des chausse-trapes de plusieurs façons. Elle est propre surtout à prendre des renards.

Le *traquet* est une sorte de piége pour prendre les bêtes dans les bois. Les auteurs ne le décrivent pas.

La *poche* ou *pochette* est un filet en forme de poche, pour prendre les lapins en sortant du terrier. V. Lapin.

Les *cerceaux* sont une sorte de filets ajustés à des demi-cercles tendus par une ficelle , et l'oiseau perché sur une brochette qui tombe, se trouve pris par les pieds. On prend ainsi de petits oiseaux aux fontaines.

Le *cornet* est un cornet de papier gris en forme d'un étouffoir de chandelle ; on enduit de glu l'intérieur , on met une amorce au fond ; et quand la corneille ou autre pareil oiseau prend l'amorce, il se couvre la tête avec cette espèce de capuchon collé aux plumes. L'oiseau s'élève et retombe à terre , où on l'attrape.

Le *trébuchet* est une sorte de cage avec un couvercle qui se tend avec une *marchette* ou avec une *bascule*, pour prendre des oiseaux vivants. V. Oiseler.

Le *collet* est une sorte de lacs , souvent de fil d'archal détrempé, pour prendre les lièvres et les lapins.

Le *broyon* est composé de deux perches chargées , un peu élevées à un bout, sous lesquelles on met une amorce, et qui écrasent la fouine , le renard , etc., lorsque la bête mord à l'appât attaché à une marchette. On en fait de plusieurs façons.

La *souricière*, la *ratière*, la *taupière*, sont des piéges à prendre des souris, des rats, des taupes. On appelle *assommoir* tout piége sous lequel le rat, la fouine, etc., sont écrasés. On invente des piéges de plusieurs façons. V. Oiseler.

TREILLAGE, m. assemblage de perches croisées qui forment des trous carrés ou en losange dans un jardin, pour palisser contre des espaliers, etc. V. Jardinier. Le *treillis* a les trous plus petits; il est souvent de fil de fer. *Treillisser* une fenêtre, c'est y mettre un treillis de fil de fer ; le treillis s'appelle *jalousie*, quand les tringles ou barres sont un peu épaisses, presque toujours de bois, et les trous petits, pour voir sans être vu. Le treillis diffère de la *grille* en ce que les barres du treillis sont maillées en losange. V. Grille, Fenêtre.

TRICOTEUR, m. faiseur de bas ; on dit aussi un *chaussetier*, un *brocheur* ; et celui qui fait les bas, bonnets et chaussons, s'appelle un *bonnetier*. Le tricoteur ou la tricoteuse *tricote* avec des aiguilles de fil d'archal, de fer ou d'acier. Elle plante une de ses aiguilles dans l'*affiquet*, qui est un bois attaché à sa ceinture. Elle fait aussi des *chaussettes*, ou bas à *étrier*, qui n'ont point de pied, et qui se mettent sous les bas ordinaires. Ouvrage au tricot, ouvrage tricoté, ou du *tricotage*. Des bas s'appellent encore quelquefois des chausses, ou bas de chausse. *Reprendre* ou *rentraire* des bas, les recoudre. On ressemelle les bas.

TRIER, v. a. des pois, du café, les éplucher sur le volet. V. Cuisine.

TRINGLE , f. verge de fer menue et ronde pour soutenir des rideaux. V. Lit. C'est aussi une baguette de bois équarrie , longue et étroite , servant à différents ouvrages de menuiserie. V. Liteau.

TRIVIAIRE, adj. carrefour où aboutissent trois rues ou trois chemins. V. Bivoie.

TROCHET , m. de noisettes. V. Noisetier à l'article Arbre. On dit aussi un trochet de fleurs , un trochet de poires , lorsqu'il en vient plusieurs à la fois.

TROMPETTE , f. V. Cor. Le *bandereau* est le cordon pour porter la trompette en bandoulière. La *banderole* est le morceau de tafetas avec frange , attaché à la branche de la trompette. Une *saquebute* est une espèce de trompette à quatre branches qui se démontent ; elle est beaucoup plus longue que la trompette ordinaire ; elle sert de basse dans les concerts en Allemagne , pour les instruments à vent. La trompette *parlante* est un porte-voix. La trompette *marine* est un long instrument de bois, en forme de porte-voix , qui n'a qu'une grosse corde de boyau qu'on frotte avec un archet d'une main , et de l'autre on forme les tons sur la touche de l'instrument. La trompette à *laquais* est la *rebute*. V. Instrument. On dit *sonner* de la trompette ; et crier à son de trompette , c'est trompetter.

TRONCHET , m. billot à trois pieds. V. Cuisine.

TRONÇONNER , v. a. couper par tronçons. Tronçonner une anguille , du boudin.

TROUPE , f. multitude de gens , de bêtes. Une troupe de paysans. Une troupe, ou une bande , ou une volée d'oiseaux. La troupe des comédiens. Les bêtes fauves marchent en troupe ou en *harde*. Aller en troupe , ou en *caravane* , se dit des marchands, pélerins , voyageurs dans les pays mahométans. Troupeau est une troupe d'animaux domestiques. Un troupeau de moutons, de vaches , d'oies , etc. Une nuée d'oiseaux, de sauterelles , etc. Une grande volée.

TROUSSE, f. paquet, fagot, faisceau. Trousse d'*herbes* , trousse de *linge* , de *cordes* , etc. V. Valise. Une *trousse* est l'étui où les perruquiers mettent tout ce qui est nécessaire pour faire la barbe et les cheveux. C'est aussi l'étui qui contient les instruments du chirurgien.

TRUMEAU , m. le jarret d'un bœuf regardé comme viande. V. Fenêtre.

TUILE, f. *imbricée* , concave, faite en canal. On en forme des *noues* de lucarnes, c'est-à-dire l'enfoncement d'un toit, où est le canal qu'on appelle la *cornière* ou le *noulet*. Une *tiercine* est une pièce d'une tuile fendue en longueur , qui sert à finir le *batellement* du toit, c'est-à-dire le bord ou dernier rang des tuiles où sont les chéneaux qui reçoivent l'eau qui dégoutte du toit. Un *tuileau* est un morceau de tuile rompue. *Faitière* , f. tuile creuse qui se met sur le faîte d'une maison. V. Charpentier, Toit.

TUYAU, m. de fontaine , canal. La *pommelle* ou *crapaudine* est une plaque ronde, percée de petits trous , qu'on met au bout du premier tuyau de la fontaine vers sa source , pour empêcher que les crapauds ou autres ordures n'y entrent; les tuyaux s'emboîtent l'un dans l'autre , souvent avec une boîte de fer pour les unir. V. Ventouse , Regard, Renard. Un *ajutage* est un tuyau de métal qu'on

ajoute à l'extrémité d'un jet-d'eau, ou d'une fontaine, pour
en faire sortir l'eau sous la forme qu'on désire. Un *tondin*
ou *rondin* est un bois rond qu'on met dans un tuyau de
plomb pour le travailler et le faire bien rond. La *soupape*
d'un tuyau est une cheville ou autre chose semblable pour
lâcher ou arrêter l'eau.

VACHE , f. femelle du taureau ; une *taure* , c'est une
genisse : une *dagorne* est une vache qui a perdu une corne,
qui est écornée d'une corne. V. Dagorne. Une *laitière*
est une vache qui donne beaucoup de lait. La vache a *vélé*,
a mis bas son veau. *Traire* ou *tirer* une vache. Cette
vache a six écuelles de lait par chaque *traite*. Le pis est la
mamelle qui contient le lait. V. Mamelle. *Vacher*, pâtre
de vaches ; *vacherie*, étable, lieu où l'on tient les vaches.
V. Boeuf , Fromager , Laiterie , Coaguler , Taureau.

VAISSELLE , f. *plate* , celle qui est tout d'une pièce ,
comme *assiette* , *cuiller* , *fourchette* , etc. La vaisselle
montée est celle qui est composée de plusieurs pièces, comme
chandelier , *sucrier* , *girandole* , etc. V. Cuisine , Chandelier. La vaisselle en *bosse* est celle qui a un grand ventre
et un cou , comme *aiguières* , *seaux* , *flacons* , etc. La
vaisselle *bosselée* , ou travaillée en bosselage , par petites
bosses , la vaisselle *ciselée* , etc. V. Bossuer.

VALISE, f. une trousse, un porte-manteau. La *sacoche*,
sont deux sacs liés ensemble , que le cavalier porte derrière lui , comme une valise ; on dit aussi des bourses ; et
une *fauconnière* , sont deux petits sacs sur l'arçon de la
selle pour porter les menues choses. V. Selle , Trousse.

VAN , m. *à soufflet* , sorte de moulin à vanner le blé. Il

est composée d'une *trémie* où se met le blé, comme la trémie d'un moulin, des *cribles* de fil d'archal, du *claquet*, comme celui du moulin, d'une *manivelle* qui fait tourner le volant dans la caisse, et qui sert de soufflet pour vanner ou nettoyer le blé. La *vannure* est l'ordure, semblable à la criblure qui se donne à la volaille. Le *poussier* est cette poussière qui sort du blé vanné. La *vannette* est une grande corbeille plate, à petit rebord, à peu près comme le van ordinaire, pour vanner et épousseter l'avoine, avant que de la donner aux chevaux. *Vannier*, qui fait des ouvrages de vannerie. Le *van* commun a deux anses pour servir de poignée. V. Hotte, Écaffer.

VARICE, f. veine excessivement dilatée, et qui forme une bosse surtout aux jambes.

VASES-SACRÉS, m. pl. Le calice, dont on distingue le *pied*, le *nœud* au milieu de la tige, et la *coupe* qui le couvre avec le *purificatoire*, la *patène*, etc. V. Sacristie. Le *soleil*, appelé encore l'*ostensoir*, et par quelques-uns la *lunette*, parce qu'il a deux lunettes de chaque côté, dont l'une a un croissant pour soutenir l'hostie. La lunette proprement dite est la partie où est renfermée l'hostie. Le *ciboire* couvert de son pavillon, appelé aussi la *custode*. V. Pavillon. Le *petit ciboire* pour porter le viatique, appelé communément la *pyxide*, la boîte des *saintes huiles* ou des *onctions*. Les vases sacrés, les burettes avec leur bassin, la croix, les chandeliers et ce qu'il faut pour dire la messe, s'appellent une *chapelle*, etc. V. Église, Sacristie.

VENAISON, f. chair de bête fauve, comme cerf, sanglier, chevreuil, etc. V. Chasseur.

VENDANGEUR, m. Les vendangeurs cueillent les *grappes* de raisin avec la *serpette*, ou autre instrument tranchant, dans un panier à anse, ou dans un autre *cueilloir*. On porte le raisin au *pressoir* dans des *tinettes* avec un bâton passé dans les oreilles de la tinette, appelé le *tinet*. On les porte aussi dans des *banneaux*, sorte de hottes faites de douves, qu'on porte derrière le dos avec des *bretelles*. Les *hotteurs* gagnent le double des *coupeurs*. On les jette dans les *cuves*, ou *cuveaux* qui sont de petites cuves. On *égrappe* le raisin dans l'*égrappoir*. La grappe dégarnie de son grain s'appelle une *râpe*, une *raffle*, une *raffe*. On met les grains dans le *coffre* du pressoir ; le pressoir signifie aussi le lieu où est le pressoir. On les *foule*, on les *broie* avec une *batte*, avec un *pilon*, avec le *tinet* de la tinette ; on met le *couvercle* qui entre dans le coffre ; on le charge d'un gros bois appelé le *mouton*. Une grande *vis* perpendiculaire, qui pose sur le mouton, est serrée fortement avec la *clé* par les *pressureurs*, appelés aussi par quelques auteurs, *pressoriers*, *pressuriers*, *pressoireurs*. V. VIS. Le *moût* coule dans le bassin posé sous le coffre percé de plusieurs trous. Une *tinette* ou *seille*, placée sous le *goulot* du bassin, reçoit la liqueur ; on la puise dans la seille avec un *seau*, ou une *sebile*, V. SEAU, pour la verser dans la cuve, où elle doit *cuver* ou *fermenter*. On desserre le pressoir pour remuer le *marc*; on lui donne une seconde, une troisième *serre*, jusqu'à ce que le marc soit suffisamment égoutté.

Quand le moût a assez travaillé dans la cuve, on fait le *tirage*, et l'*entonnage* dans les tonneaux. V. CAVE, FUTAILLE, TRANSVASER.

Les *grapilleurs* vont grapiller ou glaner les grapillons qui restent après la vendange. V. Vin , Vigneron.

Moulin à foulon , ou *foulerie*. Quand on veut pressurer des fruits pour faire du *pommé* , du *poiré* , du *cidre* , V. Pommé, on écrase et on broie les fruits avec une *meule* dans une *auge* ou *bassin* circulaire, qu'on appelle une *pile* ; à la meule tournante dans la pile de pierre ou de bois est ajusté un *rabot* qui remet toujours sous la meule les fruits qui s'en écartent. V. Foulon. Une *pilée* est la quantité qu'on foule d'une fois.

Il y a de simples pressoirs qui ne font qu'un tour avec de forts leviers, comme pour serrer un chariot de foin. V. Chariot a échelles. On fait plusieurs autres sortes de pressoirs en différents endroits.

Les ustensiles des vendangeurs , ainsi que les façons de vendanger, de pressurer, varient suivant les pays , et portent différents noms ; mais ils servent aux mêmes usages, et l'on a soin dans cet ouvrage, de ne se servir que de noms et de termes généralement reçus par les auteurs.

VÉNÉNEUX , qui a du venin. Il se dit des plantes ; et *vénénaux* se dit des animaux.

VENER , v. *faire vener* de la viande, la faire mortifier ; viande *venée* , mortifiée , faisandée , hasardée , un peu gâtée, qui sent un peu la pourriture : faire faisander, vener un lapin.

VENTOUSE , f. soupirail, ouverture dans un tuyau de fontaine pour donner de l'air. *Il faut mettre des ventouses à cette cheminée pour l'empêcher de fumer.*

VENTRÉE , f. *portée* , tous les petits qui naissent d'une

fois ; et en parlant des oiseaux , on dit une *nichée* , une *couvée*. On dit encore : des pigeons de la *volée* de mars, de la volée d'août , pour dire de la nichée de mars , etc.

VERMICELLE , m. sorte de pâtisserie faite avec des filets de pâte comme des vermisseaux , qu'on cuit dans du lait, dans du beurre , etc.

VERMOULU, UE, adj. *mouliné* , *véreux*, gâté par les vers. Véreux se dit principalement des fruits , du bois , du papier moulinés , vermoulus , où il y a de la vermoulure ou trace de vers ; se vermouler , être piqué des vers.

VERRIER , m. qui fait le verre. Cet art n'étant pas commun à la campagne , nous n'en dirons que peu de chose.

Le verrier, placé devant une des *bouches* des fourneaux qu'on appelle les *ovreaux* , trempe dans le pot le bout de sa *felle* , qui est une canne creuse de fer : l'académie dit une *féle* ; il souffle dans sa felle ; la *bouteille* se forme au bout trempé dans la matière vitrifiable qui est en fusion , comme une boule d'eau de savon se forme au bout d'un petit tuyau ; il enfonce le cul de sa bouteille avec la *molette* , et dépose sa bouteille dans la *cachère*.

Le *fouet* est l'ouvrier qui prend cette bouteille avec le crochet pour la porter dans le four à recuire. Le *tiseur* est celui qui entretient le feu des fourneaux avec une *estraquelle* , qui est une longue pelle ; il arrange la braise avec le *tisonnier* , et la tire du fourneau avec le *rable* , etc. Le *paraisonnier* est celui qui souffle la bouteille avec la felle. La *halle* est le bâtiment sous lequel sont les fourneaux, les bûchers , les arches . les tonnelles, les lunettes, etc. La *soude* est cette cendre appelée vulgairement du *salin*.

35

VERROU , m. fermeture de porte qui consiste en un cylindre de fer, garni d'une *queue* ou d'un *bouton*; le cylindre ou verrou glisse comme un pêne de serrure dans deux espèces de pitons, appelés des *vertevelles* ou *verterelles*, f. , et entre dans une *gâche* ou dans un trou pratiqué dans le jambage de la porte , et la porte se trouve ainsi fermée par derrière. *Verrouiller*, *déverrouiller* la porte. La *targette* est une sorte de petit verrou. V. Fenêtre.

Il y a de grands verroux à longue queue , posés verticalement derrière une porte , pour la fermer au-dessus et au-dessous, et de plusieurs autres façons.

VERRUE, f. poireau , sorte de durillon comme une lentille, qui vient d'ordinaire aux mains.

VESCE, f. légume. On dit de la vesce, et on ne lui donne point de pluriel, pour éviter une équivoque. Quelques-uns ont hasardé de dire des *poisettes* , et je voudrais qu'il fût français. Vesce signifie aussi du fourrage de vesce. V. Feurre.

VIANDE, f. V. Issues, Vener, Boucher, Fressure, Sel. Le veau, les poulets sont viande *blanche*; le lièvre, le cerf, le sanglier, sont viande *noire*; le gibier est la viande *menue*, et le bœuf la *grosse* viande. Viande creuse, qui est peu solide. Viande *fumée*, séchée à la cheminée. Il a fumé des andouilles. V. Boucaner.

VIGNERON , m. Il laboure ou pioche sa vigne avec la *houe*, avec la *pioche*, ou avec le *hoyau* à deux fourchons , comme un tire-fiente, ou avec la *meigle*, qui est une pioche large qui se termine en pointe , ou avec la *marre* , sorte de houe pour couper les racines et les mauvaises herbes.

Les vignerons font quelquefois du bruit en tintant sur leur marre ; et de là est venu le mot *tintamarre*, *tintamarrer*, faire du tintamarre.

On donne communément trois *labours* ou *façons* à la vigne ; le second s'appelle *biner* ; le troisième, *rebiner* ou *tiercer*, et selon d'autres *terser* ; et quand on donne un quatrième labour, on dit *cartager*. On *taille*, on *ébourgeonne* la vigne avec la *serpette*. Les nouveaux sarments qui croissent après la taille s'appellent des *cossons* ; et le bois qu'on laisse à la taille se nomme le *cource*. *Récéper* la vigne, c'est la tailler jusqu'au pied en coupant tous les sarments; ce qui s'appelle aussi faire le *récépage*. Un *courton* ou un *courson*, ou un *crochet*, est une branche de vigne taillée jusqu'à trois ou quatre yeux. La *nille* est un filet rond qui sort du bois de la vigne quand elle est en fleur. Un *écuyer* est un faux bourgeon qui croît au pied d'un sep. On fait des *fosses* avec la bèche ou *pioche*, pour y coucher les branches de sep, afin d'avoir des rejettons appelés des *provins* ; ce qui s'appelle *marcoter*, ou faire *provigner*. On multiplie aussi la vigne en plantant des *crossettes*, ou branches de vigne. On attache avec des *pleyons*, ou liens, ou *accolures* d'osier ou de paille, la vigne à l'échalas qu'on nomme en quelques provinces un *paisseau* ; ce qui s'appelle *échalasser* ou *paisseler* la vigne. On la met en perches qu'on attache à l'échalas. Une botte d'échalas s'appelle du charnier.

Accoler la vigne, c'est attacher les sarments aux échalas. La *rueller*, c'est la rechausser en gardant un alignement, comme dans une rue. L'*amender*, c'est la fumer ; la *terrer*, c'est y mettre de la nouvelle terre. Un *pampre*, c'est une branche de vigne avec ses feuilles. *Épamprer* la vigne , c'est en ôter les pampres inutiles. V. Vendange, Vin, Cave, Futaille. On dit : la vigne n'a fait que *chénevotter*, quand elle a poussé du bois faible comme les chénevottes de chanvre.

VIN , m. en boîte, prêt à être bu. Vin de la première *cuvée*; il est meilleur que celui de la seconde. Vin de *garde,* bon à garder. Vin de *pressurage* , peu estimé. Vin *tourné, poussé* , gâté par la chaleur , par le tonnerre , comme le lait tourne aussi. Vin *éventé*, qui sent l'évent , évaporé. Vin *mixtionné , sophistiqué , coiffé , frelaté , gâté* par le mélange de quelque drogue. Vin *verjuté,* qui a une pointe d'acide. Vin de *deux feuilles*, de *trois feuilles* , etc. de deux ans , de trois ans. De la *ripopée* , mélange de différentes sortes de vins, mauvais vin. Du *chasse-cousin* , de la *piquette* , méchant vin. Vin d'*une oreille*, qui est bon ; vin de *deux oreilles* , qui est mauvais. Vin *buvable*, ou *potable*, qu'on peut boire. La *mère-goutte* est le plus pur vin qui coule de la cuve , sans qu'on ait pressé le raisin. Vin *louche*, un peu trouble , ou qui péche en couleur , qui a la couleur malade. Vin *mœlleux* , qui a beaucoup de corps et flatte agréablement le goût. Vin *guinguet* , qui a peu de force. Du vin *bésaigre* , qui est aigri parce qu'il est bas , et approche de la baissière. Du *surmoût*, vin tiré de la cuve sans avoir cuvé ni été pressuré. Du *moût* , vin doux et nouvellement fait. Vin *capiteux* , qui donne à la tête. Vin *râpé* , ou du *râpé* , vin gâté et affaibli , dans lequel on a mis du râpé ou grappes de raisin pour le raccommoder et lui redonner de la force ; c'est aussi du vin fait avec des restes de vin mis ensemble pour ne rien perdre.

Vin *couvert*, fort rouge, et de couleur fort chargée. Vin qui a du montant, de la sève et de la vigueur. V. Abstème, Gourmet. Tache de vin, tache rouge au visage, qu'on apporte en naissant. V. Envie, Vendange, Cave, Futaille, Vigneron, Transvaser, Pommé, Vinée.

VINAIGRER, v. a. assaisonner avec du vinaigre.

VIOLON, m. Il est composé de deux tables *chantournées*. Dans celle de dessus sont deux trous faits en *S*, appelés les *ouies*, f. Les bandes des côtés qui joignent les deux tables, sont les *éclisses*. V. Planche. Le *bouton* est au bout de derrière, auquel est attaché le *tirant* ; au tirant sont attachées les *cordes*, qui sont bandées sur le *chevalet*, et le sillet qui est au bout du manche. Elles sont arrêtées dans le *sommier* par quatre chevilles. Le joueur, appelé aussi un violon, un menétrier, les presse avec le bout des doigts sur la *touche*. Au bout du sommier est le rouleau sculpté. Les éclisses sont collées sur des *tasseaux*. Le *talon* du manche en-dessous est collé contre les éclisses. Les tables ont des échancrures appelées les *croissants*, pour servir de voie à l'archet. Le *filet* règne autour des bords de la table supérieure ; le *support*, appelé l'âme, est dressé dans le violon sous la *chanterelle* qu'on appelle en musique *e-si-mi*, la corde qui suit *a-mi-la*, la troisième *d-la-re*, et la quatrième *g-re-sol* ou la *basse*. Les cordes filées sont celles qui sont entourées d'un fil d'argent.

Dans l'*archet* est la *mortaise* au bout du *bec*, où est arrêté le crin ; et la *hausse* est à l'autre bout pour tendre le crin au moyen d'une vis qui tourne dans son écrou. V. Vis. On frotte le crin avec une sorte de résine, appelée *colophane*, pour le rendre plus rude, et faire mieux raisonner les cordes. Un *luthier* est un faiseur de violons , de luths et d'autres semblables instruments de lutherie. Si l'on est descendu dans ce détail , c'est parce que le violon a du rapport avec beaucoup d'autres instruments , dont plusieurs parties portent les mêmes noms. Poche , rebec , viole. V. Instrument.

VIROLE , f. sorte d'anneau ; la virole diffère de la *frette*, en ce que la virole est petite ; la virole d'un manche de couteau , et la frette d'un moyeu de roue.

VIS , f : on prononce *visse*. La vis entre dans l'écrou pour serrer les mâchoires d'un étau. On tourne cette vis avec une cheville appelée la *clé*. *Tarauder* un trou , c'est y faire l'écrou avec le *taraud* , dans lequel entre la vis , qui se fait dans la *filière*. Il y a des filières à bois et des fi-lières à fer, pour former des vis de bois ou de fer ; le *filet* forme la vis , et la distance d'un filet à l'autre s'appelle un *pas de vis* ; la vis en bois va en pointe , et les pas spiraux sont plus éloignés l'un de l'autre que dans la vis de fer. *Visser* , v. a. attacher avec des vis. Une vis *sans fin* res-semble un peu à celle de bois. V. Tourne-broche. La vis d'*Archimède*, ou la *limace* , ou *pompe spirale* , est une machine en forme de cylindre, grosse comme un bois de sciage , autour duquel règne un tuyau ou boyau spiral, pour vider un bassin , un vaisseau , etc. V. Forgeron.

VITRIER , m. artisan qui exerce la vitrerie. Le vitrier coupe le verre en carreau, en losange, avec le *diamant* emmanché , en le glissant le long de la règle ; il *égrise* les bords du carreau avec l'*égrisoir*. La *drague* est une sorte de pinceau de poil de chèvre , qu'il trempe dans du blanc broyé , pour former des traces sur le verre. Un *estamoi* est une petite planche sur laquelle est attachée une plaque de fer où l'on fait fondre la soudure et la résine. L'instrument de fer ou d'ivoire avec lequel il ouvre la rainure du plomb pour y placer le verre, s'appelle une *tringlette*. Quand il n'enchâsse pas son carreau dans le plomb, il le colle avec une pâte appelée du *lut* ou du *mastic*. *Luter* ou *mastiquer* une vitre. Il soude les *attaches* ou *tenons*, pour placer les verges sur les panneaux, avec les *oudoir*; et pour empoigner le manche du soudoir qui est chaud, il se sert de deux petits bois creusés en gouttière, appelés des *mouflettes*, ou des *attelles*.

Une *cive* est un morceau rond de verre avec quoi on faisait des vitres comme on en voit encore en Allemagne. Le *tire-plomb* est une sorte de rouet pour filer le plomb de vitre. Les autres outils, comme marteaux, pincettes, etc. V. Forgeron, Charpentier, Fenêtre, Verre. Le *vitrage* ou *fenétrage*, toutes les vitres d'un bâtiment.

VIVACE, adj. Les plantes vivaces sont celles qui ne perdent pas leurs feuilles l'hiver, et qui portent plusieurs années de la semence, sans sécher. Il signifie aussi vif, qui a en lui un principe de longue vie. Les corbeaux sont des animaux vivaces.

VIVIPARE, adj. des 2 gen., animal qui produit des petits vivants, par opposition à ovipare qui produit des œufs.

VOIE, *f. charretée*. Une voie de bois, de pierre, etc.

VOIX, f., elle *mue* aux enfants : le temps de la mue, ou selon quelques auteurs, le temps de la muance de la voix ; car ils prétendent que mue convient mieux pour les oiseaux, qui changent de plumes. Une voix *flûtée, douce* ; une voix *sonore, ronde, nette*, qui a du timbre.

VOLETER , v. n. voltiger, voler faiblement , comme tous les jeunes oiseaux , les abeilles , les papillons. Les oiseaux voletaient ou voltigeaient autour de leur nid.

VOLIÈRE , f. grande cage ou lieu entouré de treillis de fil de fer, pour y garder des oiseaux pour le plaisir ; c'est aussi une grande cage à plusieurs séparations dans une chambre. V. Colombier.

VOUTE , f. Les pierres coupées en coin tronqué pour faire des voûtes, s'appellent des *voussoirs* ou des *vousseaux* ; et la voûte en-dedans , la *douelle intérieure* ou l'*intrados ;* et quand c'est sur une fenêtre ou sur une porte, c'est la *voussure* ; et la voûte sur les embrasures de la fenêtre ou de la porte , est l'*arrière-voussure.* La voûte en-dehors ou en-dessus s'appelle la *douelle extérieure* ou l'*extrados.* La voûte surbaissée n'est pas si courbe que celle qui est en plein ceintre. Les *branches* d'*ogives,* ou *nerfs,* ou *nervures* d'*ogives,* dont les nervures des voûtes gothiques, qui paraissent en saillie. On dit encore les *croisées* d'*ogives,* la pierre en forme de coin qui ferme le haut d'un ceintre, d'une voûte, s'appelle la *clé* ou le *claveau.* V. Fenêtre. Une voûte en plein ceintre porte encore le nom de *berceau.* Le berceau d'une cave.

VRILLE , f. V. Cave, Insecte. *Vrillier,* artisan qui exerce la vrillerie, qui fait des vrilles et autres outils légers, poinçons , burins, etc.

ZOOPHYTHE, m. corps naturel qui tient de l'animal et de la plante ; telle est la *sensitive* qui se ferme et se retire quand on l'approche de la main.

LISTE

D'un certain nombre de mots et de locutions qu'on doit substituer à d'autres mots et à d'autres locutions vicieuses.

***

ACCOUPLER, *découpler* des bœufs, et non pas les *joindre* ni les *déjoindre*.

AIRE à battre le blé, et non pas *grange,* qui est le bâtiment renfermant l'aire.

ARMOIRE, meuble à serrer les habits, et non pas *buffet.*

BALAYURE, et non pas *chenil,* qui ne signifie qu'une étable de chiens, ou un lieu sale comme un chenil.

BANNEAU, sorte de hotte de douves, et non pas *bouille,* qui est un instrument de pêcheur.

BAQUET, et non pas *rondeau,* ni *rondot,* vase en bois à bas bords pour mettre le lait.

BARDEAU pour couvrir les maisons, et non pas *anselles.*

BARGUIGNEUR, et non pas *ravaudeur,* celui qui marchande beaucoup, qui déprécie la marchandise.

BATTERIE, querelle où l'on se bat, et non pas *bataille,* qui se dit proprement des troupes.

BATTEUR *en grange* ou *batteur de blé,* et non pas batteur *de* grange; battre en grange, et non pas battre *à la* grange.

BAVOCHURE, et non pas *bavure,* trait mal fait dans la gravure.

BENATE de sel, et non pas *benéte.* V. Sel.

BÉNITIER, et non pas *eaubénitier.* V. Eglise.

BICHET de blé, et non pas *bichot.*

BOEUF *salé*; du bœuf salé, et non pas du *bresi.* V. Sel, Viande.

BOIS *de sciage,* tronc de sciage, et non pas *plot,* ni *blot,* ni *caré,* ni *billon.* V. Bois.

BONDON *de tonneau,* et non pas la *bonde,* qui est la vanne d'un étang. V. Bonde et Débonder.

BOSSUER un chaudron, et non pas le *bigner,* ni *écabouler,* ni *bosseler,* qui signifie travailler en bosse la vaisselle, la travailler en bosselage. V. Chaudron, Vaisselle.

BOUILLI; du *bouilli,* de la *bouillie,* et non pas du *bouli* ni de la *boulie.*

BRUANT, petit oiseau jaune, et non pas *verdière*. V. OISEAU.

CANELLE d'un tonneau, et non pas *canne*. V. CAVE.

CAQUEROLE, f. ou caquerolier, m. sorte de poëlon ou de casserole qui a trois pieds, et non pas *coquelle*, etc. V. CUISINE.

CARRELER ou *cadetter* une cuisine, la paver avec des cadettes ou avec des carreaux de terre cuite, et non pas la *tabler*. V. CARRELER, CADETTE.

CHARTIL, et non pas *chari* ni *pane*, sorte de hangard pour serrer les chariots, charrues, etc. V. CHARTIL.

CHEMINÉE *de chambre*, et non pas *chauffe-panse*. V. CHEMINÉE.

CHÉNEAU pour recevoir immédiatement l'eau du toit, et non pas *chaînette*. On le confond souvent avec la gouttière. V. CHARPENTE.

CLARINE, sonnaille de bête qui pâture, et non pas *campanne*. V. SONNETTE.

CLOISON *hourdée*, cloison faite de bois et de plâtre, et non pas *galandure* qui ne se trouve point. Mais on trouve *galandise* et *galandage*, briquetage.

CLOISON *de planches*, et non pas *tendue*, ni *paroi*, ni *tenture*. V. CLOISON, TENTURE.

CLOSEAU, petit clos, et non pas *cloison*. V. CLOS. *Clôture, palissade, boucheture*, et non pas *barre*. V. CLOTURE, BARRER.

COEUR *de cheminée*, et non pas *contre-feu*. V. COEUR.

COUVERTURE *de lit*, et non pas *couverte*. V. LIT.

CRAMPON *de soulier, de fer-à-cheval*, et non pas *grape*. V. CRAMPON.

CRÊTE *d'un fossé, d'un champ*, et non pas *rang*. V. LABOUREUR.

CUVIER *de lessive*, et non pas *cuveau*. V. LESSIVE.

DÉCROCHER un habit, et non pas *désacrocher*.

DÉGRAFFER une jupe, et non pas *désagraffer*.

DÉGUENILLÉ, et non pas *guenilleux*. V. DÉGUENILLÉ.

DÉJEUNER-DINER, *un déjeûner-diner* : on ne trouve point un déjeûner *dinatoire* ; grand déjeûner qui tient lieu de dîner.

DENT *molaire* ou *mâchelière*, et non pas *marteau*. V. DENT.

DÉPECER de la viande, un habit, et non pas *dépècer* ni *dépiécer*, mettre en pièces, en morceaux.

DÉTELER les chevaux, et non pas *désatteler*.

DÉTISER le feu, et non pas *désatiser*.

DÉVIDOIR, dévider, et non pas *devidoir, devider*. V. FILEUSE.

DOSSE, et non pas *coineau* ni *comeau*, sorte de planche ronde d'un côté et plate de l'autre. V. PLANCHE.

DRENNE, grive drenne, et non pas *traine*. V. OISEAU.

ÉBOUILLIR, et non pas *rébouillir* ni *récuire*; diminuer à force de cuire.

ÉCHEVEAU de fil, et non pas *échevette*.

ÉCLAIRCIE après la pluie, et non pas *réclaircie*.

ÉCLAIRER avec la chandelle, et non pas *clairer*.

ÉCLANCHE, ou gigot de mouton, et non pas *gigue*.

ÉHONTÉ, et non pas *déhonté*.

ÉLANCER. J'ai mal au doigt, il m'élance, je sens des élancements ; et non pas le doigt me *lance*, ni je sens des *lancements*.

ÉMOULEUR, *gagne-petit*, et non pas *ramoulard*. V. COUTEAU.

EMPUANTIR, *infecter*, et non pas *empuanter*.

ENCRASSER, s'encrasser les mains, les rendre terreuses, et non pas *se crasser* ni *crasser*.

ENFLÉ, ÉE, adj. et non pas *enfle*.

ENTRAVES *de cheval*, et non pas *empâtures*. V. ENTRAVE.

ÉPANDRE du fumier, des taupinières, et non pas *étendre*. V. ÉPANDRE.

ÉPOUILLER quelqu'un, mieux que *pouiller*.

ÉQUARRIR, et non pas *équarrer*.

ÉRÉSIPÈLE, et non pas *violet*.

ÉTOURDIR la viande, la cuire à demi, et non pas la *parbouillir*.

ÉTRIPPER, *éventrer*, et non pas *détripper*.

ÉVENTER : le vin s'évente, s'évapore, et non pas il *s'affle*.

FAUSSET ou *broche* de tonneau, et non pas *dousil* ni *doisil*.

FER-CHAUD, maladie de gosier, et non pas *brûle-gorge*.

FERMETURE de porte, et non pas *fermure*.

FERMIER, *métayer* : on ne trouve pas *granger*.

FERRURE de porte, d'armoire, et non pas *ferrement*.

FEU, défunt, fils de feu, et non pas fils de *fut* ni de *furent*.

FILASSE, de la filasse, et non pas de *l'œuvre* ; c'est l'écorce du chanvre, ou simplement du chanvre, ou la filasse brute, toute prête à être filée.

FLAQUE ; une flaque d'eau, eau ramassée dans un chemin, et non pas une *gouille*. V. EAU.

FLÉAU , d'une ou de deux syllabes. V. Batteur en grange.

FORESTIER , *garde-bois*. L'académie dit *forestier*, et non pas *forétier*.

FOURCHETTE *de cuisine* , et non pas *grappin*. V. Cuisine.

FROMAGER , qui fait le fromage , et non pas *fruitier*, qui est un vendeur de fruits. V. Fromager , Fruitier.

FUMIER , engrais , et non pas *materas* ni *maltras*.

FUNÉRAIRE , frais funéraires , et non pas *funéraux*.

FUSILIER , et non pas *fuselier*. V. Fusil.

GALETTE, gâteau sec, et non pas *sèche*.

GRENETIER , *blatier*, et non pas *grenotier*. V. Blé.

GRIFFER , donner des coups de griffe , et non pas *griffonner*, qui signifie écrire ou graver mal. V. Chat.

GRILLON , et non pas *grillot*, ni *grillet*. V. Insecte.

GRUAU, et non pas *gru*. V. Farine.

GUÊPIER , nid de guêpes , et non pas *guépière*.

HEMVÉ , ou la *nostalgie*, ou la *maladie du pays* , et non pas la *grie*.

HÊTRE, et non pas *foyard*. V. Arbre au mot Hêtre.

IVROGNESSE , une ivrognesse , et non pas une *ivresse*, qui signifie l'état d'une personne ivre. V. Ivre.

JACHÈRE: on ne dit plus *sombre* ni *sombrer*. V. Laboureur.

JAILLIR : faire jaillir l'eau, la boue contre quelqu'un , et non pas *gicler*.

JOINTURE ou *joint* , et non pas la *jointe*. V. Jointure.

JUIVE , et non pas *juifesse* , femme de juif.

LACHER : une chose lâche le ventre , et non pas *relâche* le ventre. V. Lacher.

LEVIER , *pince*, et non pas *palanche*, ni *presse*. V. Abatage.

LÉZARDE , et non pas *lézard*, fente dans une muraille. V. Muraille.

LOQUET de porte , et non pas *pècle*, ni *ticlet* , ni *ticlette*. V. Loquet.

MADRIER , et non pas *platon* , ni *plateau* ; grosse planche. V. Planche.

MANIVELLE , et non pas *signole*. V. Fileuse.

MONCEAU de pierre , et non pas *murgier*.

MONTAGNARD, ARDE , et non pas *montagnon*, ni *montagnotte*.

MORILLE , et non pas *mourille*. V. Champignon.

MOUILLURE : le papier craint la *mouillure,* et non pas la *mouille*.

MURE , fruit du mûrier ; on ne dit plus *meure* , ni *meurier*.

NOIX *angleuse* , et non pas noix *grièche*. V. Noix.

OCTANTE , et mieux quatre-vingts , et non pas *huitante*.

OFFRANDE, aller à l'offrande, faire l'offrande, et non pas l'*offerte*.

OUVRÉE, serviette ouvrée à petits carreaux, et non pas *ouvragée*, qui signifie ce qui a été travaillé avec beaucoup de soin et d'adresse.

OURLER , ourlet , et non pas *orler*, ni *orlet*, qui sont pour le blason. V. Ourler.

PAN de chemise , et non pas *pantet*.

PAPEGAI, et non pas *patigaut* , oiseau de carton au haut d'une perche pour tirer. Dans quelques provinces on dit *papegaud*.

PENAUD , AUDE , et non pas *peneux*. V. Penaud.

PESÉE , faire une pesée, et non pas faire un *âgre*. V. Abatage.

PESSE, sorte de sapin, et non pas *fue* , ni *fuve* , ni *feue*. V. Arbre au mot Pesse.

PINCETTES ou pincettes de cheminée , et non pas *pince*. V. Pincette , Abatage.

PILORI, et non pas *tourniquet*, sorte de cage qui tourne sur son pivot , pour y punir un criminel.

PINDARISER , et non pas *pintariser*, mignarder sa voix.

PIVOINE , ou un *bouvreuil*, et non pas *camus* , petit oiseau. V. Oiseau au mot Pivoine.

PLAQUE , ou *contre-cœur* de cheminée , et non pas une *platine*. V. Cheminée.

POIS, des pois en *cosse* , ou en *gousse* , des pois dont le grain est encore dans la cosse , et non pas des pois en *dosse*. Les plateaux de pois et non pas les *couteaux*. V. Légume.

POMMÉ , du pommé , du jus de pomme , et non pas du *verjus*. V. Pommé.

POMMIER , et non pas *cuipomme* , meuble à cuire des pommes.
V. Cuisine.

PONTONIER , et non pas *pontenier* , celui qui a soin du passage
où il y a un pont. V. Pont.

PORCHE d'église , et non pas *chapeau* , ni *portique*. V. Église.

PRÊTER : cette étoffe prête, s'étend, et non pas se *prête*. Ce
verbe est neutre.

RABLU , qui a du rein ; fort de rein , on ne trouve point *râblé*.

RAT, souris, et non pas *rate*, qui est une partie intérieure du corps
animal. V. Rat , Homme.

RAVISER, se raviser, changer d'avis : il ne signifie rien autre chose.

RECHERCHE : faire une recherche dans le toit, c'est y boucher
un trou par où l'eau coule ; on ne trouve point *gouttière* pour trou
dans une couverture. V. Toit.

RÉCLAME ; un *réclame* pour les oiseaux, et non pas un *reclin*. V.
Appeau.

RELAYER , se relayer, et non pas se *rechanger*. V. Relayer.

RELEVAILLES , f. cérémonie de femme accouchée ; on ne trouve
point *relevées* pour relevailles. V. Relevailles.

REMBOURRER , feutrer un fauteuil , et non pas le *bourrer*.

RÉPRIMANDER quelqu'un : on ne trouve point *calanger* , ni *ca-
lange* pour réprimande. V. Réprimander.

RIPOPÉ , mauvais vin, et non pas *ripopette*. V. Vin.

ROIDE, qui a beaucoup de pente ; montagne roide : on ne trouve
point *rapide* pour roide en ce sens.

ROUET de fileuse, et non pas *filotte*, ni *filette*. V. Fileuse.

ROUILLE, la rouille, et non pas *le rouille*.

SAIGNEUX, mouchoir saigneux, ensanglanté, et non pas *ensaigné*.
V. Sang.

SAUVAGEON, arbre venu sans culture, et non pas *sauvagin*,
qui signifie viande qui a le goût de bête sauvage. V. Sauvagin.

SCIER *en long*, et non pas *scier de long ;* mais on dit *scieur de
long*. V. Scier.

SEAU, et non pas *seille*, ni *siau*. V. Seau.

SEBILE pour former le pain, et non pas *gré*, ni *gréau*, ni *gruau*.
V. Four.

SERVICE, être au service du roi, et être *en service* ou *en condition* chez autrui. V. SERVICE.

SOUCHE, la souche d'un arbre, et non pas *le tronc*, qui est la tige dépouillée de ses branches. V. ARBRE.

SPIRAL, le spiral, ou le ressort spiral d'une montre, et non pas *la spirale*, au pluriel les spiraux. V. MONTRE.

SUISSESSE, et non pas *suissette*, femme de la Suisse.

TABLETTE de cheminée, et non pas *corniche*. V. CHEMINÉE.

TABLETTE de bibliothéque, d'armoire, etc., et non pas *rayon*. V. BIBLIOTHÉQUE, LAYETTE.

TAILLE de bois, revenue de jeunes arbres, et non pas *tille*, V. BOIS.

TARGETTE, et non pas *ticlet*, ni *ticlette*. V. FENÊTRE.

TARRIÈRE à percer, et non pas *environ*. V. CHARPENTIER.

TAUPINIÈRE, et non pas *taupière*, ouvrage de la taupe. V. TAUPE et ÉPANDRE.

TEILLER le chanvre : on ne dit plus *tiller*. V. CHANVRE.

TERREUX. Mains terreuses, salies de terre, et non pas mains *enterrées*.

TOURELLE, et non pas *tournelle*, petite tour.

TRAPPE, porte couchée au-dessus d'un escalier : on ne trouve point *trapon*. V. TRAPPE.

TREILLIS, blaude de treillis, et non pas de *triège*, ni de *tresse*. V. TOILE. On confond souvent le treillis avec la jalousie. V. TREILLAGE.

TRÉMIE de moulin pour engrener le blé, et non pas *entremuid*. V. MOULIN.

TROUSSEAU de fille, et non pas *troussel*. V. TROUSSEAU.

VALLON, on ne dit plus une *combe*. V. VAL.

VERRERIE, et non pas *verrière*. V. VERRIER.

VESCE, et non pas *pesette*. V. VESCE.

VIELLE, vielleur, et non pas *vieille*, ni *vieilleur*.

VIMAIRE, et non pas *orvale*, accident arrivé par la force majeure. V. VIMAIRE.

VOIR ; donnez-moi, s'il vous plaît, je vous prie, et non pas donnez-moi *voir*, qui est un mot purement comtois, ou si vous voulez, un *séquanicisme*.

VOCABULAIRE

DES MOTS DE LA LANGUE USUELLE,

QUI POURRAIENT EMBARRASSER DANS LEURS LECTURES LES PERSONNES

PEU INSTRUITES.

A

ABÉE, f. ouverture par laquelle coule l'eau que fait aller un moulin.

ABÊTIR, v. n. rendre stupide, devenir stupide.

ACATALEPSIE, défaut d'intelligence. -- Doctrine de quelques philosophes qui doutaient de tout.

ACCLIMATER, v. a. et pron., s'accoutumer au climat.

ACCOINTABLE, sociable.

ACCOTER, v. a. pr., appuyer par les côtés.

ACCOUVÉ, qui garde le coin du feu.

ACÈRE, adj. sans cornes, sans antennes.

ACESCENCE, disposition à l'acidité.

ADAGE, m. maxime.

ADÉPHAGIE, appétit vorace.

ADULER, v. a. flatter bassement.

ADVENTICE, qui croît sans avoir été semé.

ADYNAMIE, perte de force, état d'atonie.

AFFÉTERIE, manière recher-
chée dans le langage ou dans les actions.

AGARIC, sorte de champignon sur les arbres.

AGRIPNIE, insomnie.

ALÉATOIRE, qui dépend d'un événement incertain.

ALÉNÉ, terminé en pointe: bot.

ALGARADE, sortie brusque contre quelqu'un.

ALIBI, absence d'une personne, d'un lieu, prouvée par sa présence dans un autre lieu.

ALLITÉRATION, répétition affectée des mêmes syllabes.

ALLOBROGE, rustre, homme grossier.

AMADIS, bout de manche boutonné sur le poignet.

AMPHIGOURI, discours qui n'a ni ordre ni sens. Amphigourique, qui appartient à l'amphigouri.

AMPHISCIENS, se dit des habitans de la zône torride, dont l'ombre se tourne tantôt vers le nord, tantôt vers le midi.

Ampliatif, qui augmente, qui étend.

Anacathartique, qui purge par le haut, qui fait expectorer.

Anagogie, s. f. élévation vers les choses divines.

Anamorphose, s. f. tableau qui, à différentes distances, représente les objets de manières différentes.

Anaphore, s. f. répétition : rh.

Anaphrodite, qui n'est pas propre à la génération.

Anatocisme, usure qui consiste à prendre l'intérêt de l'intérêt.

Andouillette, petite andouille.

Androtomie, dissection du corps humain.

Anomalie, irrégularité dans quoi que ce soit de régulier ordinairement, par exemple, dans le pouls.

Anorexie, défaut d'appétit.

Anosmie, s. f. diminution ou perte de l'odorat.

Antan, l'année précédente.

Antiquaille, chose vieille de peu de valeur.

Antisciens, peuples qui habitent en deça et en delà de l'équateur.

Antoeciens, peuple placé sous le même méridien, et sous une latitude opposée, mais égale.

Anuiter (S'), s'exposer à être pris en chemin par la nuit.

Anxiété, travail, peine, embarras d'esprit.

Apepsie, défaut de digestion.

Apnée, f. s. défaut de respiration.

Apoco, homme sans esprit, babillard.

Apocope, retranchement à la fin d'un mot : *di* pour *dit*.

Apodictique, démonstratif, évident : log.

Apographe, copie d'un écrit, par opposition à *autographe*.

Apore, problème difficile.

Aposter, mettre dans un poste, pour observer ou exécuter quelque chose.

Apostille, note à la marge d'un écrit, en bas d'une lettre.

Apater, attirer avec un appât.

Appréhender (au corps), se saisir d'une personne.

Approximer, être très-voisin. Cette proposition approxime l'erreur.

Archaïsme, mot antique, tour de phrase suranné.

Archétype, premier modèle, et alors général.

Architectonographe, qui décrit un bâtiment.

Ardélion, homme qui fait le bon valet, qui a l'air toujours affairé.

Aristocratie, gouvernement des grands.

Aristodémocratie, état où les grands et le peuple gouvernent conjointement.

Ascète, qui se consacre particulièrement aux exercices pieux.

Ascétique, qui a rapport à la vie spirituelle.

Asciens, qui sont sans ombre le jour où le soleil passe sur leur tête.

Asphixie, privation extérieure du pouls, de la respiration, et des signes de la vie.

Assener, porter un coup violent.

Asservir ses passions, les dompter.

Assoter, v. a. et pron. prendre un fol amour.

Astome, sans bouche.

Ataraxie, quiétude, calme de l'âme.

Athénée, réunion littéraire.

Atre, foyer : ici l'âtre est froid, on fait mauvaise cuisine.

Atropsie, amaigrissement excessif, consomption.

Atiser, rapprocher les tisons, faire du feu.

Attérir, prendre terre.

Atterrer, jeter par terre. fig. jeter dans l'acablement.

Autans, vents du midi (poé.)

Autocrate, gouvernement absolu d'un seul.

Authentique, acte vrai, de celui à qui on l'attribue.

A Vau-l'eau, cette affaire est allée *à veau-l'eau*, n'a pas réussi.

Avenant, qui a bonne air, bonne grâce, manières avenantes.

Avertin, maladie d'esprit qui rend opiniâtre.

Avocasser, exercer difficilement la profession d'avocat; ter. de mépris,

A Belles Baisemains, avec soumission et prière.

B

Balasse, couette de lit, de balle d'avoine.

Ballet, opera en danses et en pantomimes.

Balourdise, chose dite à contre-temps ou sans esprit.

Ban, exil, mettre quelqu'un au ban, le proscrire.

Bandoulier, brigand qui vole dans les montagnes.

Banqueter, faire bonne chère.

Baret, cris de l'éléphant.

Basse-cour; nouvelles de basse-cour, fausses nouvelles.

Bassin (cracher au), contribuer à la dépense.

Baton, se retirer le bâton blanc à la main, sans profit.

Battant, chaque partie d'une porte qui s'ouvre en deux.

Belveder, lieu au haut d'un logis d'où l'on voit loin.

Bergère, fauteuil avec coussin.

Bergerette, mélange de vin et de miel.

Berlue, voir mal : fig. juger de travers.

Berner, faire sauter en l'air sur une couverture.

Besicles, lunettes qui s'attachent à la tête.

Bibliographe, versé dans la connaissance des livres, des éditions, etc.

Bibliomanie, passion excessive d'avoir des livres.

Bibliotaphe, qui enterre ses livres, qui ne les communique à personne.

Bibliothèque vivante, homme très-savant.

Bien-dire; il est sur son biendire, il se pique de bien parler.

Bellevesée, discours frivole, projet ridicule.

Blafard, pâle, se dit des couleurs et de la lumière.

Blaser, affaiblir les sens.

Blaude, surtout de grosse toile que portent les charretiers.

Blésité, s. f. parler gras.

Borborygme, flatuosités des intestins accompagnées de bruit.

Bot, homme qui a le pied contrefait.

Boucheture, clôture d'un pré pour en défendre l'entrée au bétail.

Bouffer les joues, les enfler.

BOUFFER un bœuf, un veau, le gonfler après sa mort.

BOULIMIE, grande faim, fréquente et avec défaillance.

BOURRASQUE, tourbillon de vent impétueux de peu de durée. -- vexation, mal imprévu et passager. -- caprice d'un homme dur et bizarre.

BOXER, v. n. se battre à coup de poings.

BRACHYGRAPHE, qui écrit par abréviation.

BRADYPEPSIE, digestion lente et imparfaite.

BRAN, taches de rousseur au visage et aux mains.

BRAN *de scie*, poudre du bois qui est scié.

BRASILLER, v. a. et n. faire cuir sur la braise.

BRÈCHE; battre en brèche avec le canon assez près pour faire brèche.

BRELANDER, v. n. ne faire que jouer.

BRETAILLER, tirer souvent l'épée, fréquenter les salles d'armes.

BRETAUDER, tondre inégalement. -- couper les oreilles d'un cheval.

BRIBE, gros morceau de pain.

BRIBES d'un livre, phrases prises indistinctement dans un ouvrage.

OISON BRIDÉ, personne niaise et sotte.

BRISE, s. f. petits vents frais et périodiques.

FAUX-BRILLANTS, pensées ingénieuses, mais fausses.

BRISANS, vagues poussées avec force sur le rivage.

BRISE-RAISON, qui parle sans suite, toujours et hors de raison.

BRIZOMANCIE, divination par les songes.

BROU, enveloppe verte des noix.

BROUET, bouillon au lait et au sucre. Tout s'en est allé en brouet d'andouille, n'a rien servi.

BROUHAHA, bruit confus pour applaudir ou improuver.

BRUCOLAQUE, chez les Grecs, cadavre d'un excommunié.

LE TAPIS-BRULE, il faut mettre au jeu.

Argument à *brûle-pourpoint*, sans réponse.

Sur la *brune*, au soir.

Faire l'*école buissonnière*, se promener pendant la classe.

C

CACOCHYME, malsain, rempli de mauvaises humeurs. -- esprit, humeur cacochyme : fig.

CACOCHYMIE, dépravation des humeurs.

CADOLE, loquet d'une porte.

CAGE *de bâtiment*, les quatre gros murs.

CAGNEUX, qui a les jambes, les genoux tournés en dedans : hommes, pieds cagneux.

CAGOT, hypocrite.

CAHOT, saut d'une voiture sur un chemin raboteux.

CAHOTER, mouvement de la voiture qui fait des cahots.

CAILLETTE, homme frivole, qui aime à babiller.

CALEMBOURG, jeu de mots fondé sur leur double sens.

Renvoyer aux *calendes grecques*, à un temps qui ne viendra point.

CALVITIE, état d'une tête chauve.

CAMPOS, congé donné à des écoliers, ou que prennent des gens d'étude.

CANAPÉ, grand siége où peuvent s'asseoir plusieurs personnes, et qui sert de lit de repos.

CANTONNER, v. a. et n. se dit des troupes distribuées dans plusieurs villages pour la commodité des subsistances.

CAPABLE (avoir l'air), présomptueux.

CAPITEUX, qui porte à la tête, se dit des vins.

CAPONNER, user de finesse au jeu.

CAPTIEUX, raisonnement qui tend à induire en erreur.

CARCAILLER, crier, en parlant de la caille.

CARTILAGE, partie blanche qui se trouve à l'extrémité des os, et qu'on nomme croquant, dans la viande de boucherie.

CARYBDE, tomber de Carybde en Scylla, de mal en pis.

CASSER *aux gages*, renvoyer un domestique, un commis.

CATALECTES, recueil de fragments, d'ouvrages anciens.

CATALECTIQUE, se dit des vers qui ont une syllabe de moins.

CATAPLEXIE, privation soudaine de sensation dans un membre.

CATASTROPHE, événement qui termine une tragédie, fin malheureuse : fig.

CATÉCHUMÈNE, celui qu'on instruit pour être baptisé.

CATHÉDRANT, celui qui préside à une thèse.

CATON, homme très-sage ou qui affecte de l'être.

CAUCHEMAR, forte pression qui survient en dormant, et où l'on croit avoir un poids sur l'estomac.

CAUDATAIRE, qui porte la queue de la robe d'un cardinal.

CAUSTIQUE, courbe sur laquelle se rassemblent les rayons réfléchis.

CAVILLATION, sophisme, dérision, subtilité.

CAVIN, lieu creux qui favorise les approches d'une place.

CÉANS, ici, dedans; le maître n'est pas céans.

CÉLADON, adj. subs. m. vert pâle. -- homme à beaux sentimens, passionnés et délicats comme le berger de ce nom.

CENDRES, les restes des morts. -- remuer les cendres des morts, rechercher leurs actions pour flétrir leur mémoire.

CÉNOTAPHE, tombeau vide dressé à la mémoire d'un mort.

CENTON, ouvrage de poésie composé tout entier de vers ou de fragmens de vers pris de quelque auteur célèbre : *les centons d'Homère, de Virgile.* -- ouvrage composé de morceaux dérobés, fig.

CÉPHALALGIE, vive douleur de tête.

CALIOGRAPHE, graveur sur métaux.

CHAMADE, f. s. son de tambour ou de trompette par lequel les assiégés demandent à capituler.

CHANCEUX, qui est en chance, en bonheur.

CHANCIR, moisir; en parlant des chose qui se mangent.

CHANTER *la palinodie*, se rétracter.

CHAPELER, ôter le dessus de la croûte du pain.

CHARRÉE, cendre qui a servi à faire la lessive.

CHARRIER, pièce de grosse toile où l'on met les cendres quand on fait la lessive.

CHARTRE, anciens titres, patentes, papiers relatifs à l'histoire. -- loi principale.

CHATTEMITE, qui affecte, pour

tromper, un air humble et flatteur : faire la chattemite.

CHAUFFOIR, linge de propreté pour les femmes.

CHAUVIR, v. n. des oreilles, les dresser en parlant des ânes, chevaux, mulets.

SE CHÊMER, maigrir beaucoup, tomber en chartre.

CHÉNEVIÈRE (épouvantail de), personne laide et mal bâtie.

CHÉTIF, vil, méprisable.

CHICOT, s. m. reste d'arbre qui sort un peu de terre, petit morceau de bois rompu, reste de dent.

CHIROLOGIE, art d'exprimer sa pensée par le mouvement des mains.

CHIROMANCIE, art prétendu de prédir l'avenir par l'inspection de la main.

CHRONIQUE, s. f. histoire suivant l'ordre des temps, anciens mémoires. -- *scandaleuse*, mauvais bruits, fig. — qui dure longtemps : maladie chronique.

CLIQUETTE, castagnettes.

CLOAQUE : cette maison, cet homme est un cloaque : cloaque d'impureté, fig.

CLOUTER, garnir de clous.

COFFRE (BELLE AU), laide, mais riche.

COGNE-FÉTU, qui se donne beaucoup de peine pour rien.

COLLATION, action de comparer la copie à son original, pour s'assurer de son exactitude.

COLOSTRE, premier lait aqueux qui sort du sein des femmes après leur délivrance.

COMBUSTION : fig. grand désordre; la ville est en combustion.

COMESTIBLE, se dit des aliments qui conviennent à l'homme.

COMMENSAL, qui mange à une même table avec un autre.

COMMISSURE, point d'union de quelques parties du corps : commissure des lèvres.

COMPÉTENT, qui est dû, portion compétente. -- suffisant : âge compétent. -- qui a droit de connaître d'une affaire. Il est juge compétent de cette matière.

COMPÉTER, v. n. être de la compétence de. -- appartenir.

COMPORTER, permettre, souffrir : le sujet ne comporte pas tant d'ornements.

COMPRIMER *une faction*, l'empêcher d'agir.

CONCRET, s'oppose à *abstrait*, et exprime les qualités unies à leur sujet : *rond* est un terme concret; *rondeur* est un terme abstrait.

CONCRÉTION, amas de parties réunies en une masse.

CONCURREMMENT, conjointement : agir concurremment avec quelqu'un.

CONFÉRER, raisonner ensemble.

CONFORTER, fortifier, corroborer les nerfs, l'estomac.

CONGRU, suffisant, convenable. -- portion congruë. -- phrase congruë, conforme aux règles. -- réponse congruë, précise.

CONGRUMENT, purement, convenablement, parler congrument une langue.

CONNIVENCE, complicité par tolérance et dissimulation d'un mot qu'on doit empêcher.

CONNIVER avec quelqu'un à quelque chose.

CONSULTANT, homme qui donne des conseils : médecin consultant.

CONTEMPORANÉITÉ, existence dans le même temps.

CONTENTIEUX (esprit), qui aime à disputer.

CONTENTION d'esprit, application.

Contiguïté, état de deux choses qui se touchent.

Contre-coeur, plaque de fer attachée au milieu du mur d'une cheminée.

Contre-mont, en haut : ce bateau va à contre-mont, remonte la rivière.

Convexité, courbure extérieure.

Copeau, éclat de bois enlevé avec un instrument tranchant.

Corbillard, chariot à transporter les morts.

Corbillat, petit du corbeau.

Coriace, dur comme du cuir. --fig. avare, dur.

Cornac, conducteur de l'éléphant.

Corollaire, conséquence d'une proposition démontrée.

Corporifier, supposer un corps à ce qui n'en a point : aux anges.

Corpulence, grosseur, volume du corps de l'homme.

Corroboratif, qui fortifie, en parlant de remèdes, d'aliments.

Corrodant, qui ronge.

Corrosif, qui corrode.

Coruscation, éclat de lumière.

Cosmétique, qui sert à l'embellissement de la peau.

Cosser, heurter de la tête l'un contre l'autre ; se dit des béliers.

Côtier, qui connaît bien les côtes ; pilote.

Cotiser, régler la part que chacun doit payer.

Cotyle, cavité d'un os qui reçoit la tête d'un autre os.

Coulant ; nœud coulant.

Courcaillet, cri des cailles.

Cours, promenade auprès d'une ville.

Courtois, e, civil, gracieux ;
armes courtoises, sans pointe ni tranchant.

Courtoisie, civilité, bon office.

Cout, ce qu'une chose coûte.

Crémaillère, fer dentelé et recourbé qu'on attache aux cheminées pour pendre des marmites.

Crêpe, f. pâte fort menue qu'on fait cuire en l'étendant sur la poêle.

se Crêper, mettre un crêpe.

Cresson, herbe anti-scorbutique.

Criblé, de blessure.

Crispation, resserrement des choses qui se contractent par l'approche du feu, ou par quelque autre cause.

Crisper, causer de la crispation : le froid crispe les nerfs.

Crisser, se dit des dents qu'on grince fortement.

Crocodille ; larmes de crocodille, d'un traître.

Croiser quelqu'un, traverser ses desseins.

Crotte, fiente des brebis, lapins, souris.

Crottin, excrément de cheval, de mouton.

Croupe, hanche et le haut des fesses. -- haut d'une montagne.

Croustilleux, plaisant, libre, gaillard.

Crue, augmentation, cet enfant n'a pas pris toute sa crue.

Cripte, souterrain dans une église où l'on enterre les morts.

Cryptonyme, se dit des auteurs qui ont caché ou déguisé leur nom.

Cuistre, valet de collége, pédant.

Culasse, partie de derrière d'un canon, d'un fusil, d'un pistol.

CULOT, le dernier reçu d'une compagnie.

CURABLE, qui peut être guéri.

CURSIVE, se dit d'une écriture courante.

CUSTODE, couverture du ciboire.

CUTANE, qui appartient à la peau.

CYNISME, doctrine des cyniques. -- impudence.

D

DACTYLONOMIE, art de compter par ses doigts.

DATISME, répétition ennuyeuse de synonimes pour exprimer la même chose.

DÉBARQUEMENT (troupes de), destinées à une descente chez l'ennemi.

DÉBARRER, fig. se ranger à une opinion contestée, et forcer ainsi un autre à s'y rendre, en opposant deux voix à une.

DÉBILE, faible : estomac, mémoire, esprit débile.

DÉBILITER, v. a. affaiblir.

DÉBLATÉRER, v. n. déclamer contre.

DÉBONDER, v. a. et pron. sortir avec impétuosité.

DÉBORDER, se déborder en injures : fig. vomir des injures.

DÉBOURBER, ôter la boue.

DÉBRUTIR, ôter ce qu'il y a de brut ; une glace, une affaire : fig. l'éclaircir.

DÉBUCHER, sortir du bois en parlant des bêtes fauves. On dit substantivement, se trouver au débucher de la bête.

DÉCENNAL, qui dure dix ans.

DÉCEPTION, tromperie ; palais.

DÉCEVABLE, sujet à être trompé.

DÉCEVOIR, v. a. tromper.

DÉCHAUMER une terre, la mettre hors de friche.

DÉCONFORTER, v. a. et pron. perdre courage.

DÉCORTICATION, action d'ôter l'écorce des arbres des forêts.

DÉCOURS, décroissement de la lune.

DÉFALQUER, rabattre, déduire d'une somme.

DÉFENDS : bois en défends, dont la coupe est défendue et l'entrée interdite aux bêtes.

DÉFÉRENCE, égard, condescendance.

DÉFÉRER, décerner. -- déférer quelqu'un en justice, à l'inquisition, le dénoncer. -- condescendre par égard : à la vieillesse.

DÉFLEXION, action par laquelle un corps se détourne de son chemin. -- des rayons de la lumière.

DÉGAINER, tirer l'épée : brave jusqu'au dégainer.

DÉHARNACHEMENT, action de déharnacher.

SE DÉJETER, se courber : le bois vert se déjette.

DÉLÉGATION, commission donnée à quelqu'un pour agir au nom d'un commettant.

DÉLINQUANT, qui a commis un délit.

DÉLIT, grave contravention aux lois : le corps du délit, ce que constate le crime, l'effraction en matière de vol, etc. en flagrant délit, sur le fait.

DÉMAGOGIE, action de dominer dans une faction populaire.

DÉMAGOGUE, chef d'une faction populaire.

DÉMANTELER, abattre les murailles d'un fort, d'une ville.

DÉMARCATION, ligne tracée sur une carte pour séparer les possessions des différents pays.

DÉPARTIR, distribuer : se départir de son devoir, y manquer ; de sa demande.

DÉPÊCHER, v. a. expédier ; un courrier, l'envoyer promptement. -- se dépêcher de quelqu'un, s'en défaire en le tuant.

SE DÉPILER, perdre son poil.

DÉPISTER, découvrir ce qu'on veut savoir.

DÉPOSSÉDER, ôter la possession : quelqu'un de sa maison, de sa charge.

DÉPRÉCIER, abaisser le prix.

DÉPRÉDATION, vol, dégat.

DÉPRISER, témoigner qu'on fait peu de cas d'une chose.

DÉSANCRER, lever l'ancre.

DÉSASTREUX, funeste, malheureux.

DÉSEMBARQUER, tirer hors du vaisseau, avant qu'il soit arrivé à destination.

DÉSINCORPORER, ôter une chose d'un corps auquel elle était incorporée.

DÉSOBSTRUER, détruire une obstruction, une rue, un canal.

DESSORTIR, ôter de sa monture un portrait, une pierre précieuse.

DÉTALER, resserrer la marchandise qu'on avait étalée.

DÉTENTE, morceau de métal qui sert à décharger une arme à feu.

DÉTENTION, état d'une personne ou d'une chose saisie par justice.

DÉTÉRIORER, dégrader, rendre pire.

DÉTROUSSER les passants, les voler.

DÉVALER, v. a. et n. descendre. -- une montagne.

DÉVERS, qui n'est pas d'aplomb : murs dévers.

DÉVERSER, jeter, répandre. --

le mépris, l'opprobre. -- v. n. pencher, s'incliner.

DÉVERSOIR, endroit où se perd le superflu de l'eau de la conduite d'un moulin.

DÉVIER, v. n. ne point dévier des principes.

DÉVOLU, E, adj. acquis, échu par un certain droit : terre dévolue au domaine. Procès dévolu à tel tribunal, qui sera jugé par lui. -- prendre, obtenir un dévolu. Jeter un dévolu sur quelque chose, y prétendre : fig.

DIA ; n'entendre ni à dia ni à hurhau.

DIABÉTÈS, écoulement excessif d'urine qui excède la quantité d'eau qu'on boit.

DIANE, batterie de tambours dès le point du jour : battre la diane.

DIAPASON, m. étendue de son que peut parcourir de bas en haut une voix ou un instrument.

DIAPHANE, transparent.

DIAPHANÉITÉ, transparence.

DIAPHORÉTIQUE, qui aide la transpiration.

DIASOSTIQUE, se dit des médicaments qui conservent la santé.

DIASTASE, luxation, écartement, séparation de deux substances.

DIATONIQUE, qui procède par les tons naturels de la gamme.

DIATRIBE, dissertation. -- critique amère et violente.

DICHOTOME, se dit de la lune quand on n'en voit que la moitié. -- fourchu. bot.

DICTÉE (sous la), écrire ce qu'on dicte.

DICTION, mot qui a passé en proverbe. -- raillerie.

DIFFORMER, ôter la forme ; déformer, la gâter.

DIFFRACTION, inflexion ou détour que subit la lumière en rasant la surface d'un corps.

DIGESTIF, qui aide à la digestion.

DIGUER *un cheval*, lui donner de l'éperon.

DILAPIDATION, folle dépense.

DILIGENTER, v. a. et n. faire agir avec diligence.

DIRIMANT, adj. qui rend un mariage nul.

DISCORD, qui n'est point d'accord : clavecin discord.

DISCRÉDIT, diminution, perte de crédit.

DISCRÉDITÉ, tombé en discrédit.

DISERT, qui parle aisément et avec quelque élégance.

DISGRÉGATION : le blanc cause la disgrégation de la vue.

DISSIDENCE, scission.

DISSIDENT, qui n'est pas de la religion dominante.

DISSIMILAIRE, qui n'est pas de même genre, de même espèce.

DISTRIBUTIF, qui distribue. Le sens distributif est opposé au sens collectif : log.

DIURÉTIQUE, se dit des remèdes qui font uriner.

DIVERSION, action par laquelle on détourne : faire diversion dans le pays ennemi, à sa douleur.

DOGME, point de doctrine servant de règle.

DOIGTER, hausser et baisser les doigts sur un instrument.

DOROPHAGE, qui vit de présens.

DOUAIRE, portion des biens du mari, dont jouit la femme en cas qu'elle lui survive, et qui est fixée par la coutume ou par le contrat de mariage.

DOUELLE, se dit des pierres pro-

pres à faire une voûte, et de la voûte elle-même.

DUMENT, selon la raison : dûment avertie.

DYNAMIQUE, science des forces qui meuvent le corps.

DYSCINÉSIE, difficulté du mouvement.

DYSCOLE, difficile à vivre, fig. qui s'écarte de l'opinion reçue.

DISPEPSIE, digestion laborieuse.

E

ÉBOULIS, s. m. chose éboulée.

ÉBOURIFFÉ, qui a les cheveux en désordre.

ÉBOUSINER, ôter le bousin d'une pierre. *Bousin*, surface tendre d'une pierre de taille.

ÉBRÉCHER ; faire une brèche : un couteau, un rasoir, etc. S'ébrécher une dent.

ÉBRÉNER, ôter la matière fécale d'un enfant.

ÉBROUEMENT, ronflement du cheval à la vue de ce qui l'effraie. *S'ébrouer* se dit du cheval qui souffle en s'effrayant.

ÉBRUITER, v. a. rendre public, divulguer : une affaire.

ÉBUARD, coin de bois fort, qui sert à fendre le bois.

ÉCACHEMENT, froissure, contusion, brisure d'un corps dur.

ÉCALE, s. f. coque d'œuf, écorce de noix, peau des pois, fèves, etc.

ÉCALER, v. a. et pron. ôter l'écale.

ECBOLIQUE, qui cause l'avortement, (remède).

ÉCHAFAUDAGE, construction d'échafauds pour bâtir.

ÉCHAFAUDER, v. n. dresser des échafauds pour bâtir.

ÉCHARPER, faire une grande blessure avec un cimeterre. Ce régiment a été *écharpé*.

ÉCHAUBOULURE, petite élevure rouge qui vient sur la peau.

ÉCHAUGUETTE, guérite d'observation au-dessus d'une place forte.

ÉCHINÉE, partie du dos d'un cochon.

ÉCOBUE, sorte de pioche recourbée qui sert à peler un terrain couvert de broussailles, pour les brûler sur place. Cette opération s'appelle écobuage. On dit aussi écobuer.

ÉCORCER, ôter l'écorce.

ÉCOURTER *un cheval, un chien,* leur couper la queue, les oreilles.

ÉCOUVILLON, vieux linge attaché à une perche pour nettoyer le four ou un canon.

ÉCRÈMER, ôter la crème. -- une affaire, une bibliothèque.

ÉCROUTER, ôter la croûte.

ECTLIPSE, élision d'une *m* finale dans les vers latins.

ÉCUMER (les mers), exercer la piraterie.

ÉCUSSON, platine de métal qui est à l'entrée d'une serrure.

EFFECTIF, IVE, qui est réellement et de fait : armée de 46,000 hommes effectifs.

EFFEUILLER, ôter les feuilles.

EFFIGIER, exécuter en effigie.

EFFLUANTE, émanant, matière effluante.

EFFONDRER, enfoncer, briser.

EFFRACTION, fracture que fait un voleur.

EFFRITER, épuiser une terre : la terre s'*effrite* faute d'engrais.

ÉGAYER son style, un ouvrage, -- un arbre, lui couper les branches.

ÉGOHINE, scie à main.

ÉGOÏSER, parler trop de soi.

ÉGOÏSME, défaut de celui qui parle toujours de soi.

ÉGOÏSTE, celui qui égoïse.

ÉGRAPPER, détacher le raisin de la grappe.

ÉGRENER, v. a. et n. faire tomber les grains.

ÉHERBER, sarcler.

ÉHOUPER, couper la cime d'un arbre.

ÉLIGIBILITÉ, capacité d'être élu.

ÉLIMINER, mettre à la porte.

ÉLIXIR d'un ouvrage, ce qu'il y a de meilleur.

ELME (FEU SAINT), feux qui, à la suite d'une tempête, voltigent sur la surface des eaux. Castor et Pollux.

ÉLUCIDATION, éclaircissement : didact.

ÉLUCUBRATION, ouvrage composé à force de veilles et de travail.

ÉMARGER, porter en marge.

ÉMASCULER, ôter les parties génitales à un mâle.

EMBALAGE, application de bandes de fer sur une roue.

ÉMÉTO-CATHARTIQUE, se dit des remèdes qui purgent par le haut et par le bas.

ÉMETTRE, produire : une opinion, un aveu.

ÉMIGRER, v. n. quitter son pays.

EMMAGASINER, v. a. mettre en magasin.

EMMAIGRIR, v. a. et pron.

EMMARINER, garnir un vaisseau de son équipage.

ÉMOUCHER, chasser les mouches.

EMPIÉTER, usurper. -- un arpent sur son voisin.

EMPIRER, v. a. et n. rendre, devenir pire.

EMPIRIQUE, se dit d'un médecin qui ne suit que l'expérience. -- charlatan.

EMPUANTIR, infecter, rendre une mauvaise odeur.

EMPYÈME, amas de pus dans une cavité.

EMPYREUME, mauvaise odeur d'une chose qui a été trop longtemps soumise à l'action du feu.

ÉMULE, concurrent, antagoniste. *Carthage était l'émule de Rome.*

ÉNARTHROSE, cavité d'un os qui reçoit la bosse d'un autre os.

ENCEINDRE, environner.

ENCÉPHALOCÈLE, hernie du cerveau.

ENCHAUSSER, garnir les légumes de fumier pour les garantir du froid.

ENCHIFRÈNEMENT, embarras du cerveau causé par le froid.

ENCHIFRENER, causer un enchifrènement.

ENCLOUER *un cheval*, le piquer en le ferrant. -- un canon.

ENCOCHER (un arc), le bander.

ENCROUÉ, arbre qui s'est embarrassé en tombant dans les branches d'un autre arbre.

ENDOSSER, mettre sur son dos : la soutane, la cuirasse.

ÉNERGUMÈNE, possédé du démon.

ENFAITEAU, tuile creuse qu'on met sur le faîte d'une maison.

ENFORCIR, v. a. et n. rendre plus fort, devenir plus fort.

ENFUMER, noircir par la fumée.

ENGEANCE, race ; se dit des volailles.

ENGLOBER, réunir plusieurs choses en un tas.

ENGORGER, boucher un passage de l'eau. -- pron. se boucher.

ENGOUER, embarrasser le passage du gosier : fig. et pron. s'entêter, s'entousiasmer.

ENGRAVER, v. a. et pron. se dit d'un vaisseau qui s'amare.

ENGRENER *la pompe*, la faire jouer pour vider l'eau.

ENODÉ, qui n'a pas de nœuds.

ENSABLER, faire échouer sur le sable.

s'ENTONNER, se dit du vent qui s'engouffre dans un lieu étroit : le vent s'entonne par la cheminée.

ENTOURS, environs. -- d'une place. -- de quelqu'un, fig. sa société intime.

ENTRE-TEMPS, intervalle de temps entre deux actions.

ENTRETÈNEMENT, entretien, ce qu'on donne à quelqu'un pour vivre, pour s'habiller : pal.

ÉNUMÉRER, dénombrer.

ENVELOPPE (écrire sous l') de quelqu'un, mettre sous son adresse des lettres qui sont pour un autre.

ENVIE, petits filets qui se détachent de la peau autour des ongles.

EPANORTHOSE, fig. de rhétor., par laquelle on feint de rétracter ce qu'on a dit, comme trop faible, et qu'on ajoute quelque chose de plus fort.

ÉPATÉ, ÉE, adj. gros, large et court : verre épaté.

ÉPAULÉE, effort d'épaule pour faire une chose.

ÉPAULEMENT, rempart de fascines, de terre, pour couvrir des troupes ou une batterie.

ÉPAVE, adj. se dit des bestiaux égarés dont on ne connaît pas le maître. -- s. f. ce qui est égaré ; ce que la mer jette sur ses bords.

EPENTHÈSE, insertion d'une

lettre dans un mot : *relligio* pour *religio*.

ÉPERON (il n'y a ni bouche ni), il est stupide et sans courage.

ÉPHÈBE, qui est à l'âge de puberté.

ÉPHÉMÈRE, qui ne dure qu'un jour.

ÉPHIDROSE, sueur abondante.

ÉPICÈNE, se dit d'un mot commun aux deux sexes : *enfants*, *parents*.

ÉPIDÉMIQUE, qui se répand dans le peuple.

ÉPIER, v. n. monter en épi. -- au part. éparpillé en forme d'épi : ce chien a la queue épiée.

ÉPIGÉNÉSIE, système suivant lequel les corps organisés croissent par juxta-position.

ÉPIGRAPHE, inscription d'un édifice. -- sentence mise en tête d'un ouvrage d'esprit.

ÉPILEPSIE, mal caduc.

ÉPILOGUE, conclusion d'un ouvrage d'esprit.

ÉPIPHORE, écoulement continuel de larmes.

ÉPITHALAME, petit poëme fait à l'occasion d'un mariage.

ÉPITROPE : fig. de rhét. qui consiste à accorder ce qu'on peut nier, afin d'obtenir ce qu'on demande.

ÉPOINTÉ, ÉE, qui s'est démis les hanches.

ÉPOUMONER, fatiguer les poumons.

ÉPOUVENTAIL, haillon qu'on met dans les jardins, etc.

ÉQUIPÉE, entreprise indiscrète qui réussit mal.

ÉQUIPOLLENCE, égalité de valeur. -- des proportions : didact. L'une est équipollent à l'autre : vaut autant.

ÉRADICATIF, (remède), qui emporte la maladie et ses causes.

ÉRAFLER, écorcher légèrement.

ÉRAILLÉ (avoir l'œil), avoir des filets rouges dans l'œil.

ERMAILLI, fromager de Berne et de Gruyère.

ERRATIQUE, oiseaux voyageurs.

ESCALE, f. sub. faire escale dans un port, y mouiller.

ESCARE, croûte formée sur une plaie.

ESCARPOLETTE, siége suspendu par des cordes, qui va et vient.

ESCLANDRE, accident qui fait de l'éclat, et qui est accompagné de honte : faire esclandre, quereller en public; causer de l'esclandre, faire tapage.

ESPACEMENT, distance entre deux corps.

ESPALIER, rangée d'arbres fruitiers dont les branches sont étendues et couchées contre un mur.

ESPLANADE, espace uni et découvert devant une place forte.

ESQUISSE, ébauche ; esquisser, ébaucher.

ESSARTER, défricher en arrachant les bois, les épines.

ESSEAU, ais pour couvrir des toits.

ESSORER, v. a. et pron. exposer, s'exposer à l'air.

ESSUI, lieu où l'on étend un linge pour le faire sécher.

ESTAMINET, assemblée de buveurs et de fumeurs, lieu où elle se tient.

ESTER, comparaître en justice.

ESTOC, pointe d'une épée : frapper d'estoc.

ESTRAMAÇON, sorte d'épée.

ESTRAPADE, supplice qui consiste à élever un homme au haut

d'une longue pièce de bois, et à le laisser tomber près de terre.

Éteule, chaume.

Ethnarque, chez les anciens, commandant d'une province.

Ethnique, se dit des mots qui désignent l'habitant d'un pays, d'une ville : gram.

Éthologie, traité des mœurs et des manières.

Étirer, étendre du linge, des peaux.

Êtres, corridors, chambres, etc., qui composent une maison : je connais les êtres.

Étrein, paille qui sert de litière aux chevaux.

Étrivière, courroie qui porte les étriers.

Étronçonner, couper entièrement la tête à un arbre.

Eucologe, livres d'office pour les dimanches et fêtes.

Euexie, bonne habitude du corps.

Euphémisme, adoucissement d'expressions pour voiler des idées tristes, indécentes, etc.

Eurythmie, s. f. bel ordre, belle proportion : archit.

Évasif, qui sert à éluder : réponse évasive.

Éventuel, elle, adj. fondé sur un événement incertain : traité éventuel.

s'Évertuer, s'efforcer de faire une chose louable.

Éviction, action d'évincer.

Évier, conduit par où s'écoulent les eaux d'une cuisine.

Évincer, posséder juridiquement.

Évoquer *une cause*, la tirer d'un tribunal à un autre.

Éxacteur, celui qui exige des droits durement et au-delà de ce qui est dû.

Excavation, action de creuser profondément ; creux fait dans un terrain.

Excrétoire, se dit de tout vaisseau destiné à porter une humeur au dehors.

Exégèse, explication claire.

Exhérédation, acte par lequel on déshérite.

Exhéréder, déshériter.

Exhiber, représenter en justice.

Exilité, petitesse.

Exoine, certificat qui prouve l'impossibilité de comparaître en personne.

Exotique, étranger : plante exotique, étrangère au climat.

Expansif, qui a la force d'étendre ou de s'étendre. Ame expansive, qui aime à épancher ses sentiments.

Expectorer, jeter hors de la poitrine un remède expectorant.

Explétif, se dit de certains mots qui entrent dans la phrase sans être nécessaires au sens.

Explicite, formel, distinct, développé.

Extatique, qui est en extase.

Extispice, présage d'après l'inspection des entrailles des animaux.

Extrac, (*cheval*), qui a peu de corps et de ventre.

Extrajudiciaire, qui n'est pas dans la forme ordinaire des jugements.

Exubérance, surabondance.

F

Facétie, plaisanterie, bouffonnerie.

FACHEUX, importun, qui ennuie.

FACIAL, qui appartient au visage.

FACTICE, fait par art, qui n'est pas naturel : prop. et fig.

FAGUENAS, odeur fade et mauvaise sortant d'un corps malpropre et malsain.

FAILLI, qui a fait faillite.

FAINEAU, petit gland du hêtre.

FAISSELLE, vaisseau pour faire les fromages.

FALLACIEUX, trompeur : poét.

FALOT, adj. et subs. ridicule, drôle, plaisant : conte falot.

FAMÉ, ÉE, adj. bien ou mal famée, qui a bonne ou mauvaise réputation.

FANON, peau qui pend sous la gorge du bœuf. -- au pl., les deux pendants de la mitre d'un évêque.

FASIER : v. n. les voiles fasient, le vent n'y donne pas bien.

FATIDIQUE, qui déclare l'ordre des destins : poét.

FAUCHAISON, temps où l'on fauche.

FAUX-FUYANT, endroit détourné, subterfuge.

FÉAL, adj. fidèle, c'est son féal, son intime.

FÉCALE, LE, adj. se dit des gros excréments de l'homme.

FENIL, lieu où l'on serre les foins.

FERLER, plier entièrement les voiles : mar.

FEUILLÉE, couvert fait de branches d'arbres coupées.

FICHU, mouchoir de cou des femmes.

FICTIF, feint, qui n'existe que par supposition.

FIENTER, jeter son excrément en parlant des bêtes.

FILANDIER, dont le métier est de filer. Les 3 sœurs filandières.

FILER, bruit que le chat fait en imitant le son du rouet.

FLAGRANT DÉLIT (en), sur le fait.

FLAIR, s. m. odorat du chien.

FLAMBER, passer par le feu ou par-dessus le feu.

FLANQUANT, angle, bastion d'où l'on peut voir le pied de quelque autre fortification, et en défendre les approches.

FLUCTUEUX, agité par des mouvements contraires.

FOISONNER, v. n. abonder : les lapins foisonnent.

FOLIO, chiffre qui est au haut de chaque page. *Folio recto*, première page du feuillet ; *verso*, la deuxième.

FONDS (hauts), endroits où la profondeur de l'eau est considérable.

FONDS (bas), endroits où l'eau est peu profonde.

FONTANELLE, ouverture qui se trouve sur la tête des nouveaux nés.

FORAIN, qui est du dehors, qui n'est pas du lieu : marchand forain.

FORER, v. a. percer.

FORFAIRE, v. n. se dit d'un magistrat qui prévarique, c'est-à-dire, qui agit contre son devoir. *Forfaire à son honneur*, se dit d'une femme qui se laisse séduire.

FORFAITURE, prévarication.

FORFANTE, hableur, charlatan, forfanterie.

FORLANCER, faire sortir une bête de son gîte.

FORMALISTE, attaché aux formes, vétilleux.

FORMICATION, picotement qu'on

ressent dans le corps, comme si l'on était piqué par des fourmis.

FORPAITRE *ou* FORPAISER, se dit des bêtes qui vont au loin chercher leur pâture.

FOSSETTE, petit creux qui se forme au bout du menton et dans les joues quand on rit. -- *fossette*, corps souterrains.

FOSSOYEUR, celui qui fait des fosses pour les morts.

FOUGER, v. n. se dit du sanglier qui arrache les plantes avec son bouloir.

FOURBÉES, traces légères du pied de la bête.

FOURBER, v. a. tromper par de fausses promesses.

FRAICHIR, v. n. : le vent fraichit, devient fort.

FRAYER, se convenir, s'accorder : ces deux hommes ne fraient pas ensemble.

FRÉQUENCE, réitération. -- du pouls.

FRÈRE *de lait*, qui a la même nourrice.

FRÈRE (FAUX-), celui qui trahit une société ou un de ses membres.

FRIGIDITÉ, état d'un homme impuissant.

FRIGORIFIQUE, qui cause le froid.

FRUGIVORE, qui se nourrit de végétaux.

FUGACE, passager : méd.

FUMISTE, dont le métier est d'empêcher les cheminées de fumer.

FURET, homme qui s'enquiert de tout.

FURIN, mener un vaisseau en furin, hors du port, pour éviter les écueils.

FUROLLES, exalaisons enflammées qu'on voit quelquefois sur terre et sur mer.

FUSTIGATION, action de fustiger.

FUSTIGER, battre à coup de fouet.

FUTURITION, qui doit arriver.

G

GADOUARD, vidangeur.

GADOUE, s. f. matière fécale qu'on tire d'une fosse d'aisance.

GALACTOPHAGE, qui vit de lait.

GANACHE, mâchoire inférieure du cheval.

SE GARGARISER, se laver la gorge avec quelque liqueur.

GASTROMANIE, passion pour la bonne chère.

GIBOULÉE, ondée de pluie, mêlée quelquefois de grêle.

GISEMENT, situation des côtes de la mer.

GLAS, son d'une cloche qu'on tinte pour quelqu'un qui vient d'expirer.

GLORIOLE, vanité qui n'a pour objet que de petites choses.

GLOSE, explication des mots obscurs d'un texte par d'autres plus intelligibles. -- commentaire. -- petite pièce de poésie, sorte de parodie.

GOUTTIÈRE, creux que donne le relieur à la tranche d'un livre.

GRABAT, méchant lit de pauvres gens : être sur le grabat, être malade.

GRACIABLE, rémissible, digne de pardon.

GRAPHIQUE, rendu sensible par une figure : description, opération graphique.

GRASSEYER, prononcer mal certaines consonnes, surtout l'*r*.

GRAVIR, v. a. et n. gravir une montagne.

GRÊLER, v. n. et act. l'orage a grêlé les vignes.

Grelotter, trembler de froid.

Grès, pierre formée de sable fin.

Grésil, petite grêle fort menue et fort dure.

Grésiller, imp. il grésille, il tombe du grésil. -- *Grésiller*, froncer, racornir : le feu a grésillé ce parchemin.

Griveler, faire de petits profits illicites dans une charge.

Grotesque, se dit des figures imaginées par un peintre, et où la nature est outrée et contrefaite.

Grouper, v. a. mettre en groupe. -- des colonnes, les disposer deux à deux. -- v. n. former un groupe.

Gué, endroit d'une rivière où l'on peut marcher sans embarquer ni s'embourber.

Guéret, terre labourée et non ensemencée. -- pl. terres ensemencées ou non : poét.

Guéridon, petite table ronde à un seul pied.

Guide-ane, livre qui contient l'ordre des offices et des fêtes.

Guilée, pluie soudaine et de peu de durée.

Gynécocratie, état où les femmes peuvent gouverner.

Gynéconome, censeur des femmes à Athènes.

H

Habilité, aptitude.

« Hagard, farouche : œil hagard.

Hagiographe, se dit des livres de la Bible, autres que ceux de Moïse et des prophètes : auteur qui a écrit sur les saints.

« Hale, s. m. impression de l'air qui brunit ou rougit le teint, ou flétrit les herbes.

« Haler, v. n. et pron. être noirci par le hâle.

« Hallier, buisson fort épais. -- qui garde la halle.

« Happer, se dit du chien qui saisit ce qu'on lui jette.

« Hargneux, d'humeur chagrine et querelleuse.

« Hativeté, précocité des végétaux annuels.

« Hausse-col, petite plaque de cuivre doré qu'un officier porte sous le cou quand il est de service.

« Have, pâle, maigre, défiguré.

« Havir, dessécher.

Hélix, grand bord de l'oreille externe.

« Hémathémèse, vomissement de sang.

Hématurie, pissement de sang.

Hémiplégie, paralysie de la moitié du corps.

Hémoptysie, crachement de sang.

Hémoptyque, qui crache le sang.

Herbivore, qui se nourrit d'herbe.

Herco-tectonique, art de fortifier les places.

Hétéroclite, qui s'écarte des règles communes de l'analogie : gram. -- irrégulier.

Hétérodoxe, contraire à la doctrine catholique.

Hétérogène, qui est de différente nature.

Hippocrène, source qui sortait du mont Parnasse.

Hommasse, (*femme*), dont les traits, la voix, la taille tiennent de l'homme : visage hommasse.

Homogène, de même nature.

Homonyme, se dit des mots pareils qui expriment des choses différentes.

Homophonie, concert de plusieurs voix qui chantent à l'unisson.

« Hongrer *un cheval*, le châtrer.

Hostile, qui annonce, qui caractérise l'ennemi.

Housse, sorte de couverture de cheval. -- étoffe légère dont on couvre un meuble de prix.

Hui, adv. qui marque le jour où l'on est : d'hui en quinze.

Hutte, petite loge faite avec de la terre et de la boue, etc.

Hybride, se dit des mots tirés de deux langues, comme *choléra-morbus*.

Hydrographie, description des mers, art de naviguer.

Hydroscopie, faculté de sentir les émanations des eaux souterraines.

Hygiène, partie de la médecine qui traite de la conservation de la santé.

Hypallage, figure par laquelle on semble attribuer à certains mots ce qui appartient à d'autres : enfoncer son chapeau dans sa tête.

Hyperbate, fig. de gram. qui renverse l'ordre naturel du discours.

Hypercritique, censeur outré.

Hypnobate, somnambule.

Hypnotique, somnifère.

I

Identifier, comprendre deux choses sous la même idée. -- identique, identiquement, identité.

Idiopathie, inclination particulière pour une chose.

Idylle, peinture d'objets champêtres, de la nature de l'églogue, qui roule sur un sujet pastoral ou amoureux.

Illégal, contre la loi.

Illégitime, qui n'a pas les qualités requises par la loi.

Immanent, continu, constant, qui demeure : didact.

Immarcessible, qui ne peut se flétrir, didact.

s'Immiscer, se mêler mal à propos d'une affaire : pal.

Impartable, qui ne peut être partagé : pal.

Incendiaire, auteur volontaire d'un incendie. -- adj. et fig. propos incendiaires, séditieux.

Incinération, action de réduire en cendres.

Inclus, e, adj. enfermé dedans.

Incoercible, qui n'est pas coercible.

Indagateur, qui recherche avec soin.

Indiction, convocation d'un concile, etc. à jour fixe. -- période de quinze ans : indiction première, seconde.

Indigène, se dit de tout ce qui est né dans un pays.

Indivis, e, adj. qui n'est pas indivis. *Par indivis*, loc. adv. sans être divisé.

Inextricable, qui ne peut être démêlé

Infamation, note d'infamie.

Infatuer, v. a. et pron. donner ou prendre une prévention excessive pour une personne ou une chose.

Inférer, tirer une conséquence.

Infester, ravage par des incursions.

Infirmatif, qui rend nul : pal.

Infirmer, déclarer nul : une preuve, un témoignage.

Inflictif, qui est ou qui doit être infligé : peine inflictive.

Influencer, exercer une influence : fig.

INFRACTEUR, qui viole une loi, un traité.

INFUNDIBULÉ, ÉE, en enton-noir : bot.

INFUS, E : science infuse qu'on possède sans avoir acquise.

INNAVIGABLE, où l'on ne peut naviguer.

INNOCENTER, absoudre, déclarer innocent.

INNOMINÉS, adj. (os), qui n'a point de nom.

INOCULER, donner une maladie par inoculation.

INODORE, sans odeur.

INSERMENTÉ, qui n'a point fait serment.

INSTANTANÉ, qui ne dure qu'un instant.

INSTIGATEUR, qui pousse, qui incite.

INSUBORDINATION, non soumis-sion.

INSUBORDONNÉ, qui n'est pas soumis.

INSURGÉ, rebelle.

INTACTILE, qui ne peut tomber sous les sens.

INTEMPESTIF, hors de saison.

INTERCALAIRE, ajouté, inséré.

INTERPELLATION, sommation de répondre.

INTERPELLER, sommer de ré-pondre sur un fait.

INTERPOSER, fig. employer : l'autorité.

INTERSTICE, intervalle de temps qu'on doit observer entre la ré-ception de deux ordres sacrés.

INTESTAT, sans avoir fait de testament.

INTIMER, signifier avec autorité du magistrat. — appeler en justice.

INTRONISER, installer un évêque.

INTRUS, qui s'est mis sans au-cun droit en possession d'une chose.

INVALIDER, rendre, déclarer nul : prat.

INVECTIVER, v. n. contre quel-qu'un.

IRRIGATION, arrosement des terres par des rigoles.

J

JALOUSIE, treillis de bois ou de fer, au travers duquel on voit sans être vu.

JASPER, bigarrer de diverses couleurs.

JOUTE, f. s. combat à cheval d'homme à homme, avec lance. — se dit aussi de certains animaux qu'on fait combattre entr'eux.

JUCHOIR, endroit où juchent les poules.

JUGULER, étrangler.

L

LAMPASSÉ, ÉE, adj. : lion lam-passé de gueules, représenté avec la langue qui sort : blas.

LANDIER, gros chenet de fer de cuisine.

LAVE, matière fondue qui sort des volcans.

LÉNIFIER, adoucir : méd.

LIMITROPHE, qui est sur les li-mites, dont les limites touchent.

LIPOGRAMMATIQUE, se dit des ouvrages où l'on s'impose la con-dition de ne pas faire entrer quel-que lettre de l'alphabet.

LITRE, bande noire autour d'une église, où sont peintes les armoi-ries du seigneur.

LITURGIE, ordre et cérémonie du service divin.

LOGOGRAPHIE, art d'écrire aussi vite que l'on parle.

LOGOMACHIE, dispute de mots.

Longée, v. a. aller le long de…

Longévité, longue durée de la vie.

Lorgner, regarder à la dérobée. -- *une femme*, la regarder amoureusement.

Louanger, v. a. donner des louanges.

Louvoyer, naviguer dans une direction contraire à celle du vent, mais en zigzag.

Lubrifier, oindre, rendre glissant : didact.

M

Madone, représentation de la Vierge.

Main (de longue), depuis longtemps.

Malacie, affaiblissement de l'estomac, appétit dépravé.

Malandreux, défectueux.

Malencontre, accident malheureux, mauvaise fortune.

Malversation, délit grave dans l'exercice d'une charge.

Malverser, se rendre coupable de malversation.

Malvoulu, à qui l'on veut du mal.

Mascaron, tête grotesque qu'on met aux portes, aux fontaines.

Masculinité, caractère du mâle.

Mastication, action de mâcher.

Mat, e, adj. qui n'a point d'éclat, en parlant des métaux.

Mater *sa chair*, la mortifier. -- *quelqu'un*, l'humilier.

Ménade, bacchante, femme toujours en colère.

Mercantile, de marchand ; qui concerne le commerce.

Métacarpe, seconde partie de

la main, entre les doigts et le poignet.

Métachronisme, anachronisme qu'on fait en rapportant un événement à un temps antérieur à celui auquel il est arrivé.

Métalepse, figure par laquelle on prend l'antécédent pour le conséquent : *il a vécu*, pour, *il est mort ;* ou le conséquent pour l'antécédent : *nous le pleurons*, pour, *il est mort.*

Métaphrase, traduction littérale.

Métastase, transport d'une maladie d'une partie du corps dans une autre.

Métatarse, partie du pied entre les orteils et le coup-de-pied.

Métromanie, fureur utérine. -- manie de faire des vers.

Microcosme, petit monde : l'homme est un microcosme.

Micrographie, description des objets vus au microscope.

Militer, v. n. combattre.

Mimologie, imitation de la voix et du geste d'un autre.

Mitiger, adoucir.

Mnémonique, s. f. art d'aider la mémoire par des signes.

Modalité, mode, qualité, manière d'être : la blancheur est une modalité du papier.

Molasse, qui est désagréablement mou au toucher.

Momerie, affection ridicule d'un sentiment qu'on n'a pas. -- choses concertées pour faire rire, etc.

Monder, nettoyer.

Moniale, religieuse.

Monocle, petite lunette qui ne sert que pour un œil.

MONOGRAMME, chiffre composé des lettres d'un nom.

MONTGOLFIÈRE, aérost.

MORATOIRES, se dit des lettres qui accordent un délai : pal.

MORCELER, diviser par morceau.

MORDICANT, âcre, piquant, corrosif.

MORDICUS, avec ténacité.

MORICAUD, qui a le teint de couleur brune.

MORIGÉNER, former les mœurs, corriger.

MORT-NÉ, tirer mort du ventre de sa mère.

MORVER, v. n. se pourrir: bot.

MOTIVER, v. a. rapporter les motifs d'un arrêt.

SE MOTTER, v. pron. se dit de la perdrix qui se cache derrière des mottes de terre.

MUE, s. f. changement de plumage, etc.

MULCTER, condamner : pal.

MURER, environner de murs.

MUSELIÈRE, ce qu'on met à quelques animaux pour les empêcher de mordre ou de paître.

MUTISME, état d'un muet.

MYSTICITÉ, raffinement de dévotion.

MYSTIFICATEUR, qui mystifie.-- *mystification*, art de mystifier. -- v. a. abuser de la crédulité de quelqu'un pour le ridiculiser.

MYSTIQUE, figuré, allégorique. -- s. et adj. qui raffine sur les choses de dévotion.

N

NANTIR, donner des gages pour assurance d'une dette. -- v. pron. se saisir d'une chose comme y ayant droit; s'en pourvoir par précaution.

NAPÉE, nymphe des bois et des montagnes.

NARCISSE, fig. amoureux de sa figure, à l'exemple de la fable.

NARCOTIQUE, qui engourdit les sens.

NASEAU, ouverture du nez par où les animaux respirent.

NASILLER, parler du nez.

NASSE, instrument d'osier servant à prendre du poisson.

NATURALISER *un mot*, le transporter d'une langue dans une autre.

NATURALISME, cause naturelle d'une chose.

NAUMACHIE, spectacle d'un combat naval chez les anciens Romains.

NAUSÉABONDE, qui cause des nausées.

NAUTIQUE, qui appartient à la navigation.

NAVÉE, charge d'un bateau.

NÉCESSAIRE, qui arrive infailliblement : log., par opposition à hypothétique.

NÉCESSITER, v. a. contraindre, réduire à la nécessité de...

NÉCROLOGIE, notice sur un mort.

NÉCROMANCIE, art prétendu d'évoquer les morts, etc.

NÉFASTE, se dit des jours où il était défendu de vaquer aux affaires publiques.

NÉOGRAPHE, qui admet une orthographe nouvelle.

NÉOGRAPHISME, manière d'orthographier contraire à l'usage.

NÉOMANIE, nouvelle lune. -- fête que célébraient les anciens à chaque renouvellement de la lune.

NÉOPHYTE, nouveau converti, nouveau baptisé.

Néotérique, nouveau, moderne.

Nidoreux, qui a l'odeur, le goût de pourri, de brûlé.

Noctiluque, se dit d'un corps qui donne de la lumière pendant la nuit.

Nomade, errant, sans habitation fixe.

Nome, gouvernement, préfecture : l'Egypte était divisée en trente-six nomes.

Nomenclature, l'ensemble des termes techniques d'une science, d'un art; l'art d'assigner à chaque objet le terme propre.

Nomographe, qui écrit sur les lois.

Normand (répondre en), ni oui ni non.

Nostalgie, mélancolie produite par le désir de revoir sa patrie.

Notoire, connu, manifeste.

Nouveau, adv. nouvellement : du vin nouveau percé.

Nubile, qui est en âge d'être marié.

Nuitamment, de nuit.

Nuitée, espace d'une nuit : ouvrage, travail d'une nuit.

Nyctage, belle de nuit.

O

Obérer, v. a. et pron. endetter.

Obligeance, disposition, penchant à obliger.

Oblitérer, effacer insensiblement de manière à ne laisser que quelque trace : inscription oblitérée.

Obreptice, se dit d'une grâce obtenue en taisant une vérité qui aurait dû être exprimée.

Obséder, demander souvent et avec instance.

Obséquieux, qui porte à l'excès les égards.

Observatoire, édifice destiné à observer les astres.

Obstruer, former une obstruction.

Obtempérer, v. n. obéir.

Occiput, le derrière de la tête.

Occurrence, rencontre, événement fortuit.

Ochlocratie, gouvernement du bas peuple.

Octaétéride, espace de huit ans.

Odalique, femme du sérail.

Odontalgie, prop. dit de la douleur de dents.

Odontalgique, propre à calmer cette douleur.

OEcuménique, universel; en parlant d'un concile.

OEdipe, homme qui devine des choses très-embrouillées.

Oille, s. f. o-lle, mot pris de l'espagnol, potage composé de racines et de viandes avec quelque matière grasse.

Oléagineux, huileux.

Olfactif, appartenant à l'odorat.

Olibrius, pédant qui fait l'entendu.

Oligarchie, gouvernement où l'autorité est entre les mains de quelques personnes.

Olographe, se dit d'un testament écrit en entier de la main du testateur.

Omniscience, connaissance infinie de Dieu.

Omophage, qui vit de chair crue.

Oncle *à la mode de Bretagne*, cousin germain du père ou de la mère.

ONGLÉE, engourdissement douloureux causé par le grand froid au bout des doigts.

ONIROCRITIE, explication des songes.

ONOMATOPÉE, formation d'un mot dont le son est imitatif de ce qu'il désigne.

ONTOLOGIE, traité de l'être en général.

OPHTALMIQUE, qui concerne les yeux, bon pour les yeux.

OPILER, boucher les conduits.

OPPORTUN, qui est à propos.

OPPORTUNITÉ, occasion favorable.

OPTER, choisir entre deux ou plusieurs choses qu'on ne peut avoir ensemble.

ORDONNER (*d'une chose*), en disposer.

ORDRE (en sous), subordonnément.

ORGIE (on dit faire une), un festin.

ORME, on dit ironiquement : *attendez-moi sous l'orme*, pour marquer qu'il ne faut pas s'attendre à une promesse.

ORNIÈRE, trace profonde que font dans les chemins les roues d'une voiture.

ORNITHOLOGIE, histoire naturelle des oiseaux.

OSCILLATION, mouvement du pendule ou d'un corps qui va et vient en sens contraire.

OSCILLATOIRE, de la nature de l'oscillation.

OSCILLER, se mouvoir par oscillation.

OSTENSIBLE, qu'on peut montrer.

OSTRACÉE, se dit des poissons recouverts de plusieurs écailles dures.

OSTROGOT, homme qui ignore les usages de la bienséance.

OUAICHE, sillage d'un vaisseau.

OUVRIÈRE (cheville), qui tient le train de devant d'une voiture à la flèche.

OYANT, à qui l'on rend compte.

P

PACAGE, pâturage, droit de pacage, d'envoyer paître ses troupeaux dans un lieu.

PAGE (être hors de), hors de la dépendance d'autrui.

PAGNE, s. m. couverture de l'Indien depuis la ceinture jusqu'au genoux.

PAGODE, petite figure à tête mobile.

PALATINE, ornement que les femmes mettent sur leurs épaules, fourrure.

PALE, carton qui couvre le calice. -- bout plat de l'aviron.

PALÉOGRAPHIE, science des écritures anciennes.

PALLIATIF, se dit des remèdes dont l'objet est, dans une maladie incurable, de modérer uniquement les douleurs.

PALLIER, excuser, déguiser sous une couleur favorable. -- ne guérir un mal qu'en apparence.

PANERÉE, plein un panier.

PANTELANT, qui halète.

PANTELER, v. n. haleter.

PANTOIS, hors d'haleine.

PANTOMIME, acteur dont le geste supplée à la parole.

PARACHRONISME, faute de chronologie qui consiste à retarder la date d'un événement.

PARADE, scène burlesque à l'entrée du théâtre.

PARADIGME, exemple, modèle, -- des conjugaisons.

PARAPHERNAUX, se dit des biens qu'une femme se réserve, qui ne font pas partie de sa dot, et dont le mari n'a pas l'administration.

PARASÉLÈNE, image de la lune réfléchie dans un nuage.

PARÉGORIQUE, se dit des remèdes qui calment les douleurs.

PARÉLIE, image du soleil réfléchi dans une nuée.

PARÉNÈSE, discours moral, exhortation à la vertu.

PARÉNÉTIQUE, de parénèse.

PARFAIRE, v. a. achever, compléter.

PARIÉTAIRE, plante qui croît sur les murs.

PARODIE, ouvrage où, par quelques changemens, on détourne le vrai sens d'un autre ouvrage. — pièce de théâtre faite pour en travestir une autre en ridicule.

PAROXYSME, accès, redoublement d'une maladie.

PARQUET, espace renfermé par les siéges des juges et par les barreaux où l'on plaide.

PASIGRAPHIE, écriture universelle proposée comme un moyen d'être entendu dans toutes les langues.

PASQUINADE, bouffonnerie satirique.

PASSANT, très-fréquenté : rue passante.

PATELIN, homme souple qui, par des flatteries, fait venir les autres à ses fins.

PATIBULAIRE, qui appartient au gibet. — (mine).

PATROCINER, v. n. parler longuement et jusqu'à l'importunité, pour tâcher de persuader.

PATU, **UE**, adj. se dit des pigeons qui ont de la plume jusque sur les pieds.

PAUSER, v. n. appuyer sur une syllabe en chantant.

PAVILLON (baisser), se reconnaître inférieur.

PÉDAGOGIE, éducation des enfants.

PELADE, maladie qui fait tomber les cheveux.

PELU, **E**, adj. garni de poil.

PENAUD, embarrassé, honteux, interdit.

PÉNURIE, extrême disette.

PÉRICARDE, capsule membraneuse qui enveloppe le cœur.

PÉRIPÉTIE, changement de fortune inopiné ; se dit du dernier événement d'un poëme épique.

PÉRIPLE, navigation autour d'une mer, des côtes d'un pays.

PERMESSE, fleuve consacré aux Muses.

PERPLEXE, incertain, irrésolu.

PERQUISITION, recherche exacte.

PERSCRUTATION, recherche.

PERSIENNE, jalousie disposée en forme d'abat-jour.

PERSIFLER, rendre quelqu'un victime d'une plaisanterie, parce qu'on lui fait dire ingénument.

PERSONNALISER, appliquer des généralités à un individu.

PERSPICACITÉ, pénétration d'esprit.

PERTINEMMENT, convenablement, avec jugement ; ne se dit que des discours.

PERTINENT, qui est tel qu'il convient.

PESTILENT, qui tient de la peste.

PÉTARADE, suite de pets que fait un cheval en ruant.

PÉTAUDIÈRE, assemblée sans ordre où chacun fait le maître.

Phaéton, petite calèche à deux roues, légère et découverte.

Philologie, érudition qui embrasse diverses parties des belles-lettres, et surtout la critique.

Phimosis, maladie du prépuce trop serré pour découvrir le gland.

Phlébotomie, saignée.

Phlébotomiser, v. a. saigner.

Phoenicure, rossignol de muraille, queue rouge.

Piaculaire, qui a rapport à l'expiation.

Picorée, action de butiner des soldats qui vont en maraude.

Picorer, aller à la maraude des comestibles.

Picrocole, qui abonde en bile amère.

Pie (*cheval*), blanc et noir. -- pieux : œuvre pie.

Pied-de-mouche, signe d'imp.

Piéter, v. a. et pron. disposer à la résistance : on l'a piété, il s'est piété contre tous les avis.

Piffre, **esse**, adj. très-gros, replet.

Pignon, mur d'une maison terminé en pointe et qui supporte le faîtage.

Pilori, poteau où l'on attache les criminels que la justice expose à la vue du public.

Pipeaux, branches enduites de glu pour prendre les petits oiseaux.

Pipée, chasse aux pipeaux.

Piper, contrefaire le cri des oiseaux pour les prendre au gluau.

Pitaud, paysan lourd et grossier.

Placet, siège qui n'a ni dos ni bras. -- demande par écrit pour obtenir grâce.

Plage, rivage de mer plat et découvert.

Plaider (*quelqu'un*), lui faire un procès.

Plaque, de fer ou de fonte qu'on applique au chœur d'une cheminée.

Plastique, qui a la puissance de former : philos.

le Plat *pays*, la campagne. -- *cheveux plats*, non frisés.

Platée, plein un plat.

Platonique (amour), dégagé du commerce des sens.

Plénipotentiaire, envoyé d'un souverain qui a plein pouvoir pour une négociation.

Pneumatologie, traité des substances spirituelles.

Pneumonique, propre aux maladies du poumon.

Poète *crotté*, mauvais poète.

Poindre, v. n. commencer à paraître.

Pointage, désignation que fait un pilote sur une carte, du lieu où se trouve un vaisseau.

Pointer, diriger vers un point : le canon, une lunette. -- en parlant des oiseaux, s'élever vers le ciel.

Poisser, enduire de poix.

Polémique, qui appartient aux disputes par écrit : style polémique.

Polycreste, qui sert à plusieurs usages : sel polycreste.

Polyèdre, corps solides à plusieurs faces.

Polygraphe, auteur qui a écrit sur plusieurs matières.

Polysarcie, excès d'embonpoint.

se Pommeler : le ciel se pommèle, se couvre de petits nuages ronds, blancs et grisâtres.

Ponant, occident.

PONCHE, mélange d'eau-de-vie, de sucre et de citron.

PORCHER, qui garde les pourceaux, homme grossier, malpropre.

POST-DATER, oppos. à antidater.

POTELÉ, ÉE, adj. gras et plein : bras potelé.

POTERNE, ter. de fortif., porte secrète.

POUDREUX, plein de poussière.

POUPE, avoir le vent en poupe, être en faveur.

POURFENDRE, fendre un homme de haut en bas d'un coup de sabre.

POURPARLER, conférence sur une affaire.

PRATICIEN, celui qui entend les procédures, qui suit le barreau. -- médecin plein d'expérience.

PRATIQUER, fréquenter : j'ai pratiqué cet homme.

PRÉCEPTORAL, qui appartient au précepteur.

PRÉCIS, abrégé de ce qu'il y a d'important dans un ouvrage.

PRÉCONISER, louer à l'excès.

PRÉDÉCÈS, mort de quelqu'un avant celle d'un autre.

PRÉDICABLE, term. de log.; se dit d'une qualité qu'on peut donner à un sujet : le terme animal est prédicable aussi bien de l'homme que de la bête.

PRÉÉMINENCE, prérogative en ce qui regarde la dignité et le rang.

PRÉEXISTENCE, existence antérieure à une autre.

PRÉJUGÉ, opinion adoptée sans examen. -- ce qu'on a jugé d'une affaire avant de la juger à fond.

SE PRÉLASSER, affecter un air de gravité, de morgue.

PRÉLIMINAIREMENT, avant d'entrer en matière.

PRÉLUDE, ce qu'on joue sur un instrument pour voir s'il est d'accord. -- fig. ce qui précède, ce qui prépare à...

PRÉLUDER, fig. faire une chose pour en venir à une autre plus importante.

PRÉMOTION, action de Dieu déterminant la créature à agir.

SE PRENDRE, commencer à....: elle se prit à pleurer.

PRÉNOTION, connaissance obscure qu'on a d'une chose avant de l'avoir examinée.

PRÉOPINANT, celui qui opine avant un autre.

PRÉPONDÉRANCE, supériorité d'autorité, de crédit.

PRÉPONDÉRANT, qui a plus de poids qu'un autre.

PRESBYTE, qui ne voit que de loin.

PRESBYTÈRE, maison presbytérale.

PRÉSÉANCE, droit de précéder, de prendre place au-dessus.

PRÉSOMPTIF (héritier), regardé comme le plus proche parent, mais qui peut être exclu par des enfants qui surviendraient.

PRESTANCE, bonne mine accompagnée de dignité.

PRESTE, adj. prompt, adroit, agile. -- interj. vite! promptement! allons!

PRESTEMENT, prestesse, agilité, subtilité.

PRÉTENTION (homme à prétention) ; (homme sans prétention).

PRÉTEXTER, couvrir d'un prétexte.

PRÉVARIQUER, agir contre le devoir de sa charge.

PRÉVISION, vue des choses futures : dogm.

PRIMEUR, première saison des

fruits, des légumes. *Vin bon dans sa primeur*, dès qu'il est fait.

PRIMORDIAL, primitif, original.

PRIVAUTÉ, extrême familiarité: prendre de grandes privautés.

PRIVÉE (agir de son autorité), de sa propre autorité.

PROBANTE, adj. raison probante, convaincante.

PROBATION, temps du noviciat, épreuve.

PROBATOIRE, se dit d'un acte pour constater la capacité des étudiants.

PROCESSIF, qui aime à intenter, à prolonger des procès.

PROCHRONISME, erreur de chronologie qui consiste à avancer la date d'un fait.

PRODITOIREMENT, en trahison.

PROFÈS, qui a fait des vœux dans un ordre religieux.

PROJECTILE, corps jeté en l'air et abandonné à la force de sa pesanteur.

PROLONGER (*un vaisseau*), le faire avancer contre un autre.

PROMULGATION, publication solennelle des lois.

PRORATA (*au*), à proportion.

PROROGATIF, qui proroge, prorogation.

PROROGER, accorder un délai.

PROTASE, exposition du sujet dans une pièce dramatique.

PROTOCOLE, formulaire pour dresser les actes publics, pour écrire aux différentes personnes, suivant leur rang.

PRURIT, démangeaison vive.

PSEUDONYME, se dit d'un auteur qui publie ses ouvrages sous un faux nom; ainsi que des ouvrages mêmes.

PSYCHAGOGIE, évocation des morts.

PTYALAGOGUE, qui provoque la salivation.

PTYALISME, crachement continuel.

PUINÉ, ÉE, né depuis un de ses frères ou une de ses sœurs.

PULLULER, v. n. multiplier: les lapins pullulent. fig. se répandre rapidement; en parlant des hérésies.

PUNIQUE (foi), mauvaise foi.

PURGER *la contumace*, se constituer prisonnier pour se justifier après avoir été condamné par contumace.

PURULENT, qui tient de la nature du pus.

PUTATIF, qui est réputé pour ce qu'il n'est pas.

PYRAUSTE, papillon qu'attire le feu.

PYROPHORE, poudre de farine et d'alun qui s'allume à l'air.

Q

QUADRILLE, troupe de chevaliers d'un même parti dans un carrousel.

QUASI-CONTRAT, fait par lequel plusieurs personnes se trouvent engagées sans qu'il y ait eu de convention.

QUASI-DÉLIT, dommage qu'on cause à quelqu'un par sa faute, quoique sans intention.

QUINAUD, confus de n'avoir pas réussi.

QUINTESSENCE, ce qu'une chose renferme de principal, de plus essentiel. -- fig. ce qu'il y a de plus fin, de plus caché dans un ouvrage, dans une affaire.

QUINTESSENCIER, v. a. raffiner, subtiliser.

QUOAILLER, se dit d'un cheval qui remue toujours la queue.

R

RAGOT, adj. court et gras.

RAGRÉER, rajuster, réparer. -- v. pron. se ragréer, se pourvoir de ce qui manque.

RASSÉRÉNER, rendre ou devenir serein; il se dit du temps, et fig. du visage.

RATISER, ranimer le feu.

SE REBOUCHER, se fausser, se replier : son épée reboucha contre la cuirasse.

RÉCIPIENDAIRE, celui qui se présente pour être reçu dans une compagnie.

RÉCLAME, mot qu'on met au-dessous d'une page, et qui est le premier de la page suivante.

RECTOGRADE, qui marche sur une droite ligne.

RÉFÉRER (*le choix à quelqu'un*), le lui laisser.

RÉFRANGIBLE, susceptible de réfraction.

RÉFRANGER, renvoyer par réfraction, en parlant de la lumière; réfrangibilité : phys.

REGNICOLE, habitant naturel d'un royaume.

RÉHABILITATION, rétablissement dans le premier état.

RÉHABILITER, rétablir quelqu'un dans ses anciens droits.

RELEVAILLES, cérémonies qui se font à l'église la première fois qu'une femme y entre après ses couches.

REMORDRE, v. n. attaquer de nouveau. -- reprocher une faute : sa conscience lui remord.

A REMOTIS, à l'écart.

RENACLER, faire certain bruit en retirant impétueusement son haleine par le nez.

RENGRÉGER, v. a. et pron. : son mal se rengrège.

« RENHARDIR, redonner de la hardiesse.

RÉPIT, relâche, délai, sur-séance.

REPULLULER, renaître en grande quantité.

REQUÉRIR, demander quelque chose.

RESCINDANT, demande qui tend à faire annuler un arrêt.

RESCINDER, casser un acte.

RÉCIPISCENCE, reconnaissance et amendement de sa faute.

RESPLENDIR, briller avec éclat.

RESSAC, choc de vague qui va et vient impétueusement.

RESSASSER : fig. discuter, examiner de nouveau. -- une affaire, un compte, un ouvrage.

RÉTROACTIF, qui agit sur le passé : effet rétroactif.

RIGORISTE, trop sévère en morale.

ROMANCE, chanson dont le sujet est élégiaque.

ROUSSI, odeur de ce qui brûle.

ROUSSIN, cheval entier.

RUPESTRAL, LE, qui croît sur les rochers.

S

SABBATINE, thèse de philosophie sur un point de log.

SALMIGONDIS, ragoût de plusieurs viandes réchauffées.

SALTIMBANQUE, charlatan, batteleur qui vend ses drogues sur le théâtre : fig. bouffon, orateur à gestes outrés.

SANGUINOLENT, teint de sang.

SANIEUX, qui tient de la nature de la sanie.

Saporifique, qui produit la saveur.

Sarbacane, tuyau percé qui sert à jeter quelque chose en soufflant, à conduire la voix : parler par sarbacane, par des personnes interposées.

Sarcasme, raillerie moderne.

Sardonien (ris), se dit d'un ris forcé, fig. d'un ris convulsif. -- on dit plutôt *sardonique*.

Saturnien, sombre, mélancolique, taciturne ; il est opposé à jovial (peu usité).

Saumure, liqueur formée du sel fondu et du suc de la chose salée.

Saxatile, qui croît sur les rochers.

Scabreux, rude, raboteux : *chemin scabreux*, rude, dangereux, difficile.

Scénite, s. m. qui habite sous des tentes.

Schème, objet qui existe dans l'entendement, indépendamment de la matière.

Sciagraphie, art de trouver l'heure par l'ombre.

Scion, petit rejeton flexible d'un arbre.

Scissile, qui peut être fendu.

Scurrilité, basse plaisanterie.

Sébile, vaisseau de bois où l'on met la pâte quand elle est pétrie. -- petit vase de bois long et creux.

Sensorium, partie du cerveau qui passe pour être le siége de l'âme.

Sertir, enchâsser une pierre dans un chaton.

Sibarite, qui mène une vie molle et voluptueuse.

Sieste, repos pris après le dîné, pendant la chaleur.

Sigles, chiffres, notes abrégées d'écriture.

Singer, v. a. imiter.

Socratique (*amour*), pur, désintéressé.

Saporeux, qui cause un assoupissement.

Sororiant, qui s'enfle ; se dit des mamelles.

Soucoupe, petite assiette sur laquelle on sert les vases, les tasses, etc.

Sougarde, demi cercle de fer qui environne la détente d'une arme à feu.

Sourdre, v. n. sortir de terre, en parlant des eaux : ne se dit qu'à l'infin. et à la trois. pers. du prés. de l'indicatif.

Sournois, se, adj. qui cache ce qu'il pense.

Sphacèle, mortification entière de quelque partie du corps.

Sphacélé, ée, adj. attaqué du sphacèle.

Sténographie, art d'écrire en abrégé.

Sternutatoire, qui provoque à l'éternument.

Stipendiaire, soldé.

Strangurie, maladie dans laquelle on rend l'urine goutte à goutte, avec douleur.

Subhastation, vente publique au plus offrant et dernier enchérisseur.

Suborner, séduire.

Subreptice, *lettres subreptices*, obtenues sur un exposé faux.

Subreptissement, d'une manière subreptice.

Subreption, surprise frauduleuse.

Subrogation, acte pour subroger.

SUBROGER, substituer, mettre à la place.

SUINTER, v. n. se dit d'une liqueur qui coule insensiblement : ce vin suinte.

SUPER, v. n. se boucher.

SUPPLANTER (*quelqu'un*), le faire disgracier pour lui succéder.

SUPPLICIER, faire subir le supplice de mort.

SURÉROGATOIRE, adj. qui est au de là de ce qu'on est obligé de faire.

SURSIS, SE, adj. suspendu, différé.

SYLVESTRE, se dit d'une plante qui vient sans culture : bot.

SYNALÈPHE, contraction de deux voyelles qui se confondent: *quelqu'un*, pour *quelque un*.

SYNALLAGMATIQUE, se dit d'un contract par lequel deux personnes s'obligent à des actes mutuels.

SYNCHRONE, se dit des mouvements qui se font dans un même temps.

SYNÉRÈSE, réunion de deux syllabes en une seule dans un même mot.

SYNOPTIQUE, qui s'offre d'un même coup d'œil.

SYNTHÈSE, méthode de composition; elle est opposée à l'analy.

SYZIGIE, temps de la nouvelle ou de la pleine lune.

T

TABAGIE, lieu destiné pour fumer du tabac.

TABARIN, farceur qui monte sur des tréteaux pour amuser le peuple.

TABARINAGE, action de tabariner, bouffonnerie.

TACET, *faire, tenir le tacet :* se taire pendant que les autres chantent. *Garder le tacet*, ne dire mot pendant la conversation.

TACHYGRAPHIE, art d'écrire aussi vite que l'on parle.

TACITURNE, qui parle peu, rêveur, sombre.

TALLE, branche qu'un arbre pousse à son pied.

TAMPONNER, boucher avec un tampon.

TANAISIE, plante corymbifère médicinale.

TANCER, réprimander.

TANGAGE, balancement du vaisseau de l'arrière à l'avant et vice-versa.

TANGUER, se dit d'un vaisseau qui éprouve le tangage', ou qui enfonce dans l'eau par son avant.

EN TAPINOIS, en cachette.

SE TAPIR, se cacher en se tenant dans une posture contrainte.

TAPIR, quadrupède paschyderme d'Amér., qui atteint à la grosseur d'une genisse de quinze mois, ressemble beaucoup au cochon, vit en domesticité, et sert de nourriture, et dont le museau se prolonge en une forme de trompe.

TAQUIN, vilain, avare, mutin, contrariant.

TAQUINER, avoir l'habitude de contrarier sur de petits objets.

SE TARGUER, se prévaloir avec ostentation.

TARIÈRE, outil qui sert à faire des trous ronds dans le bois.

TAROUPE, espace entre les sourcils. -- poils qui y croissent.

TARTINE, tranche de pain couverte de confiture, de beurre, etc.

TARTUFE, faux dévot hypocrite.

TAUPINÉE, trou que fait la taupe, ou monceau de terre qu'elle élève en fouillant.

Taure, jeune vache qui n'a point encore porté.

Tautochronisme, égalité du temps pendant que des effets ont lieu.

Tautologie, répétition inutile d'une même idée en termes différents.

Térébration, action de percer un arbre pour en tirer la résine.

Tergiverser, chercher des détours.

Terraqué, composé de terre et d'eau.

Terrer, se cacher sous terre, se mettre à couvert du feu de l'ennemi par des jetées de terre.

Tétine, pis de la vache ou de la truie, considéré comme bon à manger. — siphon renversé, évasé par un bout, destiné à tirer le lait des mamelles.

Tette, bout de la mamelle de la femelle des animaux.

Thaumaturge, faiseur de miracles.

Théandrique, divin et humain tout à la fois.

Théatin, espèce de religieux.

Théocratie, gouvernement de Dieu.

Théophilanthrope, qui suit les exercices de la théophilanthropie.

Théophilanthropie, espèce de religion purement morale, qu'on a voulu établir en 1796.

Thermantique, qui ranime la chaleur naturelle.

Thorax, capacité de la poitrine.

Timoré, pénétré de la crainte d'offenser Dieu : âme timorée.

Tire-d'aile, battement d'aile redoublé que fait l'oiseau quand il vole à *tire-d'aile*, très-rapidement.

Torréfier, appliquer une chaleur violente à un corps.

Tors, tordu ou qui paraît l'être.

Torticolis : *demeurer torticolis*, le cou de travers.

Tourmenteux, se dit des parages sujets aux tempêtes.

Traçoir, poinçon d'acier pour dessiner sur métaux.

Trafiquer, faire trafic de son honneur, se déshonorer à prix d'argent.

Trainasse, grand filet pour prendre les perdrix.

Transaction, acte par lequel on transige dans un différent.

Transcendance, supériorité marquée.

Transcendant, qui excelle en son genre.

Transiger, passer un acte pour accommoder quelque différent.

Transitif : *verbe transitif*, qui marque l'action du sujet sur un autre.

Trayon, bout du pis d'une vache, d'une chèvre, etc.

Trébuchet, petit piége pour prendre les oiseaux. — petite balance pour peser l'or et l'argent.

Trémie, grande auge carrée, et qui va en s'étrécissant, où l'on met le blé, qui de là tombe entre les meules. — mesure pour le sel.

Tride : *ce cheval a des mouvements de trides* : t. de manége.

Trottoir, chemin élevé, pratiqué le long des quais et des rues pour les gens à pied.

Trucheman, interprète : fig. celui qui explique les intentions d'un autre.

Tuf, s. m. pierre tendre et blanchâtre. — terre blanchâtre qu'on trouve au-dessous de la bonne terre.

TURCIE, s. f. levée pour empêcher le débordement d'une rivière.

TURGESCENCE, surabondance
d'humeurs.

TYMPANITE, enflure de l'abdo-
men, causée par l'air accumulée
dans les intestins.

U

UNIVOQUE, se dit des noms communs à plusieurs choses.

UTÉRIN, né d'une même mère
seulement. -- se dit de tout ce qui
concerne la matrice. *Fureur utérine*, passion amoureuse très-
violente, caractérisée par des
gestes et des discours lascifs.

V

VAMPIRE, revenants qui, suivant l'opinion populaire de certains pays, sucent le sang des
vivants. -- fig. ceux qui s'engrais-
sent de la substance du peuple. --
chauve-souris monstrueuse d'A-
mérique.

VANNE, f. espèce de porte en
bois, dont on se sert aux moulins,
aux pertuis de rivières, etc., qui
se hausse et se baisse pour retenir
et laisser aller l'eau.

VASISTAS, petite partie d'une
porte, d'une fenêtre, qui s'ouvre
et se ferme à volonté.

VEDETTE, sentinelle à cheval.

VÉNÉFICE, empoisonnement,
crime d'empoisonnement.

VERTEMENT, avec fermeté, vigueur : répondre vertement.

VICTUAILLES, vivres, munitions
de bouche.

VIOLENTER, contraindre, faire
faire par force.

VIRTUALITÉ, qualité de ce qui
est virtuel.

VIRTUEL, qui a la force, la vertu
d'agir, sans agir en effet : chaleur,
intention virtuelle : didact.

VIRTUOSE, qui a les talents pour
les beaux arts.

VOLETTE, f. rangs de petites
cordes qui tiennent à un réseau
dont on couvre un cheval pour
le garantir des mouches.

VOYER, officier préposé à la
police des chemins.

X

XÉNÉLASIE, t. d'antiquité, in-
terdiction faite aux étrangers du
séjour d'une ville.

XÉROFAGE, qui vit de fruits secs.

XÉROPHAGIE, dans la primitive
église, usage du pain et des fruits
secs pendant le carême.

Z

ZÉOLITHE, produit volcanique.

ZESTE, ce qui divise en quatre
la chair de la noix. -- partie mince
coupée sur le dessus de l'écorce
de l'orange : cela ne vaut pas un
zeste, cela ne vaut rien.

ZINZOLIN. -- fam. homme qui
affecte la délicatesse et le brillant
dans ses manières.

ZOILE. -- envieux, mauvais
critique : fig.

ZOOLATRIE, adoration des animaux.

ZOOLITHE, partie des animaux
qui s'est changée en pierre.

ZOOLOGIE, histoire naturelle
des oiseaux.

FIN.